本书受国家社会科学基金项目
"早期中国饮食文化在西方的传播研究（1500—1700）"资助
（项目号：17CSS015）

Aromatizing European Tables

周鸿承 著

味染欧罗巴

中国饮食文化在西方

（1500—1700）

Chinese Food Culture in the West

（1500—1700）

中華書局

图书在版编目（CIP）数据

味染欧罗巴：中国饮食文化在西方：1500—1700/周鸿承著. —
北京：中华书局，2025.7. —ISBN 978-7-101-17178-5

Ⅰ. TS971. 202

中国国家版本馆 CIP 数据核字第 202574ZJ43 号

书　　名	味染欧罗巴：中国饮食文化在西方（1500—1700）	
著　　者	周鸿承	
策划编辑	吴冰清	
责任编辑	杜艳茹	
装帧设计	毛　淳	
责任印制	陈丽娜	
出版发行	中华书局	
	（北京市丰台区太平桥西里 38 号　100073）	
	http://www.zhbc.com.cn	
	E-mail：zhbc@zhbc.com.cn	
印　　刷	河北新华第一印刷有限责任公司	
版　　次	2025 年 7 月第 1 版	
	2025 年 7 月第 1 次印刷	
规　　格	开本/710×1000 毫米　1/16	
	印张 22¼　插页 2　字数 340 千字	
印　　数	1-1500 册	
国际书号	ISBN 978-7-101-17178-5	
定　　价	128.00 元	

目　录

第六章 欧洲饮食知识系统中的"中国热"

序 一

一本不可或缺的书。

众所周知，中国及其文明长期以来一直是西方人，尤其是欧洲人具体而幻想的关注的中心。我记得我童年时代，也就是半个多世纪前，对神秘瓷器的印象。我们当时对老师讲述的发现高岭土和制造瓷器的传奇故事（这种技术起源于中国）听得津津有味。这个故事被称为"瓷器的秘密"，在 17 世纪引起了法国最高当局的兴趣，也让我们这些年轻的学生着迷。我们已经被中国这种神秘未知的艺术所吸引。它被描述为远东智慧的胜利，终于为法国陶瓷餐具制造商所掌握。我们当时并不知道，正是由于殷弘绪（Francois Xavier d'Entrecolles）的发现，这位在中国生活了四十多年的法国耶稣会士才得以留名于中法之间卓有成效的交流史册。被称为"高岭土"的瓷土是一种珍贵的白色黏土，其名字在我们外国人听来非常动听，终于要在欧洲得到开发。18 世纪，在法国和德国的乡村发现了瓷土矿藏，终于可以在我们的土地上制造出与从遥远的中国进口的瓷器一样精美的瓷器，这些瓷器非常昂贵，吸引了富有的艺术爱好者。这个奇迹的出现花了很长时间。

我对中国的好奇心并没有随着年龄的增长而减弱，随后我将注意力转向了中国的其他领域：中国饮食的历史和人类学、中国人的饮食习惯和餐桌礼仪。我梦想着丰富自己在这方面的知识，但经常光顾巴黎的中餐馆却从未满足过我的愿望。我多么希望有一本像周鸿承写的书，来满足我对知识的渴求！

周鸿承填补了多个方面的空白：它从中西交流史的角度探讨了饮食这一主题，为饮食史研究开辟了一个新的领域，同时丰富了16—18世纪访问中国的基督教旅行者和传教士的活动研究。

在我的童年记忆中提到耶稣会士殷弘绪神父并非偶然，因为三个世纪以来，来自欧洲的耶稣会成员对中国进行了深入研究，并撰写了大量文章。如果他们的主要目的是向人们传播福音，那么他们确实为增加人们对中国的了解做出了巨大贡献，无论是书本上的还是物质上的。

瓷器不是这本书的主题，但与它关系密切，因为书中涉及食物，以及18世纪欧洲精英们钟爱的精美中国瓷器餐具盛装的食物。

近年来，"耶稣会士与中国"这一学术研究领域取得了新的进展，中国和欧洲都出版了越来越多的相关文献。但在这大量文献中，有一个主题从未得到认真探讨：中国饮食。

的确，虽然传教士和其他学者旅行者在中国工作或对中国历史感兴趣，并产生了大量的学术研究和文献，但食物问题从来都不是他们关注的焦点。

因此，在这些在中国生活的外国人的文字中，食物事实是以轶事的形式、零散的注释来理解的，通常与作者的做法有关，但它们从来都不是独立历史研究的真正对象。周鸿承的这本书填补了这一空白，通过耶稣会士和其他几位非专业旅行家的著作，对中国饮食问题进行了睿智且非常成功的综合。

通过他们的著作，外国人对中国文化的理解得到了提升，其中饮食问题发挥了重要作用。在此序言中，我无法一一列举。但一些著名人物的确在东西方交流史上留下了自己的印记。虽然一些历史学家认为16世纪是"伊比利亚世纪"，但周鸿承并没有忘记葡萄牙和西班牙传教士的先驱。他在书的开头简要回顾了一些伟大的旅行家、传教士，例如佛兰芒方济会士威廉·鲁布鲁克，他撰写了关于蒙古乳制品技术的精彩描述；或者仅仅是商人，例如马可波罗，这位年轻的威尼斯人所撰写的游记奠定了从中世纪开始的中国游记写作传统。所有欧洲人都或多或少知道马可波罗的冒险经历，但都是经过编辑的版本。

对于周鸿承而言，马可波罗仍然是一个光辉的榜样。他关注"事物"，关注日常生活的方方面面，包括食物。他能够融入蒙古元朝社会，并担任统治者忽必烈汗的使者，这使他成为蒙古贵族社会的一个宝贵见证人。马可波罗在忽必烈的餐桌上和在首都的街道上以及市场上同样自如，他记录了当时的宫廷礼仪规则和国际贸易商品的丰富性，描绘了一个欧洲人此前所不了解的中国，读者们从中发现了各种美食和产品的无穷魅力。

周鸿承认为马可波罗的作品是欧洲人对中国文明充满激情的描述的第一来源，强调其精致和特色，这些特征被认为是奇怪、非凡甚至不可理解的。它对欧洲人的思想产生了巨大影响，关于中国文明的幻想形象仍然悄悄存在。这个想象的世界孕育了西方和东方之间的关系，在亲华和恐华之间奇妙地交替，特别是在有学识和有教养的圈子里。

另一位创立并深刻影响耶稣会传教事业的人物，当然是意大利籍神父利玛窦。他在中国生活了四十多年，于1583年成为首位获得中国政府批准在中国居住的神父，后来又应皇帝之邀前往北京明廷。在中国历史学家看来，利玛窦是16—18世纪伟大传教运动的代表人物。他是一位真正的多语言学者，主要关注传教。但他明白，要皈依天主教，未来的中国基督徒必须在信仰和世界观上经历深刻的变化。因此，他倡导并正式确立了为潜在信徒提供"适应"的做法。为了实现自己的抱负，精通中文的利玛窦翻译了大量中文和基督教作品，尤其是为中国的精英阶层。但他并没有忽略观察中国日常生活中的某些奇特之处。例如，当他旅行到一个放牧羊群的地方时，他惊讶地发现，人们既不喝羊奶，也不用羊毛——中国人只是用它来制作毡！但最重要的是，正如周鸿承报道的那样，他撰写了一本随身手册，由十多个小节组成，以中文问答的形式呈现，旨在帮助刚到中国的传教士了解中国人的日常生活，当然也帮助他们快速入门中文。对于周鸿承而言，这份手稿非常珍贵，因为它提供了日常生活的信息，特别是传教士厨房及其食材以及泡茶方法。它还包含关于基督徒礼仪年中荤日与素日交替的说明。在周鸿承的书中，他提供了这份手稿的副本以及手稿中的一页照片，让我们得以了解作者的意图：中文（汉字）以平行竖线排列，旁边是音译。对于初到中国的新传教士来说，尽快学会中文非常重要。

在利玛窦时期，许多其他传教士也在各个知识领域发挥了作用。一些非专业的旅行者也对这项任务做出了贡献，他们记录的主题比宗教更平淡。其中，中国饮食习俗和烹饪在16世纪葡萄牙耶稣会士的观察中占有重要地位。如果我们比较一下他们受邀参加时尚晚宴的证词，就会发现，在几个主要方面，他们的观察结果惊人一致，这些方面可以被视为具有代表性：客人一抵达，就会奉上一杯热饮，里面泡着一种略带苦味的草药，即茶；同样，用谷物或非葡萄酿制的酒精饮料，也是温热的；使用两根小木棍（筷子）代替餐具夹取食物；所有食物都是切好的，因此无需刀叉即可轻松夹取；餐桌非常干净，不需要餐巾或桌布；筷子系统使这一切成为可能，特别是食物从不直接用手接触；根据不同地区，人们吃"小麦面包"或米饭，甚至其他谷物；餐桌上摆着各种菜肴，以及大量已知和未知的水果，甜点有动物形状的蔗糖糖果。这些详细描述列在周鸿承的书中，主要涉及中国南方，引发了一场关于富裕中国的讨论，几乎是一片富饶之地，与马可波罗的话遥相呼应。事实上，对于某些葡萄牙传教士来说，中国人是世界上最爱吃的人。

在 17 世纪和 18 世纪，人们在前一个世纪的经验基础上又获得了新的知识。当时在中国的外国人通过实地调查，对植物学、农业、天文学、解剖学、技术、科学、艺术和手工艺以及中国生活的最具体方面有了更深入的了解，从而大大丰富了他们的知识。因此，中国在欧洲宫廷乃至各首都城市的精英圈子里变得非常流行，中国瓷器也一直备受青睐。一场名副其实的"中国热"席卷了欧洲。无论是物质层面还是精神层面，中国文明都成为参考点、典范和灵感源泉，伏尔泰和莱布尼茨等作家和学者都曾盛赞中国文明。

在这场伟大的运动中，食物可以被视为连接东西方的纽带，而周鸿承在他的杰出著作中为我们提供了这方面的证据。更重要的是，他的分析是对全球历史的一种非常现代的视角，突出了彼此相距甚远的社会之间的互动和相互影响。这些社会根据所处时期和环境，有着相当相似的观点，或者相反，彼此对立。

更重要的是，这部学术巨著并不沉闷乏味，读起来令人愉悦，将吸引广大对中国与世界其他地区关系史感兴趣的中国读者。为了进一步提升阅读乐趣，书中配有大量插图和珍贵图片，这些插图和珍贵图片来自最负盛名的外国图书馆的馆藏以及难以获取的档案。

如果没有这样一本书，我们至今会怎样？

法国社会科高等研究学院荣誉教授　萨班

序　二

　　我和《味染欧罗巴：中国饮食文化在西方（1500—1700）》（将由中华书局出版，下简称"周著"）的作者周鸿承先生素未谋面，但之前曾经拜读过他撰写的关于饮食文化史研究的专著，如已经问世的《浙江饮食文化遗产研究》《一个城市的味觉遗香：杭州饮食文化遗产研究》《杭帮菜文化调查研究报告》《朝廷之厨：杭州运河文化与漕运史研究》等，给我留下了很深的印象。近年来他在国内《中国农史》《浙江学刊》《美食研究》，国外 *Sulla via del Catai*、*Senri Ethnological Studies*、*East Asian Journal of Philosophy* 等期刊上发表有关饮食文化论文多篇。

　　周先生以即将面世的书稿征序于我。对他的这一论题我非常感兴趣，以前也对西食东渐的历史作过若干研究。1982 年我考上复旦大学历史系专门史专业"中国思想文化史"方向的硕士生，导师朱维铮先生给我们研究生布置了一项任务，即为中国思想文化史研究室集体合作的项目"近代中国民俗演变史"收集资料，并撰写初稿。虽然搜集了不少报刊史料，但因研究室老师们工作繁忙，以及复杂的人事纠葛，撰写书稿的计划不久遂告流产。我手抄了大量资料，觉得很可惜，于是逐渐将之整理成文字，撰成不成熟的论文提交研讨会宣读。2007 年 3 月底《西餐引入与近代上海城市文化空间的开拓》提交给由东华大学历史研究所、上海档案馆主办的"近代城市发展与社会转型"国际研讨会，稍后发表在 2007 年第 4 期的《史林》杂志上。

周著引人入胜。我以为具有以下三方面的新意。

一、在传统的研究领域开出新局

衣食住行是民俗文化史传统研究的领域，其中饮食文化又是最重要的构成。目前中外学界饮食文化史的研究主要集中在以下两个方面：一是传统文化史研究路径影响下的饮食文化史研究，主要探讨食物或餐饮礼仪与文明发展的关系，且已经深入到筷子文化、饮食瓷器、面点史、菜肴史和茶文化史等领域；二是西方学界在新文化史框架下的食物史研究，更多是从广义的视角审视食物与文化的关系，考察食物的生理或营养层面，关注食物生产和消费等问题。而有关世界饮食文化交流史的研究却少有注意，成果亦相对有限。即使在有限的饮食文化交流史的研究中，大宗研究亦属于西方饮食文化在华的传播研究。前两年，在对西餐入华史具有浓厚兴趣的日本关西大学内田庆市教授的倡议下，高晞教授连续在复旦大学策划了两届东西食物文化交流史的研讨会。

从周著介绍的前行成果，也不难见出中国饮食文化在西方的传播史论著仅寥寥数种，且不少还属于通俗性的介绍。近十年间，周先生撰写了《他人眼中的中国：17 世纪耶稣会士资料中的中国食物》《利玛窦与中西饮食文化交流研究》和《十七世纪中期西方人眼中的中国食物原料研究——以卜弥格、卫匡国和基歇尔为中心》等，在中国饮食文化知识的西方传播史方面，完成了许多研究，提供了中食西传的独特视角，作出了特别的贡献。

大航海开始以前，欧洲人通过与陆路上的阿拉伯人的接触，已经间接了解中国饮食文化的信息，如饮茶习俗，但对中国人茶文化总体上并不十分了解。随着利玛窦等传教士的入华，他们不仅经常喝中国茶，还敏锐地感受到明代社会饮茶文化的变异。1575 年访问过福建的西班牙人拉达在其《记大明的中国事情》中记有饮茶之法："这种饮料是一种略带苦味的草煮的，留一点末在水里，他们吃末喝热水。"这显然是与日本相似的末茶之法，接踵而至的利玛窦在《中国札记》中反映了这种饮茶风俗从末茶到叶茶的演变。在饮食上，利玛窦适应了和明代文人品尝热茶，他说日本人使用末茶之法或煮茶之法，把茶叶"磨成粉末，然后放两三汤匙的粉末到一壶滚开的水里，喝这样冲出来的饮料"，而明人已经开始流行使用冲泡茶叶后品尝的方法。他写道："中国人则把干叶子放入一壶滚水，当叶子里精华被泡出来以后，就把叶子滤出，喝剩下的水。"晚于利玛窦来华的西人曾德昭在《大中国志》中也述及"将烘干的茶叶放入热水中，显出颜色、香味"。万历时期沈德符《万历野获编》认为当时明人饮茶从煎点法到瀹饮法的转变，是"开千古茗饮之宗"。可见在晚明中国人已经普遍采用冲泡饮茶法的转变。从拉达和利玛窦有关中国饮茶法从烹煮到冲泡的不同记载，可以见出明中后期饮茶风俗转变。拉达在福建品尝到末茶，正好可以与闽广地区缓慢变化的习俗相印证。从未到过中国的基歇尔，其汉学名著《中国图说》中有关茶叶的信息主要来源于卫匡国等耶稣会士的记述，不过他对茶的饮法和命名法，茶叶医疗和商业价值，以及饮茶的礼仪功能做出了较之卫匡国等更为详细的分析。

二、新史料的系统开掘和梳理

周著利用来华西人著述，包括使节的记录、商人的游记和耶稣会士绘制的地图册等，以及西方汉学家对中国饮食文化的英文、法文、拉丁文等不同文本的记述，也包括利用汉文文献，如《正教奉褒》等，寻找基本史料，进行分析，解读出若干中国饮食文化的典型案例。周著从元朝来华的马可波罗开始，接续关注利玛窦、曾德昭、卫匡国等传教士的记述，也利用未来过中国的法国汉学家杜赫德所编《中华大帝国志》等汉学家著作，他们根据传教士、使节、旅行者和商人发回欧洲的报道，向欧人"剪辑"出一个真假信息杂糅的中国饮食文化的形象，从而构建了一幅中国饮食文化的精彩画面。清代乾隆年间前往中国的英国外交使团的马戛尔尼，在其个人日记中详细地记载了他在中国出访期间的一日三餐。使团的随行画家亚历山大还手绘纤夫的晚餐图像。这些来华亲历者留下的文本或图像资料，引起了欧洲读者或其他研究者的浓厚趣味，很多出版商用这些插图或者文字记录，进行加工编辑，再次出版，甚至将他们的文字和图像进行极具想象力的艺术再创作，描绘他们想象中的中国饮食生活场景。

历史研究最重要的就是史料的搜集和开掘，周先生的第一步工作就是为本书拓展研究打下了坚实的资料基础。早期的中国饮食文化的介绍，绕不开马可波罗的贡献。《马可波罗游记》是之后来东方的西人重要的参照，他们在华旅行之时，多会把自己看到的实际情况与马可波罗报道予以比较。周著的第一部分从文献传播的角度，通过《马可波罗游记》探索元朝入华西人传回欧洲的有关中国饮食文化的史料。16 世纪早期入华的耶稣会士，如利玛窦等是传播中国饮食文化的主要代表，他长期生活在中国，在《利玛窦中国札记》中留下很多关于中国食物的记述，其中特别提到中国的茶叶、水果、鱼、米等食品。有"17 世纪西方中国地理学之父"美誉的卫匡国，在 17 世纪的欧洲出版了《中国新地图集》，其中明确记录了浙江杭州西湖里的船宴，他描绘西湖游船上热闹、隆重的宴席，称具皇家风范。

周著在没有可资借鉴的系统研究的背景下，在史料开掘上下了极大的工夫，不仅调研原本、译本，还注意各种不同类型的文献，如利玛窦等人是为了新到中国的耶稣会教友能够尽快熟悉汉语、了解中

国文化、礼仪诸事才编制一小册子，题为《拜客训示》，其中也有以
"厨房的事""买办的事""茶房的事"为主题的系统讲解。作者并将
书中"厨房的事"抄录，称厨事分工的细化，说明该时期利玛窦等早
期入华耶稣会士已较为详细地了解到中国饮食的方方面面。作者还采
取中西文献互相印证的方法，将来华西人的记述和西人汉学家著述中
的饮食词汇，按照原本、译本的排序，处理成词汇对照表，为饮食文
化交流史研究提供了采撷史料的新思路。

三、运用新方法提出新问题

　　海上丝绸之路的饮食交流首先是食材和食器的交流，如茶叶、瓷
器作为饮茶文化的载体。茶叶作为中国特有的食材以及饮食方式传入
了西方，是中外饮食文化交流的重要方面。茶在 17 世纪传入欧洲，
先是在荷兰，后到英国，成为大宗贸易商品。而瓷器作为茶具，也影
响了西方的饮食习俗。还有一些调料，如生姜、肉桂等，更早已通过
阿拉伯人传入西方。中国饮食文化传播至西方并产生影响，不仅仅是
食材，还包括烹饪方法、用餐礼仪的知识，不少来华西人的游记最早
介绍中国的饮食习俗，进而影响到西人对中国饮食的认识。1500—
1700 年间，中国饮食文化在西方的影响主要表现为物质层面的输入，
如茶和瓷器等。周著运用社会学和文化学的方法，对以下两个层面进
行剖析，值得注意。

　　一是发现中西饮食文化交流中的"饮食外交"。西班牙耶稣会士
阿德里亚诺·德·拉斯·科尔特斯于 1605 年 6 月 22 日到达菲律宾，
在前往澳门的途中遭遇风暴，在广东潮州海岸搁浅并被俘，随后在
广东漂泊 11 个月之久。科尔特斯根据这段时间在潮州府及周边地区
的生活经历，撰写了《中国旅行记》。科尔特斯在菲律宾去世后留下
的这份手稿对中国都堂在广东肇庆府宴请"澳门代表团"时的见闻有

较为翔实的记述，其中提及这一高规格的"外交宴"。手稿记载了宴会仪程、菜肴等内容，称外交宴会的规格极高，每位客人拥有5种冷餐具柜，每个橱柜中放着16—20个小瓷碗，里边是各种肉块和水果。科尔特斯无法准确描述这些菜肴的名字，但却可以判定其基本食材分别是母鸡、公鸡、山鹑、火鸡、鸭子、乳猪和其他肉食。葡萄牙传教士安文思《中国新史》在对清政府各个机构的描述中，特别提及宫廷食事管理机构有负责管理宫廷重大宴事礼仪的内容："当皇帝为臣子或使臣设宴时，由他们安排筵席，接待并遣送皇帝的宾客及使臣。"其中介绍了"精膳司"，称礼部有光禄寺，是以皇帝名义款待中外人士时，负责供应酒水、牲畜和其他必需品的机构。这些记述可以说借助了外交学的方法，多少填补了政治史与饮食文化史交叉研究的空白。1793年英国马戛尔尼勋爵率领使团访华，作为第一个来到中国的英国外交使团，也是中西外交史上在"饮食"上的首次直面相遇，尽管外交谈判宣告失败，但作为礼仪之邦、泱泱大国，乾隆皇帝在对使团的赏赐和招待上，竭尽所能，安排周到，尤其是在日常饮食上，源源不断地提供大量免费的、新鲜的食材和物资，令英方人员震惊不已。一个国家的形象可以通过"饮食外交"得到改善，中国饮食文化影响了西人对东方文化、人民和价值观的认知。

二是西人视野下的"筷子文化"。筷子文化在中国有悠久的历史，看似平淡无奇的筷子却有着丰富的文化内涵。在中国人的习俗中，筷子有快生贵子，快快乐乐等好口彩。所谓一双在手，运用自如。来华西人对中西使用餐具的比较，在周著的诸多章节中有所讨论，如"用筷吃饭：伊比利亚商船发回的中国饮食报道"一节，特别注意到了筷子文化。周著将西人用餐使用的餐具与中国筷子进行比较，16世纪初来自葡萄牙和西班牙的皮雷斯、克路士和拉达等人了解或目睹过中国人用筷子吃饭，知道这是中国餐桌上最不同于西方刀叉文化的一种助食方式。利玛窦发现这"两根小棍"背后有着丰富的中国礼仪规矩，以及中国人的人情世故。他意识到中国人在宴会场合赋予了筷子独特的文化意义，细细的两根小棍不仅是具有助食功能的餐具，更是中国人优雅内敛的生活礼仪在餐桌上的具体展现。他十分赞赏中国人灵活使用筷子取食的能力，称："中国人用筷子很容易地把任何种类的食物放入口内，而不必借助手指。食物送到桌上时已切成小块，除非是很软的东西，例如煮鸡蛋或鱼等等，那是用筷子很容易夹开的。"利玛窦长期生活在明代中国，通过比较西方刀叉文化与中国筷子文化，表达了对中国筷子文化独特性的赞美，也提供了明代中国筷子的形制、质料以及加工工艺等信息，如称常见的筷子是乌木箸和象牙箸："接触食物的一头通常用金或银包头"，明代镶箸工艺有"（单）镶""两镶""三镶"之区别。周著指出明代社会中上层常使用名贵的乌木和檀木等木料制作筷子，而象牙则是极品箸料。珍贵木料，因其珍贵，又往往与金、银、玉、牙等贵金属、石料、骨料等镶制为合成料箸，明代权臣严嵩倒台时，其家产被判籍没，其籍产簿上有乌木箸6896双，象牙箸多达2691双，其中金镶牙箸1110双、银镶牙箸1009双，共2119双，由此可见明代正是镶箸工艺流行的时代。

周著还记录传教士介绍的中国"摆筷之礼"和"举筷之礼"："主人通过摆筷之礼可以表达对宾客的敬意以及嘉宾入座的信号。当仆人递给主人一双筷子，主人小心翼翼地为主客摆好，以示请其入座。而遵照礼尚往来的礼仪，主客也会十分客气地为主人摆筷。主客还会与主人客套一番，推辞上座之请，十分优雅地作揖表示感谢。""宴会开始时，为表示对主人地位的尊重，所有与宴者都会跟随着主人的模样举起筷子，然后慢慢放下，所有人几乎同时夹菜进食。所有人都会注意到不要把筷子放回桌上，而是要等最尊贵的主客停下筷子后，大家才将筷子停在桌上。在正式宴饮场合，来宾是为了某种目的的社交，而不仅是来这场宴席上吃饱饭，故而万万不可失礼于人前。"上述这些都是旨在运用文化学方法讨论筷子文化的一些案例。

　　西人记述中国饮食文化的文本传播到欧洲的案例，在周著中有着深度的剖析。利玛窦提到中国人使用筷子、宴席合餐制和分餐制的比较，都引发欧洲知识阶层的好奇，成为西方了解中国饮食文化的一手资料。揭示了中国饮食作为"文化载体"进入西人知识系统的复杂性。作者在研究中运用发现的新史料以复原史实的基本工作，做得很扎实；在解读文献上有着比较严谨的分析；对每一选定的饮食礼仪、食材种类及宴会场景等专题有细致的描述，这些为后人中食西传史提供了研究的新基础。

　　周著让我学到了很多新知识，也引发了进一步的思考。研究离不开时空，周著首先设定了时空范围，作者在时间线上分阶段讨论，是研究正确的思路，不过周著书名"中国饮食文化在西方"，很易被读者误解为主要是讨论在西方世界空间里的中国饮食文化的传播，事实上，周著主要是研究在华西方亲历者的记载或西人著作中中国饮食文化的想象，如基歇尔《中国图说》中对中国食材的认知多借自来华耶稣会士的记述，他只是用诗化的语言，向欧洲读者予以介绍而已。周著不是研究中国饮食实物出现在西方世界，而是中国饮食文化的知识在西方知识系统中的流传。

　　周著主标题后添加了一个时间限定：1500—1700年，大致是明朝中后期到清朝初期。有时间线的聚焦，是学术研究精准表达的好方法，不过周著讨论的教皇使节柏朗嘉宾和马可波罗均属于全书研究的前史，目前在全书中所占的篇幅似乎过大。"西方"在空间涉及不同欧洲国家，周著已经注意到这些空间上传播的不同情况，专门设立"欧洲不同群体对中国饮食的解读"一章，讨论来华传教士、商人以及使节群体所获得的中国食品、食俗见闻信息的不同来源，以及传回欧洲的路径之差异。不过可能是受限于材料的来源，周著主要阐述的是"西人"，实际上是来华西人或在欧洲的知识人的中国饮食文知识，目前的研究未能具体分析在西欧、东欧和北欧等区域传播实况的区别，即使在知识系统层面上处理的信息传播，不仅仅有群体的差异，在空间上也存在信息生产者来源的不尽一致。

"中国饮食文化在西方世界的传播与影响"是一个非常有意义的历史问题，既体现了中食西传知识交融的复杂性，也反映了全球化背景下饮食文化的动态演变。研究饮食文化的历史，有助于我们了解中西不同社会与文化所经历的变迁。全球史的方法已经进入了中西饮食文化交流史的书写，作为一种全新的研究视角，以茶叶与全球化的关系为例，茶叶如何在大航海时代后成为中西贸易的核心商品之一；欧洲人为何将茶视为"东方药草"；茶叶的饮用价值逐渐被西人接受，如何发展出加糖、加奶等改良方式；中国的饮茶文化又如何在全球的全面兴盛，这些都是颇能进一步展开的研究面向。

在周著即将付梓之际，周鸿承先生盛情邀约，却之不恭，遂聊赘若干外行话，是为序。

邹振环

2025 年 3 月 3 日于上海复旦大学光华楼

导　言

一　从中西饮食交流说起

食物信息和食物本身是人类文明永恒的话题。全球食物大交换离不开先行者和继任者们的冒险探索和情报收集。中国饮食文化及茶、瓷、丝绸等衣食类物质本身的外传史诗，是中西文明交往交流交融历程中的生动故事和重要篇章。

16 世纪以前，西方有关中国的知识十分模糊，充斥着大量想象。直到蒙元时代，以马可波罗为代表的诸多欧洲旅行者、传教士来到了中国内地，才将许多可靠的中国信息传回西方世界，其中就包含有关中国人衣食住行的许多信息。这些杂糅想象与见闻的信息，深刻影响了当时西方对中国饮食文化的认知。

大航海时代以来，葡萄牙人和西班牙人从马六甲、菲律宾和中国东南沿海等地获得越来越多的中国信息。中国饮食情况尤其是食品商贸情报也伴随着这些伊比利亚人的一手资料传回西方。一个物产丰富、地大物博、富裕多金的中国形象跃然纸上。这对于那些希望通过开辟东西方商贸通道进而获得商业利益的西方人来说，充满了吸引力。随着欧洲古腾堡活字印刷技术的飞速发展，16—17 世纪各种有关中国的葡萄牙文、西班牙文、拉丁文、意大利文游记文学以及其他著作在欧洲大范围传播，中国饮食信息比中国食物本身在欧洲传播得更广更远。长期在印度果阿、马六甲、香料群岛、马尼拉等商贸中心活动的欧洲商船，往来于东西方之间，东南亚由此成为西方了解中国的"信息中转站"。在这个中转站搜集和传播中国信息的欧洲群体主要是葡萄牙和西班牙人。这也顺势让伊比利亚半岛成为欧洲了解中国的"中转站"。16—17世纪西方的中国饮食知识主要通过葡萄牙和西班牙文学著作的各种西文译本，在欧洲社会传播开来。

　　早期入华耶稣会士是促成中国饮食文化西传的重要群体。他们在华传教遵循文化适应政策，积极学习中国语言，融入中国社会。这些耶稣会士长时间在华生活，尤其是和中国人长期交往，更加了解中国各阶层的生活内容与生活方式。他们对中国饮食文化的认识大大超过16世纪仅在中国东南沿海活动的葡萄牙人和西班牙人。利玛窦、曾德昭、卜弥格、卫匡国等入华耶稣会士全面深化了大航海时代以来西方有关中国饮食生活和区域食材等方面的认识，更有甚者对中国内地不同地域特色食材进行科学考察和性状分析。早期入华耶稣会士对中国饮食文化的西传作出了重要贡献。但在既往中西文化交流研究中，学者们更多是对传教史、地理大发现等研究感兴趣，而对饮食等日常生活的相关研究，关注较少。利玛窦是大航海时代以来首批入华耶稣会士之一，也是中国饮食文化在西方传播的开拓者。他的回忆录含有大量中国食物原料、土特产、宴饮礼仪等饮食知识。17世纪中期入华的耶稣会士卜弥格、卫匡国通过实地调查并大量参考中文资料后撰写的著述，使得西方有关中国饮食知识的积累达到新的高度。卜弥格在《中国植物志》《中国地图册》等手稿中绘制大量中国动植物食材图画，还在绘制的贵州省图边配有一副拉丁文注释的《中国宴会图》。卫匡国返回欧洲后，编制出版自己的中国地理著作，与师友交流中国信息。他的《中国新地图集》于1655年在阿姆斯特丹出版，地图集中注释着中国各个行省和知名城市的物产与食俗见闻。在欧洲古地图上绘制饮食知识是中国饮食文化传至欧洲的重要方式，更加印证了早期欧洲古地图所具有的百科全书式风格。那些未曾到过中国的欧洲学者如基歇尔，则通过转述和"裁剪"卜弥格、卫匡国等人的著述，间接地传播了中国饮食文化。基歇尔《中国图说》被译成多种文字，在欧洲社会广泛流传。各种有关中国的神奇故事，成为17世纪欧洲人茶余饭后的重要谈资。16—17世纪古腾堡带来活字印刷技术，阿姆斯特丹成为出版中心。出版商发现这些"中国图书"在欧洲的商机，将之译成各种西文版本，大肆印刷。基歇尔等未曾去过中国的"中国图书"作者们，在传播中国文化方面，其影响力甚至远超卜弥格等原创者。

17世纪晚期，以李明为代表的"国王数学家"被路易十四派往中国，收集中国信息。李明具备坚实的学识底蕴，他的中国饮食报告具有科学考察的特征，对中国水果、茶等植物形状和生长条件等都有系统考察。该时期入华西方人有关中国"重农政策"以及先进的渔猎养殖技术的记述，引起了法国政府和西方思想家的重视。中国茶叶、瓷器（特别是日用瓷）、丝绸等，不断地被荷兰、英国的东印度公司运回欧洲，转卖各国。欧洲宫廷等上流阶层对中国风物的热情不断攀升，预示着18世纪欧洲"中国热"即将到来。中国茶、饮食器具、挂毯、壁画、中式家具、厨房、茶亭乃至西方绘画艺术作品中的中式宴饮、娱乐、青花瓷等，成为18世纪西方贵族生活中品味"异国情调"的重要组成部分。一些极具中国风情的内容被欧洲艺术家融入符合欧洲审美趣味的洛可可艺术。此时欧洲人的餐桌、饮食生产政策，乃至欧洲人的艺术，都有不可磨灭的中国影响。

本书即从中西文化交流背景出发，利用16—17世纪西方相关商业报告、传教书信、游记著作等西文文献，比如克路士《中国志》、拉达《记大明的中国事情》、门多萨《中华大帝国史》、利玛窦《利玛窦中国札记》、卜弥格《中国植物志》、卫匡国《中国新地图集》等，研究大航海时代以来中国饮食文化如何传播到西方以及在西方知识系统中产生了怎样的中国影响。

二　相关研究回顾

（一）国内学术史梳理

首先，国内研究者较多的是对个别中国饮食名物、具体食物原料或代表性饮食器具的西传进行专项研究。如黄时鉴《茶入欧洲及其欧文称谓》（《东西交流论谭》，上海文艺出版社，1998 年）、关剑平《文化传播视野下的茶文化研究》（中国农业出版社，2009 年）、潘吉星《筷子的传播史》（《文史知识》2009 年第 10 期）以及张箭《菜豆——四季豆发展传播史研究》（《农业考古》2014 年第 4 期）等。陆精治《中国民食论》对传入中国的外稻、菽（大豆、小豆、豇豆、豌豆等各类）、麻（大麻、黄麻等）、麦种作物等进行了考察。[1] 冯柳堂《中国历代民食政策史》反驳近代西方关于稻作发源地与传播方式的观点（黍稷为东印度原产地，中国之黍稷亦由印度输入）。[2] 当代农史专家游修龄、曾雄生《中国稻作文化史》（上海人民出版社，2010 年），俞为洁《中国食料史》（上海古籍出版社，2011 年），张芳、王思明《中国农业科技史》（中国农业科技出版社，2001 年），张箭《新大陆农作物的传播和意义》（科学出版社，2014 年），李昕升《食日谈：餐桌上的中国故事》（江苏凤凰科技出版社，2023 年）等农史或科技史著作中，多有开辟专门章节讨论中国食物原料的西传与影响。近来，杜莉等《丝路上的华夏饮食文明对外传播》（人民出版社，2019 年）一书从"一带一路"视角，深入研究古代丝路饮食名物及相关文化的对外传播历史过程与现实意义。这些专门研究具有方法论上的指导意义，为本书从整体上把握西方饮食文化史中的"中国影响"奠定了重要研究基础。

其二，国内研究者更多是从"西学东渐"视角探讨外国饮食文化

1　陆精治：《中国民食论》，启智书局，1931 年，第 11—13 页。
2　冯柳堂：《中国历代民食政策史》，商务印书馆，1934 年，第 12—13 页。

在中国的传播与影响。代表性研究有邹振环《西餐引入与近代上海城市文化空间的开拓》（《史林》2007 年第 4 期）、夏晓虹《晚清的西餐食谱及其文化意涵》（《学术研究》2008 年第 1 期）、杨乃济《乾隆朝西餐具的制作》（《紫禁城》1984 年第 6 期）、苏生文《餐桌上的西风东渐——当筷子与刀叉相遇》，（《绿叶》2010 年第 11 期）以及苏生文、赵爽《西风东渐：衣食住行的近代变迁》（中华书局，2010 年）一书。此外，外来食物原料传入中国的研究中，既往研究者特别关注美洲作物入华议题。如罗尔纲《玉蜀黍传入中国》（《历史研究》1956 年第 3 期）、全汉昇《美洲发现对于我国农业的影响》（《民主评论》，1966 年）、郑南《美洲原产作物的传入及其对中国社会影响问题的研究》（浙江大学博士学位论文，2010 年）等。外国农作物传入中国的不同呈现及其传播影响方面的研究，对研究"中食西传"有借鉴意义。本书重点探讨中国饮食文化在西方的传播与影响，正说明了中外饮食文化交流的双向性与互动性，进而折射中外文明交流互鉴历史中的饮食映像。

其三，国内食物史相关著作，多把中国饮食文化的西传作为单独章节进行讨论。如伊永文《明清饮食研究》（洪业文化事业有限公司，1997 年）、徐海荣《中国饮食史》（卷 5，杭州出版社，2014 年）、季羡林《蔗糖史》（中国海关出版社，2009 年）、赵荣光《中国饮食文化史》（上海人民出版社，2006 年）、王仁湘《民以食为天：中国饮食文化》（济南出版社，2004 年）、何宏《中外饮食文化》（北京大学出版社，2016 年）等。这些研究多以中国饮食为主要对象，以汉族饮食为主体。

其四，早期入华传教士对中国饮食文化的报道与传播开始被学者关注。如许敏《明清之际耶稣会传教士与中国社会生活的西传——西方人眼里的中国人的衣食住行》（《史学集刊》1992 年第 1 期），计翔翔、吴倩华《明清之际入华传教士眼中的中国食物》（《留住祖先餐桌的记忆：2011'杭州亚洲食学论坛学术论文集》，云南人民出版社，2011 年），王永杰《明清之际来华传教士卜弥格中国动植物研究》（《健康与文明：第三届亚洲食学论坛（2013 绍兴）论文集》，浙江古籍出版社，2014 年），李毓中等《〈拜客训示〉点校并加注》（《东亚海域交流史研究》2015 年第 1 期），周鸿承《他人眼中的中国：17 世纪耶稣会士资料中的中国食物》（*Sulla via del Catai*, 2015）、《十七世纪中期西方人眼中的中国食物原料研究——以卜弥格、卫匡国和基歇尔为中心》（《中国农史》2018 年第 1 期），周鸿承、计翔翔《利玛窦与中西饮食文化交流研究》（《浙江学刊》2015 年第 6 期）。计翔翔重点考察了入华耶稣会士眼中的茶、葡萄、柿子和橄榄。[1] 戚印平对东亚耶稣会士参与胡椒等食品商贸进行了专门研究。[2] 谭世宝对不同西文汉译本中的中国水果和动植物错译问题进行了考察。[3] 另外，还有散见于报刊的中西饮食交流研究论文，皆具参考意义。[4]

　　其五，有专家选择从"华瓷入欧"角度探讨中国对欧洲之影响，而中国饮食文化对欧洲知识系统产生的影响以及传播变异情况缺乏研究。如朱杰勤《17、18 世纪华瓷传入欧洲的经过及其相互影响》（《中国史研究》1980 年第 4 期）、詹嘉《15—18 世纪景瓷对欧洲饮

1　计翔翔、吴倩华：《明清之际入华传教士眼中的中国食物》，引自赵荣光等主编：《留住祖先餐桌的记忆：2011'杭州亚洲食学论坛学术论文集》，第 388—420 页。

2　戚印平：《远东耶稣会史研究》，中华书局，2007 年，第 223—251 页；《东亚近世耶稣会史论集》，台湾大学出版社，2004 年，第 127—193 页。

3　谭世宝：《利玛窦〈中国传教史〉译本的几个问题》，《世界宗教研究》1999 年第 4 期。后该文收入黄时鉴主编：《东西交流论谭》第 2 集，上海文艺出版社，2001 年，第 32—46 页。涉及西文汉学文献中饮食词汇研究的其他论文，收入其论文集《澳门历史文化探真》，中华书局，2006 年。

4　水木：《清代西洋画师的膳食》，《紫禁城》1983 年第 2 期；杨乃济：《乾隆朝西餐具的制作》，《紫禁城》1984 年第 6 期；许敏：《明清之际耶稣会传教士与中国社会生活的西传——西方人眼里的中国人的衣食住行》，《史学集刊》1992 年第 1 期；程美宝、刘志伟：《18、19 世纪广州洋人家庭里的中国佣人》，《史林》2004 年第 4 期；陈国威：《鸦片战争前寓华西人饮食考》，《寻根》2008 年第 1 期；陈炎、李梅：《中西饮食文化的古代、现代和后现代特征》，《中国文化研究》2009 年第 3 期；方铁：《郑和下西洋所历诸国之饮食习俗》，引自赵荣光等主编：《留住祖先餐桌的记忆：2011'杭州亚洲食学论坛学术论文集》，第 421—429 页。

食文化的影响》(《江西社会科学》2013 年第 1 期)等。这些研究虽未从整体上研究中国饮食文化的西传与影响,但仍是探讨欧洲饮食文化中的"中国影响"问题。

(二)国外学者的研究

首先,20 世纪以来,国外学者越来越关注中国文化在西方的传播与影响,但是对中国饮食文化在西方传播的研究属于边缘地带。如 Henry Yule 和 Henri Cordier 编辑翻译的 *The Book of Ser Marco Polo the Venetian*(London, 1903)以及 *Cathay and the Way Thither: Being a Collection of Medieval Notices of China*(Hakluyt Society, 1915)、法国学者杜赫德编《耶稣会士中国书简集:中国回忆录》(大象出版社,2001—2005 年)、谢和耐《蒙元入侵前夜的中国日常生活》(江苏人民出版社,1995 年),美国学者劳费尔《中国伊朗编》(商务印书馆,2001 年)、谢弗《唐代的外来文明》(陕西师范大学出版社,2005 年)等。谢和耐有关 13 世纪杭州等地区"交通和供应"与"饮食"[1] 的研究,美国学者劳费尔、谢弗对西域以及周边地区传入中国的饮食名物的研究极具启发性。以上学者皆具有汉学家身份,在他们对西方汉学著作的研究与整理过程中,多有对早期传入西方的米酿(Bigni)、忽迷思、葡萄、野鸡、茶、荔枝等中国饮食名物的辑录、校对和考证。此外,狄德罗(Denis Diderot)和达朗伯(D' Alembert)主编的法国《百科全书》(*Encyclopedia*, 1751-1765)收录和注释了中国的稻谷、筷子、茶、酱油、酱油的制作等条目。他们的知识多是来自入华传教士所发回的书信和传教报道,以及早期前往东南亚从事商业与探险的商人和旅行者。个别饮食名物的考释成果往往分散在诸多汉学著作之中。这些零散的饮食研究从来不是欧洲研究者的关注中心,但对本书的撰写却有很多启发和指导。

---

1 [法]谢和耐:《蒙元入侵前夜的中国日常生活》,刘东译,江苏人民出版社,1995 年,第 97—103 页;
[法]谢和耐:《南宋社会生活史》,马德程译,台北中国文化大学出版部,1982 年,第 103—111 页。

其二，随着饮食文化史越来越受到关注，中外饮食文化交流相关研究陆续出现，其中多有涉及中西饮食文化交流问题。如岩间一弘《中国料理の世界史：美食のナショナリズムをこえて》（日本庆应义塾大学出版会，2021 年）；J. A. G. Roberts, *China to Chinatown: Chinese Food in the West*（Reaktion Books, 2002）；Alexander Carlos Wolfe, *In the Belly of the Tartar Beast: The Mongols and the Medieval English Culinary Imagination*（Doctoral dissertation, the University of Chicago, 2009）；Chen Yong, "A Journey to the West: Chinese Food in the Western Countries"（*Gastronomica: The Journal of Food and Culture*, 2004）；Launay Robert, "Tasting the World Food in Early European Travel Narratives"（*Food and Foodways*, 2003）；Yuson Jung, "Experiencing the 'West' through the 'East' in the Margins of Europe"（*Food, Culture & Society*, 2015）；美国学者罗伯特·N. 斯宾格勒三世《沙漠与餐桌：食物在丝绸之路上的起源》（社会科学文献出版社，2021 年）等。

其三，一些国外人类学、社会学研究多涉及中西方饮食文化交流的内容，但更多关注的是中国饮食文化本身以及西方饮食文化对中国的影响。欧、日学者普遍以"欧洲中心"为视角，对中国饮食外传产生的中国影响，谈之甚少。如 K. C. Chang, *Food in Chinese Culture: Anthropological and Historical Perspectives*（Yale University Press, 1977）[1]；Thomas David DuBois, *China in Seven Banquets: A Flavourful History*（Reaktion Books, 2024）；美国学者安德森《中国食物》（江苏人民出版社，2002 年）；日本学者篠田统《中国食物史研究》（中国商业出版社，1987 年）、中山时子《中国饮食文化》（中国社会科学

1　张光直所编《中国文化中的食物》（耶鲁大学出版社，1977 年）一书按照断代史的方式考察中华饮食，该书第五章"元代和明代饮食"和第六章"清代饮食"对于中华帝国晚期的饮食文化研究具有里程碑式意义。

出版社，1992 年）、石毛直道《饮食文化论文集》（日本清水弘文堂书房，2009 年）以及德国学者贺东劢《五味之地：中国的饮食文化》（上海文化出版社，2015 年）。

一些研究者聚焦海外中餐演变以及中餐全球化议题，对本书也有很好的参考意义。如 Andrew Coe, *Chop Suey: A Cultural History of Chinese Food in the United States*（Oxford University Press, 2009）；David Y. H. Wu, Sidney C. H. Cheung, *The Globalization of Chinese Food*（University of Hawaii Press, 2022）及马来西亚学者陈志明《东南亚的华人饮食与全球化》（厦门大学出版社，2017 年）等。

根据上述国内外研究现状的梳理，既有有关中西饮食文化交流的研究仍存在以下主要问题：

第一，从学术史定位和研究视角来看，目前的研究更多是从"西学东渐"的视角探讨西方饮食文化在华传播与影响。对大航海时代以来，中国饮食文化在西方的传播内容、过程以及效果的讨论还很薄弱。对文艺复兴时期，欧洲社会生活、文化艺术在哪些方面、多大程度受到了来自中国饮食的影响，研究还很匮乏。而中国独特的饮食知识在欧洲知识系统和社会生活中的应用程度，是论证中国饮食文化西传路径、特征和效果的重要指标，也是揭示中西饮食文化交往交流交融的关键因素之一。

第二，在对有关中国饮食知识西传的海外文献进行解读和探讨时，既往研究忽视这些海外手稿文献或档案资料在西方学术史中的渊源和变化脉络，导致许多学者误将海外文献中的某些饮食知识视作图书作者的个人独创，而实际上许多在 16—17 世纪创作有关中国的流行图书的作者，终其一生从未踏足过中国。我们不禁产生疑问，这些书写中国而又未曾到过中国的欧洲人，他们又是如何获得有关中国的资料呢？

第三，有的研究者以今日饮食名物的名称或概念强加于古人，将研究局限于中国和中国文化本身，未能从更广的地域范围和视野进行考察。这导致许多学者忽视散见于西方中国学著作中的各种中国饮食知识，或是忽略在日本、马六甲、果阿的葡萄牙、意大利传教士，以及在马尼拉的西班牙人留下的相关报告和档案中的中国情报。从中国饮食文化西传议题的研究来说，目前学界对伯来拉、克路士、拉达、门多萨、利玛窦、曾德昭、卫匡国、卜弥格、基歇尔、安文思、闵明我、纽霍夫、李明等西方人有关中国著述中的饮食文献的研究和关注还很不够。如果不能更为全面地研究和审视这些欧洲人创作的远东商贸资料、传教报告、个人著述，不能将散见其中的中国饮食知识"串珠成链"，便很难构建多层次的立体的华味西渡形象。

本书聚焦"中食西传"议题，将充分借鉴国内外相关研究成果，将食物历史、中西文化、知识传播三者有机结合在一起，通过史料分析、文献解读、比较研究、思想归纳等方法，将中文与西文史料、图像与文字相结合，以问题为导向，开展相关研究。

三 资料来源

本书所用资料包括16—17世纪葡西商人、使节报道，入华传教士传教报告及个人著作，欧洲学者、旅行者著述以及西方古地图上有关中国饮食的文献资料等。这些西方有关中国著作的编写文字主要为葡萄牙文、西班牙文、拉丁文、意大利文及法文等。[1]

---

[1] 本文所参考的此类书目资料，主要有上海图书馆编：《上海图书馆西文珍本书目》，上海社会科学院出版社，1992年；顾犇：《中国国家图书馆外文善本书目》，北京图书馆出版社，2001年；张红扬主编：《北京大学图书馆藏西文汉学珍本提要》，广西师范大学出版社，2009年。John Lust, *Western Books on China Published up to 1850*, London: Bamboo Publishing Ltd., 1987; Bjorn Lowendahl, *Sino-western Relations, Conceptions of China, Cultural Influences and the Development of Sinology: Disclosed in Western Printed Books, 1477-1877*, Hua Hin: Elephant Press, 2008.

　　蒙古三次西征客观上进一步打通了中西陆上通道，为中西文化交流创造了条件。柏朗嘉宾、鲁布鲁克、马可波罗、孟德高维诺、鄂多立克、马黎诺里等人对中国的报道，对当时以及后世几百年的西方社会产生极大的影响，持续激发着西方人对世界"边缘"地区的冒险与探索。尤其是《马可波罗行纪》中有关元代中国的赞美之词，对当时的欧洲人来说，简直是耸人听闻。马可波罗对中国南北饮食尤其是忽必烈汗帐内的宫廷饮食记载尤多。因为其著作中没有记录中国人饮茶习俗这一点，还成为现今欧洲学者质疑其著作为伪作的一个重要论据。[1] 上述文献资料对于考察 16—17 世纪中国饮食文化在西方的传播阶段性特征提供了比较和参考的可能。

　　16 世纪初，最早活跃在亚洲的是葡萄牙人，也是他们在大航海时代最早传回有关中国的最新情报。1511 年葡萄牙人占领马六甲后，以此为据点，与那些在马六甲从事海上贸易的华人船商接触，体验"中国船宴"。少数葡萄牙人还曾接连访问过中国南部地区，后来葡萄牙人得以定居澳门，构建起澳门—马六甲—果阿—里斯本的葡萄牙商船专属贸易线路。借此大航海商贸通道，西人传回许多有关中国物产及饮食习惯方面的最新消息。如皮雷斯所撰《东方概要》、杜亚尔特·巴尔博扎《东方纪事》、维埃拉《广州来信》、瓦斯科·卡尔沃《广州来信》[2] 等。

　　在皮雷斯等人有关东方（尤其是有关中国）的个人著述传回欧洲后，16 世纪葡萄牙人和西班牙人陆续发表许多有关中国的著作，随之出现多种西文译本，快速扩大了东方资讯在欧洲社会的传播范围并提高了传播速度。这些文献是我们窥视当时西方人眼中中国饮食文

---

1 Francis Wood, *Did Marco Polo Go to China?* Boulder: West View Press, 1996；黄时鉴：《关于茶在北亚和西域的早期传播——兼说马可波罗未有记茶》，《历史研究》1993 年第 1 期。

2 这两人的广州来信也被称之为"广州葡囚信"，内容参见金国平：《西力东渐：中葡早期接触追昔》，澳门基金会，2000 年，第 182—209 页。

化的重要文本材料。代表文献有伯来拉《中国报道》（1565）**¹**、巴罗斯《亚洲十年》（1563）、**²** 克路士《中国志》（1569）、**³** 拉达《记大明的中国事情》（1575）、**⁴** 平托《远游记》（1614）、埃斯卡兰特《葡萄牙人到东方各王国及省份远航记及有关中华帝国的消息》（1577）**⁵** 以及门多萨《中华大帝国史》（1585）。16 世纪中后期前往中国的葡萄牙人克路士在《中国志》中集中展示了中国饮食新知，而同时期西方有关中国研究里程碑式著作——门多萨《中华大帝国史》中的饮食知识多是杂糅和"裁剪"自伯来拉、克路士、拉达等人的著作。这反映出 16 世纪伊比利亚文学作品中中国饮食知识的传播来源多、传播速度快。此时的葡萄牙和西班牙是中国饮食文化海外传播的"欧洲中转站"，远非其他国家可比。

　　随着 16 世纪西方中国饮食认知的积累，早期入华耶稣会士成为西方传播中国饮食文化的主要群体。罗明坚、利玛窦等第一批耶稣会

---

1 在《葡萄牙人在华见闻录——十六世纪手稿》（海南出版社、三环出版社，1998 年）中，伯来拉被译作加里奥特·佩雷拉，其作品名为《关于中国的一些情况（1553—1563）》；在澳门《文化杂志》编的《十六和十七世纪伊比利亚文学视野里的中国景观》（大象出版社，2003 年）中，书名译作《我所了解的中国》。本文统一译为伯来拉《中国报道》（*Algumas Coisas Sabidas da China*），参见［英］C. R. 博克舍编著：《十六世纪中国南部行纪》，何高济译，中华书局，1990 年；Willes Richard, *The History of Trauayle in the West and East Indies, and Other Countreys Lying Eyther Way Towardes the Fruitfull and Ryche Moluccaes*, London: R. Jugge, 1577, pp. 237-251。

2 ［葡］巴罗斯：《亚洲十年（第三卷）》，引自澳门《文化杂志》编：《十六和十七世纪伊比利亚文学视野里的中国景观》。

3 在《葡萄牙人在华见闻录——十六世纪手稿》中克路士被译为加斯帕尔·达·克鲁斯，书名译为《中国情况介绍》。在澳门《文化杂志》编《十六和十七世纪伊比利亚文学视野里的中国景观》中，书名译作《中国概说》。本文统一译为克路士及其著作《中国志》，可参考［英］C. R. 博克舍编著：《十六世纪中国南部行纪》。

4 《记大明的中国事情》（*Relacion de las Cosas de China que Propriamente se Ilama Taybin*），可参［英］C. R. 博克舍编著：《十六世纪中国南部行纪》。

5 现代研究表明门多萨《中华大帝国史》一书中多有引用埃斯卡兰特有关中国的信息，尽管门多萨没有如此声明。Bernardino de Escalante, *A Discourse of the Nauigation Which the Portugales Doe Make to the Realmes and Prouinces of the East Partes of the Worlde and of the Knowledge that Growes by Them of the Great Things*, trans., John Frampton, London: Thomas Dawson, dwelling at the three Cranes in the Vinetree, 1579；［美］唐纳德·F. 拉赫：《欧洲形成中的亚洲》第 1 卷《发现的世纪》第 2 册，胡锦山译，人民出版社，2013 年，第 310 页。

士进入中国后，又有大批西方传教士进入中国内地长期从事传教工作。耶稣会士普遍具有较高文化水平和科学素养，加之他们中许多人数十年在中国生活，因此他们在许多方面成为认识中国的开拓者。如利玛窦《利玛窦中国札记》、曾德昭《大中国志》、卫匡国《中国新地图集》、卜弥格《中国植物志》、安文思《中国新史》等著作。17世纪中后期，未曾到过中国的德国学者基歇尔的《中国图说》在欧洲以多国文字出版，影响甚大。而他书中有关中国饮食的内容则主要来自卜弥格和卫匡国等返欧传教士带回的资料，足见早期入华耶稣会士对于中国饮食文化在西方传播过程中的重要作用。

17世纪，荷兰东印度公、英国等多个国家的东印度公司源源不断将中国茶叶、瓷器、丝绸等物资运回欧洲，转卖各国。目前，荷兰国家博物馆收藏的那些数量繁多、造型各异的中国瓷器，就是中荷饮食文化交流的实物证据。不仅如此，1665年在荷兰阿姆斯特丹出版的纽霍夫《荷兰东印度公司使华记》，[1]1696年在巴黎出版的"国王数学家"李明《中国近事报道》，均涉及许多中国饮食知识。从葡萄牙、西班牙到英法、荷兰再到欧洲各国，加之欧洲活字印刷技术的支持，各种图书将中国饮食知识传播至欧洲社会各个阶层。

18世纪，欧洲"中国热"兴起。壁画、挂毯、家具、餐具、茶具、建筑、艺术品乃至主题舞会，总能找到一缕缕中国风格的文化基因。中世纪欧洲对中国物产富庶、生活奢华、丝绸贸易发达的印象，满足了欧洲上流阶层以及欧洲艺术家们对洛可可风格的创作需要——融入包括中国在内的东方异域情调。留存至今的欧洲文艺复兴艺术作品，多融入欧洲以外的诸如中国、印度乃至伊斯兰的文化元素。这些艺术作品也是该时期欧洲知识系统融入中国饮食知识的实证，更表明中西文明交流互鉴从来都是双向的。

---

1 ［荷］包乐史、庄国土：《〈荷使初使中国记〉研究》，厦门大学出版社，1989年，第23页。

　　或许是欧洲知识群体觉得有关中国的报道和各种东方著述中的只言片语对于系统了解中国来说过于麻烦，对于大众群体来说，收集分散的信息也十分不易，为了更好更快地了解中国、研究中国，欧洲先后出现了三种有关中国的汇编类出版物。这类聚焦中国情报的汇编大量吸收了16—17世纪传入西方的中国饮食知识，以满足西方人对中国风尚各个方面的兴趣。第一种是《耶稣会士中国书简集：中国回忆录》，该书简集是欧洲旅居中国和东印度传教士们的书信和报告集，在1702—1776年共出版了34卷，收录有韩国英、杜德美、巴多明、殷弘绪、冯秉正、杨家禄等入华传教士的相关报告。第二种是1735年著名汉学家杜赫德在巴黎出版的《中华大帝国志》。第三种是1776—1841年间出版的《中国杂纂》，共刊行了16册。此外，18世纪，在被誉为"一个国家和一个时代科学文化发展标志"的法国《百科全书》中，有关于中国稻谷、茶、酱油、酱油的制作等饮食词条，其文献来源均是到过中国的传教士们所发回的报道。可见18世纪西方知识体系中有关饮食的中国影响构建也是一个历史过程，其知识渊源依旧离不开地理大发现后欧洲商人、入华传教士、使节以及旅行家有关中国的早期报道。

　　由于多语种文本以及资料分散等客观困难，西方文献有关中国饮食文化的珍贵材料，还未全面揭开面纱。2014年11月18日，李毓中先生在浙江大学作题为"东亚海域交流史的研究现状与展望"的演讲时，以西班牙耶稣会托雷多教区历史档案馆所藏手稿《拜客训示》所载"厨房的事""买办的事""茶房的事"为例，[1]指出17—18世纪西班牙文献中还有很多珍贵的中国史料有待挖掘和解读。他

1《拜客训示》西班牙语原名为 *Instruction Pour les Visites de Madarins*, E-2: 101-33-China (Lg.1042.14), Archino Jesuitas, Alcala de Henares, Madrid。笔者在本书中所指该手稿电子扫描件系李毓中先生在浙江大学讲学期间所赠，在此表示感谢。可参考李毓中等校注：《〈拜客训示〉点校并加注》，《东亚海域交流史研究》2015年第1期。

还指出菲律宾、墨西哥两国档案馆所藏文献史料亦有涉及中国食物的内容，但是这些手稿和档案中有关中国食物的信息比较零散，一些手写的西文识读起来也比较困难。[1] 戚印平先生在参加笔者博士毕业论文答辩的时候，也曾指出日译耶稣会史料文献如陆若汉《日本教会史》(1624)，范礼安《日本巡察记》(1583)、《补遗》(1592) 中，皆有直接涉及中国饮食的史料，当然这些饮食资料跟整本文献的内容和分量比较起来还是比较边缘而分散。日译耶稣会史料文献主要是关于在日本的传教内容，其中亦有影响中国（耶稣会中国教区长时间附属于日本教省）传教策略的内容。[2] 笔者目前已获得英国牛津大学图书馆所藏 15 世纪手稿 *Li Livres du Graunt Caam*，德国奥格斯堡州立及市立图书馆藏卜弥格《中国植物志》拉丁文原版书稿电子复印件，英国大英博物馆藏 17 世纪沈福宗为托马斯·海德所写中国"餐食用语"资料，在日耶稣会士陆若汉《日本教会史》以及范礼安《日本巡察记》和《日本耶稣会士礼法指针》等与远东耶稣会传教区饮食相关的文献资料。

四　研究思路

16 世纪以来，西方地理大发现的脚步没有停止，但直到 17 世纪中后期，西方中国地理研究状况也还未完善。伴随着西方人探索的脚步，他们塑造的中国饮食形象还在西方文化中不断构建。此时，尽管中国就在他们前方，但西方人认知中国饮食仍然需要借助西方古典时代与蒙元时代马可波罗等人的"旧知识"。大航海时代以来，西方人

---

[1] 有关菲律宾、墨西哥等国所藏文献概况，可参见李毓中：《墨西哥与菲律宾两国档案馆所藏有关台湾之西班牙文史料概况》，《国际汉学通讯》2002 年第 1 期；《西班牙、菲律宾、墨西哥及葡萄牙所藏早期台湾史料概况》，任继愈主编：《国际汉学》第 14 辑，大象出版社，2006 年。

[2] 戚印平：《从〈大航海时代丛书〉看日译耶稣会史及东西关系史文献的基本特点》，引自复旦大学文史研究院编：《西方文献中的中国》，中华书局，2012 年，第 17—27 页。

对这些"旧知识"的吸收和理解过程就是西方人的旧有知识传统向近代自然科学体系转变的历史过程。

正是在"中食西传"研究视角的启示下，我们一方面梳理分散在各种西文资料中的中国饮食信息，考察西人如何传承接续西方有关中国旧知识；另一面，通过西人在华实地考察报告，探索中国饮食在西方传统知识发展历程中，起到了怎样的作用，产生了哪些影响。

以上问题的研究，主要从两大方面进行展开：

第一，将西学东渐与中学西传两种知识传播途径相结合，基于西方文化发展史背景，考察早期中国饮食文化西传的渊源，解析西方知识群体吸收和改造中国饮食知识的方式，以及审视大航海时代以来中国饮食文化对西方文化乃至日常生活的影响。西方人的游记、传教报告、书信、著作中分散地记载着各种有关中国饮食状况的报告。这些信息一则非常零散，二则多属于记录而非研究。本书首先整理16—17世纪代表性文献资料中西方人认识中国饮食的基本状况，探索不同历史阶段西方人对中国饮食的阶段性认识及特征。中国饮食文化在西传过程中，由于中间传播者的转译加工、汇编增减，许多一手资料和知识在出版传播过程中发生了变异，甚至是误解。通过材料梳理、文献比勘和语意还原，本书力图更为真实地呈现西方人眼中的中国饮食认知。这一基础整理工作有助于考察中国饮食文化在西方传播中的历史细节，也有助于凸显中国饮食在西方知识体系中的独特个性。

第二，西方饮食知识系统中的中国影响问题。16—17世纪，西方人完成了从古典时期、文艺复兴时期过渡到近代有关中国饮食认知的层叠与中国饮食形象的重构。18世纪欧洲"中国热"高潮过后，欧洲的生活器具、家居装饰、文学艺术乃至日常生活中，均可发现中国饮食文化的痕迹。本书将侧重考查中国饮食文化在西方不同历史时期的知识传承关系以及欧洲不同群体的态度与评价。如果我们在不同历史时期的西方知识传统中都可以寻找到中国饮食文化演变线索，那么中国饮食文化西传的历史事实与基本特征则可以被深度论证。

通过上述研究，本书可以呈现不同于古典时期、蒙元时期的中国饮食文化西传特征与知识流变情况，呈现西方人如何通过海与陆传递中国饮食文化与思想。大航海时代的到来，标志着世界贸易路线的重新制定以及全球食物贸易根本性变革。早期入华传教士、商人、使节和未曾入华的西方学者在中国饮食文化西传过程中都有不同的历史贡献。本书以大航海时代为背景，考察西方中国饮食认知的变迁，揭示该时期欧洲文化中的中国影响等问题。这是全球跨文化交流视野下中国饮食文化研究亟待解决的重大议题。

五　学术意义

从 16—17 世纪西方的中国饮食认知途径与认知结果来判断，西人认识中国饮食主要通过海陆两途。大航海时代，西人来华路径单一、活动范围有限，对中国了解不够深入，对中国独特饮食文化的认知依旧有很大的局限性，这一情况持续到 17 世纪末。文艺复兴时期欧洲文化中的中国饮食认知并非由几位著名的入华耶稣会士所创造，而是许多未曾亲历中国的欧洲学者一起共同努力的结果。欧洲知识群体根据自身的知识结构对传入的中国饮食知识进行理解、掌握与应用，中西饮食思想、饮食方法在会通中相互影响，从而实现中国饮食文化元素传入欧洲社会乃至日常生活。在大航海时代之后很长一段时间里，西方人的中国饮食认知是古典时期、蒙元时期以及大航海时期三个阶段中国饮食知识时空交错的产物，呈现着上述三个阶段烙印的三层叠加状态。

本书全面梳理、解读 16—17 世纪西方有关中国学著作中的中国饮食文献资料，探索该时期西文著作在中国食物原料种类、饮食风俗习惯以及饮食器具方面的认知状况，并借助当代海外汉学家、食物史专家的研究成果，研究大航海时代直到18世纪末欧洲"中国热"退却之前，西方的中国饮食认知以及中国饮食文化对西方的影响。本书利用历史学、文献学和档案学方法，结合实地调查、具体个案深入研究和多学科多语言背景，进行整体性研究，在以下方面取得一定的突破：

（一）系统解读16—17世纪西方有关中国著作中的饮食文献资料，更完整地展现大航海时代以来中国饮食文化如何传播到西方并在西方产生过何种影响。第一，重新解读利玛窦、曾德昭、卫匡国、卜弥格等16—17世纪入华耶稣会传教士著作或未出版手稿文献中的中国饮食文化内容，探寻前人未能揭示的中西饮食文化交流成果和知识传递方式。第二，首次系统梳理、深入分析西班牙人拉达《记大明的中国事情》、门多萨《中华大帝国史》和葡萄牙人伯来拉《中国报道》、克路士《中国志》等16世纪中后期伊比利亚人对中国饮食文化的传播内容、模式与特征，探讨大航海时代伊比利亚半岛如何成为中国饮食西传的"欧洲中转站"；首次系统研究欧洲文艺复兴时期没有到访过中国的欧洲学者基歇尔在他创作的名著《中国图说》中如何借鉴和参考来自卫匡国、卜弥格等早期入华耶稣会传教士成果，如何在欧洲本土文化与欧洲社会环境中传递那些经过他重构的中国饮食见闻。第三，借助欧美图书馆、档案馆所藏汉籍以及远东耶稣会传教区留下的海外文献，充实西方文献有关中国饮食文化档案和资料来源，丰富西方中国饮食文化的研究内容。

（二）勾勒大航海时代以来西方人对中国饮食文化的认知特点与传播方式，更为具体地揭示西方知识体系中的中国影响。本书系统整理中国饮食文化的代表性内容，勾勒西方人如何认识、吸收和传递中国饮食文化。本书将更加具体地分析欧洲知识群体对中国饮食知识的选择、解读与阐释方式，考察中国传统饮食文化、礼仪、思想在西方知识系统和社会生活中的应用情况，展现更为清晰、详细、真实的演变历程。

（三）探寻 16—17 世纪欧洲学者对中国饮食观念的认知与变迁。在梳理西方中国饮食文化认知传统与中文材料来源基础上，本书将详细考察大航海时代以来西方人是如何接续蒙元时期马可波罗等人对中国饮食文化的"旧知识"，谨慎评估西方早期入华和未入华的观察者在中国饮食文化西传过程中的历史贡献。

（四）由于研究的专门性与特殊性，本书除了使用历史学常用的研究方法外，必然涉及与借鉴其他相关学科如科技史、植物学、农学、语言学、档案学等的分析方法与理论框架，援引实例以证，力求更为准确地揭示大航海时代中国饮食文化如何被西方人认识与传播，如何进入文艺复兴时期的欧洲文化肌体中，从而使本项研究具有多学科交叉的特点。

（五）目前中西饮食文化交流研究领域中，相关研究过于偏"中"，而对西方知识系统中有关饮食的中国影响研究，探讨较少。本书以 16—17 世纪中国饮食文化在西方的传播为研究对象，探寻大航海时代开始至欧洲"中国热"高潮到来前，中国饮食文化在西方传播的历史轨迹与动因，有助于揭示西学中的中国影响，展示中西会通历史过程中的双向奔赴，进而构建更多层次、更为丰富、更加平等的中西文明互鉴与对话。本书的研究不仅有助于了解中国饮食文化在西方的传播历程，而且对于理解中西文化交流的复杂性和深度具有重要意义。通过本书，我们可以更好地认识文化交流是如何促进不同文明之间的相互理解和尊重。

第一章

15 世纪前欧洲人的东方
饮食传说与初见

古代中西文明交流互鉴，离不开中外各国人民的共同努力，双向奔赴。希罗多德《历史》一书中有关斯基泰人的记述反映出沟通东西交通的草原之路的存在。除了通过中亚丝绸之路得以了解中国信息，欧洲还通过海路探索印度、东南亚及中国。约公元前515年，西拉克斯（Scylax）受波斯国王大流士派遣，从印度河河口环绕阿拉伯海，考察了波斯湾、红海直至苏伊士湾。亚历山大东征印度，开辟了欧洲与印度间的海上贸易通道，亚历山大的大军曾经海路从印度河口沿阿拉伯海入波斯湾至幼发拉底河河口。此后形成的希腊化世界及后来的罗马帝国均与印度开展着海上贸易。约公元前1世纪，希腊水手西帕鲁斯（Hippalus）利用季风从红海海口直接航行到印度，更是大大推进了两地贸易航行。希腊、罗马人也通过前往印度、东南亚海路的贸易通道，间接了解到有关中国的信息。在公元1世纪一部用古希腊语所著的《厄立特里亚海航行记》（*Periplus Maris Erythraei*），就记载了从红海到东非、印度，甚至印度往东直达秦奈（Thinae）的航线及贸易情况。这也是欧洲人通过海路贸易了解到东方有一个秦奈国，并最早记录下秦奈国相关信息的欧洲现存文献。[1]

---

1 《厄立特里亚海航行记》是一部成书于罗马帝国早期且以通用希腊语撰写的航行纪，作者可能是生活在埃及行省的商人或者水手。"厄立特里亚海"即红海，当时所指范围包括今日红海、（转下页）

在该国的后面，大海止于秦国（Thin）的某处，在秦国内地颇近北方处有一称为秦奈的大城，从那里生丝、丝线和丝料沿陆路通过巴克特里亚被运到婆卢羯车（Barygaza），另一方面，这些货物由恒河水路运至利穆里斯（Limyrice）。但是，要进入秦国并非易事，从秦国来的人也很稀少。秦国处于小熊星座正下方，据说其国疆境毗邻滂都斯（引者按：即黑海，Pontus）和里海的远岸，在里海旁迈奥提斯（Maeotis）湖与大洋相通。[1]

《厄立特里亚海航行记》中所称的秦国也就是后来托勒密所称的秦尼国（Sinae Regio）。托勒密（Claudius Ptolemaeus）在《地理志》中探讨亚洲赛里斯国（Serica Regio）[2]、秦尼国内容的时候，也许就参考了该航行记或其他更早的古希腊作家记录。公元前 4 世纪的古希腊作家克泰夏斯（Ctesias）被认为是最早记述"赛里斯"的欧洲人。他说："据传闻，赛里斯人和北印度人身材高大，甚至可以发现一些身高达十三肘尺的人。他们可以寿逾二百岁。"[3] 这些夸张与想象的描写正表明那个时候古希腊人对中国乃至中国人有所耳闻，但认识却极其模糊。在 1—2 世纪罗马作家笔下，赛里斯作为中国的指称已经十分普遍。秦国、秦奈国、秦尼国，跟赛里斯国这个名称一样，都是古代欧洲知识群体对东方中国所在地及其周边未知地区的统称。

（接上页）波斯湾、阿拉伯海及整个印度洋。作者并未亲历印度往东更远处的航线，而是间接从印度人处获知。所以，直到 1 世纪中后期，欧洲人虽然已经听闻过秦奈国，但却认为秦奈国和赛里斯国是不同的国家。

1　"该国"指金国，或译作金洲，Chryse。［英］H. 裕尔：《东域纪程录丛》，［法］H. 考迪埃修订、张绪山译，云南人民出版社，2002 年，第 149 页。

2　赛里斯，有 Serice、Seres、Serica 等多种拼写法。该词在古代欧洲原意指丝绸、蚕茧乃至指称"丝国""丝国人"。欧洲人显然是用他们所能见到的中国产品丝绸来代称中国和中国人。但需要注意的是，他们眼中的赛里斯人可能是从事丝绸贸易的人，却未必一定就是中国人。

3　［法］戈岱司编：《希腊拉丁作家远东古文献辑录》，耿昇译，北京：中华书局，1987 年，第 1 页。

图 1—1

〔骞出使西域图〕
部。图中一人跪
地上，向骑在马
的汉武帝辞别，
此人正是张骞。

欧洲人通过陆上丝绸之路能够更多地了解到中国的信息，跟中国人积极"凿空西域"的努力密不可分。中原文明通过丝绸之路迅速向四周传播。公元前 2 世纪，汉武帝派遣张骞两次出使西域，客观上促进了东西方之间的第一次文化交融，影响远远超出了军事范畴。从西汉的敦煌出玉门关进入新疆，再从新疆连接中亚、西亚，一条横贯东西的通道畅通无阻。这条通道，就是举世闻名的丝绸之路。[1] 丝绸之路把西汉同中亚许多国家联系起来，促进了它们之间的政治、经济和文化的交流。汉通西域以后，相传张骞成功地从西域诸国引进了黄瓜、葡萄、苜蓿、石榴、胡桃、胡麻、胡豆、胡蒜、核桃、菠菜（又称为波棱菜，唐代由今尼泊尔传入）、[2] 黄瓜（汉时称胡瓜）等十几种植物，

---

[1] 传统意义上，丝绸之路是指从汉代古都长安出发，经甘肃、新疆，到中亚、西亚、欧洲，并联结地中海各国的陆上通道，是最远到达西亚诸国的陆上贸易通道。东汉时班超再次出使西域，并打通了荒废已久的丝绸之路，将东端延伸到京师洛阳，西端延伸到欧洲的罗马。

[2] 朱瑞熙：《朱瑞熙文集》第 8 册，上海古籍出版社，2020 年，第 132 页。

逐渐在中原栽培。[1] 传言未必完全为真，但张骞
对开辟丝绸之路卓有贡献，至今仍为人称道。
此后，中国的丝绸、茶叶、瓷器、漆器、金银
器等奢侈品也随之传入西亚乃至欧洲。张骞通
西域之后的汉唐中西关系史，推动了中国与西
域国家的人员往来、物产交流、思想传播。

陆上丝绸之路影响中外文化交流的重要原
因在于"丝路上穿行的人们把他们各自的文化
在沿线传播"，而如果只看货物贸易的数量与
往来的人数，丝绸之路是历史上交通流量较少
的道路之一。[2] 所以，我们虽然应该重视陆上
丝绸之路对于中国饮食文化向西方传播的重要
性，但却不应无限度放大其影响力与作用。

事实上，古代中外商贸流通物资品类和数
量最多的是海运。通过内陆水陆兼运（尤其是
利用南北大运河的物资转运和倒卖），再从宁
波、广州、泉州等沿海通商口岸出口海运的路
线，中国饮食原料乃至无形的饮食文化才能大
量传播至世界各地。1998 年，德国一家打捞公
司在印度尼西亚勿里洞岛海域发现了一艘唐朝
时期沉船——阿拉伯商船"黑石号"，该船装
载着运往西亚、北非的中国货物，仅中国瓷器
就达到 6.7 万多件，主要是瓷碗、执壶、杯、

巩义窑青花花卉纹盘

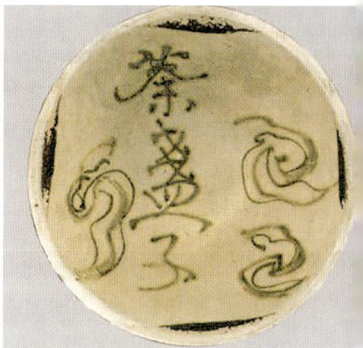

长沙窑青釉褐绿彩"茶盏子"铭碗

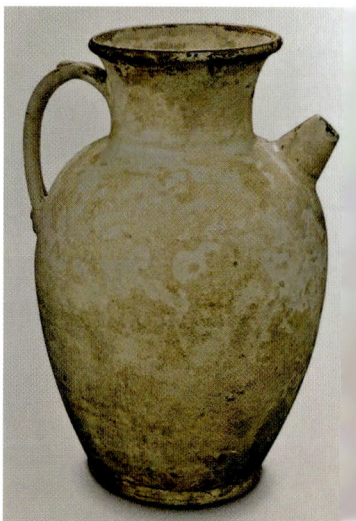

唐代邢窑白釉执壶

---

1 中国大百科全书总编辑委员会《中国历史》编辑委员会秦汉史编写
组：《中国大百科全书·中国历史　秦汉史》，中国大百科全书出
版社，1986 年，第 214 页。

2 ［美］芮乐伟·韩森：《丝绸之路新史》，北京联合出版公司、后浪
出版公司，2015 年，第 247 页。

白釉绿彩贴塑鱼纹吸杯

伎乐纹八棱金杯

图1—2
"黑石号"沉船出水唐代
饮食器具组图

盘、罐等生活类餐饮器皿。其中一件长沙窑瓷碗上的铭文为唐代宝历二年（826），透露了文物的年代。其他的长沙窑瓷碗上的铭文为"茶盏子"，更加明确了这种作为饮食器具的瓷碗功能。

　　古典时代欧洲作家对东方的想象是模糊而缥缈的，更别提他们能对中国饮食进行准确记载。这一时期，西方有关中国的记载和描述主要是以一种想象和传说混杂而成的"东方故事"。直到中世纪（5世纪后期到15世纪中期），欧洲中西部和东亚地区依然没有任何形式的直接交流。[1]

　　在宗教热情与商业利益的驱动下，西方人渴望了解中国在哪里，中国是怎样的一个社会。哪怕是从更为靠近中国的印度、东南亚等地区间接了解的中国信息，也比未曾到达过东方的古典作家根据想象描述的中国形象要来得更为真切。随着希腊商人与东方世界的贸易接触，有关中国的零散信息间接传回西方。中世纪后期，西方人间接接触东方知识的最主要方式是通过阿拉伯商人、波斯商人、犹太商人与中亚地区的贸易活动以及9世纪左右前往中国和亚洲其他地区的阿拉伯

---

1 Georg Lehner, *China in European Encyclopaedias, 1700-1850*, Leiden, Boston: E. J. Brill, 2011, p. 9; Joseph Needham, *Science and Civilization in China,* Vol. 1, Cambridge University Press, 1945, pp. 150-248.

人游记故事。[1] 中国周边的国家和地区源源不断地向西方传回有关中国的信息。

直到 13 世纪，方济各会传教士到达了蒙古人治下的中国城市。他们编撰的有关蒙古的游记报告，让欧洲开始相对准确认识到蒙元时期中国的地理位置以及蒙古族、汉族的饮食风俗与饮食偏好。中世纪晚期，从马可波罗、柏朗嘉宾、鄂多立克等人有关中国的游记和报道，到 14 世纪英国《曼德维尔游记》的问世，[2] 欧洲游记文学中的东方故事再一次激发了欧洲人探索东方的渴望，尤其是对中国财富的向往。《曼德维尔游记》和《马可波罗行纪》一起，共同构筑了中世纪晚期西方社会集体想象中的一个繁荣、富裕、先进、文明，在各方面都优于欧洲的中国形象，打造了中世纪晚期西方文化视野内一个传奇式的"中国神话"。[3]《曼德维尔游记》有关中国的描述大量参考了鄂多立克的记载。此外该书还参考了中世纪《历史之镜》《自然之镜》《亚历山大大帝传奇》《黄金传奇》以及当时盛行的东方传说《约翰长老的信》等作品。《曼德维尔游记》为求引人入胜而极为夸张的奢华宴饮叙事方式，深受欧洲读者喜爱。[4] 比如，《曼德维尔游记》插图（Illustrations for *Mandeville's Travels*）中，就有反映塞浦路斯岛上的捕猎和盛宴场景（**图1—3**）。

为表现远在东方的中国奇人异事，《曼德维尔游记》更是不懈余力地打造了奢华铺张的蒙古大汗盛宴图景。游记详细描绘了蒙古大汗极尽奢华的宫殿，全用宝石和珍珠制成的大汗宝座。游记还描写了大

1　C. E. Bosworth, *Encyclopaedia of Islam*, Vol. 9, Leiden: E. J. Brill, 1997, pp. 617-622.

2　关于该书的写作时间，各个抄本说法不一。较为普遍的看法是该书是 14 世纪由英国作家曼德维尔利用大量二手材料创作的一部极富想象力的散文体虚构游记。全书共九章，描写作者从英国出发，经过中亚、印度、中国、苏门答腊岛等地，最后返回欧洲的东游故事。

3　邹雅艳：《透过〈曼德维尔游记〉看西方中世纪晚期文学家笔下的中国形象》，《国外文学》2014 年第 1 期。

4　《曼德维尔游记》中的中国饮食场景已经有学者关注，参见姜智芹：《西镜东像》，中央编译出版社，2014 年，第 132—138 页。

图 1—3 《塞浦路斯岛上的宴饮娱乐》,《曼德维尔游记》插图。

摆宴席时大汗以及他的妻子、儿女乃至官员们的座次，以及元代宫廷里的酒瓮等。[1] 跟表现塞浦路斯盛宴一样，《曼德维尔游记》中神奇的饮食见闻是吸引欧洲读者注意的极好噱头。《曼德维尔游记》中记载：

> 在盛大的宴席上，人们在大汗的桌子前摆上金制的桌子，还有金孔雀及其他不同种类的家禽。这些都是金制的，并被刻上名字。人们用他们来唱歌跳舞，一起击打它们的翅膀，发出很大的声音。[2]

这些细致的场景描写，好像作者本人真的在现场一样，比之塞浦路斯的宴饮还要奢华、繁复，令不明真假的读者有身临其境之感。《曼德维尔游记》中的古代中国是一个极度物质化的中国，这里金银遍地，富丽堂皇，在大汗的统治下歌舞升平，欣欣向荣。神奇有趣的饮食生活场景，往往是最能表现想象力和旅行浪漫程度的内容，这些内容又能引起那些从未到过中国的欧洲读者的好奇心。

第一节　东方传奇：欧洲早期的中国饮食传说

古希腊罗马时代的西方世界从地域概念上来说，指的是今天的地中海地区（以欧洲南部、亚洲西北部和非洲东北部为中心）。古代西方人对中国的地理方位和名称长时间处于模糊和错误的状态，他们对

1　曼德维尔所描写的元代宫廷宴会内容，多数是源自鄂多立克的相关描述，参见［英］约翰·曼德维尔：《曼德维尔游记》，郭泽民、葛桂录译，上海书店出版社，2010年，第85页。

2　［英］约翰·曼德维尔：《曼德维尔游记》，郭泽民、葛桂录译，第86页。

中国饮食的认知更多是荒诞的传说和想象。**1** 西方古典作家所记中亚远处的赛里斯国、印度和东南亚远处的秦尼国，一般认为是指中国。**2** 整体而言，在蒙元时代形成中国认识体系以前，西方人基本保持着古希腊罗马时期形成的赛里斯—秦尼认知体系。**3**

　　古典时代西方著作家对赛里斯人饮食的想象呈现出"东方传说"色彩，夹杂着来源不清的各种夸张说法。公元前8—前6世纪的古希腊大殖民时代，古希腊人通过黑海北岸斯基泰人接触到欧亚大陆北部的斯基泰地区及其以东、以北的情况。斯基泰人成为当时北方游牧民族的代称，学界研究表明公元前5世纪希罗多德《历史》一书中有关斯基泰人的记述反映出沟通东西交通的草原之路的存在。**4** 希罗多德记载：

> 当马奶被挤出来之后，他们便把马乳倒到一个很深的木桶里面去，并且叫奴隶站在木桶的四周来摇动桶里的马乳。浮到马乳表面上的东西被作为最珍贵的东西取出来，留在桶下面的东西则被认为是不大珍贵的。**5**

　　在整个欧亚草原，自古以来都延续着饮用酸马奶的传统。哈萨克

1　西方古典时代有关中国的认识目前已有较好的整理研究，可参考［法］戈岱司编：《希腊拉丁作家远东古文献辑录》，耿昇译；［英］H. 裕尔：《东域纪程录丛》，［法］H. 考迪埃修订、张绪山译；方豪：《中西交通史》，中华文化事业出版社，1954年。Nicolas Standaert, *Handbook of Christianity in China*, Leiden, Boston: E. J. Brill, 2001.

2　托勒密所著《地理志》有关中国地理信息的描述被认为是欧洲古典时期最为详细的记载，尽管现在看来这些描述是那么模糊与不确切。相关研究见余太山：《托勒密〈地理志〉所见丝绸之路的记载》，引自余太山：《早期丝绸之路文献研究》，商务印书馆，2013年，第195—221页；杨共乐：《早期丝绸之路探微》，北京师范大学出版社，2011年。

3　王永杰：《卜弥格〈中国地图册〉研究》，浙江大学博士学位论文，2014年，第18—34页。

4　有关斯基泰草原之路的讨论非常多，参见黄时鉴：《希罗多德笔下的欧亚草原居民与草原丝路的开辟》，《黄时鉴文集》第2册，中西书局，2011年，第1—10页；张绪山：《三世纪以前希腊—罗马世界与中国在欧亚草原之路上的交流》，《清华大学学报（哲学社会科学版）》2000年第5期；刘雪飞：《希罗多德所记斯基泰部落探析》，《古代文明》2011年第2期；王永杰：《卜弥格〈中国地图册〉研究》，浙江大学博士学位论文，2014年，第20—26页。

5　［古希腊］希罗多德：《希罗多德历史》第4卷，王以铸译，商务印书馆，1997年，第265页。

斯坦博泰遗址（约公元前3500年）的人类居所中发现含有马奶残留物的碗，伊塞克黄金战士墓葬（约公元前4—前3世纪）中出有土打马奶的器具和盛马奶的碗。在斯基泰人的坟墓中也发现了发酵马奶的证据。游牧民族遵循的基本技术和方法几乎不曾改变，对酸马奶的态度和使用也有根本的相似性。[1]

13世纪出使蒙古的柏朗嘉宾、鲁布鲁克对蒙古本部鞑靼人嗜饮马奶酒均有大量记载。饮食习惯是人类最难以更改的习惯之一，时至今日，中国北方民族饮用和制作马奶酒的传统方法与古代西方人的记载并无二致。希罗多德的马奶酒记载，从食物史角度印证了西方人通过斯基泰草原之路认知来自东方的地区和民族。当然，这样的记载至多说明东西方草原之路上游牧民族之间的交往，古希腊人是否从此路获取有关中国的信息尚无可靠证据。

比起希罗多德的记载，古典时代西方作家对赛里斯的传说更被认为是对中国的想象。公元前4世纪古希腊人克泰夏斯曾记述赛里斯人寿命可达两百岁。希腊地理学家斯特拉波（Strabon）在《地理学》中也称赛里斯人极为长寿，甚至超过两百岁。2世纪的罗马时代希腊史地理学家保萨尼亚斯（Pausanias）在《希腊志》记述赛里斯人养蚕缫丝的时候，甚至提到赛里斯人会用黍喂蚕四年。"赛里斯人制造了于冬夏咸宜的小笼来饲养这些动物。这些动物作出一种缠绕在它们的足上的细丝。在第四年之前，赛里斯人一直用黍作饲料来喂养，但到了第五年——因为他们知道这些笨虫活不了多久了，改用绿芦苇来饲养。对于这种动物来说，这是它们各种饲料中的最好的。它们贪婪地吃着这种芦苇，一直到胀破了肚子。大部分丝线就在尸体内部找到。"[2] 如果"丝国之人"能够奢侈到用黍养蚕，那里的人民生活又该

---

[1] 刘文锁：《关于马奶酒的历史考证》，《人民论坛》2011年第5期。

[2] ［法］戈岱司编：《希腊拉丁作家远东古文献辑录》，耿昇译，第7页。

是何等富饶。2 世纪西方作家卢西安（Lucian）和加里安（Galien）也传唱着有关赛里斯人长寿、养生的故事。卢西安记录了赛里斯人长寿高达 300 岁及长寿之道："有人把这种高寿归之于气候原因，还有人认为是土质原因，甚至更有些人归之于养生之道；确实有人说整个赛里斯民族以喝水为生。"[1] 加里安在讨论"减肥的养生之道"时告诫其他人："吃波斯苹果或者罗马人称作早熟品种的亚美尼亚苹果时，请千万不要吃得太饱，尤其是对于那些被称为赛里斯苹果更为如此。"[2] 古希腊罗马文献对赛里斯国社会生活和风俗的描写，更多是这个国家幅员辽阔、人口众多、物产丰富。虽然他们感兴趣于赛里斯国独特的食俗和特色水果，但这些却不能与赛里斯国制造和生产丝绸这个伟大发明媲美。欧洲古典时代，东方的赛里斯国因丝绸而闻名，衣食之物是异域文化最为直观的代表。

此外，古代西方著作中还流传着东方有以人肉为食的民族的传说。[3] 作为东方世界一部分的赛里斯，同样也有食人族。托勒密在《地理志》中就认为赛里斯国北部的民族还是食人生番。[4] 托勒密的著作不仅在成书当时，甚至到 15 世纪西方文艺复兴时期，都还持续散发着巨大影响力。

无声的"东方消息"总是让人怀疑其真实性，而来自东方的器具货物则让西方世界更加好奇。除开从中国进口的丝绸、陶瓷，罗马人还从海上贸易获得胡椒、生姜和桂皮等东方调味品。胡椒在欧洲用于烹饪，生姜可以让罗马人餐桌上的煎鱼变得更加鲜美可口。老普林尼（Pliny the Elder）曾对胡椒在欧洲烹饪中大行其道表示困惑。他说："它（胡椒）唯一引人的特性就是其特殊的辛辣；可是这偏偏就是我

---

[1] ［法］戈岱司编：《希腊拉丁作家远东古文献辑录》，耿昇译，第 55 页。

[2] ［法］戈岱司编：《希腊拉丁作家远东古文献辑录》，耿昇译，第 56 页。

[3] ［美］唐纳德·F. 拉赫：《欧洲形成中的亚洲》第 1 卷《发现的世纪》第 1 册（上），周云龙译，第 6—7 页。

[4] ［法］戈岱司编：《希腊拉丁作家远东古文献辑录》，耿昇译，序言第 33 页。

们把它从印度进口过来的全部理由！究竟谁是第一个尝试着把它作为一种重要的食物的人呢？"[1] 由于地理认知的时代局限，古代西方人对这些东方香料和果蔬的确切来源并不清楚。来自东方的水果和蔬菜种子还被尝试移植到西方培育。佟屏亚编《果树史话》一书认为公元前2世纪之后，中国人培育的桃树沿丝绸之路从甘肃、新疆经由中亚向西传播到波斯，再从那里引种到希腊、罗马等地中海沿岸国家，尔后渐次传入法国、德国、西班牙、葡萄牙。但直至9世纪，欧洲种植桃树才逐渐多起来。15世纪后，中国的桃树被引进英国。其他研究者也提出：罗马人长时间认为原产于波斯的"波斯梅"（桃树）以及原产自亚美尼亚的"亚美尼亚梅"（杏树）实际上都原产自中国。[2]"波斯梅"是经过丝绸之路从中国传到波斯，然后由当地人进行培植和改良；"亚美尼亚梅"也是通过丝绸之路于公元初传到罗马，亚美尼亚仅仅是经中国人长期培植的这种果树的一个传播站。[3] 又比如柑橘树（指酸橘树或酸橙树），阿拉伯人在10世纪的时候从中国引进。他们先将此树引入西西里，然后又传播至西班牙栽培改良。[4]

　　唐代时期，政府对来自中亚大食（阿拉伯）、波斯、粟特的胡商从事中外商贸经济活动持开放态度。这些阿拉伯、波斯商人以及粟特商人在中外各国之间转运买卖的主要商品有：与中国衣食住行密切相关的丝绸、瓷器和茶叶，还有中国不太出产的香料（如麝香、龙涎香、乳香等）、龙脑、犀角、象牙、珊瑚、珍珠、琥珀、玳瑁、玛瑙、苏方木、外来精细工艺品等奢侈品。故可见，胡商在中国主要从事香料业、珠宝业、饮食业等。胡商群体既对外传播了中国饮食文化，又

1　J. Bostock, H. T. Riley eds., *The Natural History of Pliny*, London: Bibliolife LLC., 1890, pp. 112-113.

2　贺丹杨、盛翔：《东方物类对15—18世纪欧洲社会的影响》，引自孙锦泉主编：《东方文化西传及其对近代欧洲的影响》，四川人民出版社，2012年，第302页。

3　［法］雅克·布洛斯：《从西方发现中国到中西文化的首次撞击》，引自［法］谢和耐、戴密微等：《明清间耶稣会士入华与中西汇通》，耿昇译，东方出版社，2011年，第3页。

4　［法］雅克·布洛斯：《从西方发现中国到中西文化的首次撞击》，引自［法］谢和耐、戴密微等：《明清间耶稣会士入华与中西汇通》，耿昇译，第5页。

图 1—4
司安伽墓《粟特
人宴饮图》石雕
原件及线描图

为中国带来了异域美食以及胡人胡风。唐代文献多有描写胡人在唐生活以及从事商品贸易的场景。

　　9世纪中叶到10世纪初写成的《中国印度见闻录》是一本阿拉伯航海商人的东方旅行记，也是阿拉伯有关中国的最早著作之一。[1]该书记载了阿拉伯商人从波斯湾经印度洋和马六甲海峡到中国沿途航线上的所见所闻。他们眼中的唐代中国风土人情，主要还是中国南方汉人的民风民俗。书中记载中国人以大米和各种动物肉为主。鲜干果有苹果、桃子、枸橼果实、百籽石榴、榲桲、丫梨、香蕉、甘蔗、西

1　1718年雷诺多（Relnand）发行《中国印度见闻录》法译本，1811年东方学家郎格勒（Langles）发表该书阿拉伯文手稿，随后还有多位欧洲东方学家出版该手稿的注释本。

图 1—5　唐墓壁画《宴饮图》

瓜、无花果、葡萄、黄瓜、睡莲、核桃仁、扁桃、榛子、黄连木、李子、黄杏、花楸核，还有甘露椰子果等。中国人用发酵的稻米制成饮料，饮米酒。他们还用稻米造醋、酿酒、制糖。[1] 书中特别提及中国人喝热茶（Sakh），[2] 这与唐代中国南方人饮茶习俗基本一致。10 世纪中前期的比鲁尼《印度游记》也记载中国有茶（Ga）。[3]《中国印度见闻录》成书后不久，阿拉伯地志著作《道里邦国志》也记录了中国

1　［阿拉伯］苏莱曼：《中国印度见闻录》，穆根来等译，中华书局，1983 年，第 11 页。

2　《中国印度见闻录》是目前论者所见最早提及中国有茶的阿拉伯—伊斯兰舆地文献。书中说道："在各个城市里，这种干草叶售价很高，中国人称这种草叶叫'茶'（Sakh）。此种国干草叶比苜蓿的叶子还多，也略比它香，稍有苦味，用开水冲喝，治百病。"参见［阿拉伯］苏莱曼：《中国印度见闻录》，穆根来等译，第 17 页。

3　［阿拉伯］苏莱曼：《中国印度见闻录》，穆根来等译，第 41 节注 2。

南方广州（阿拉伯人称之为汉府）出产稻米，并有各种果蔬和甘蔗。[1]
后者所述内容与《中国印度见闻录》中所见中国南方饮食基本一
致。有研究者指出《道里邦国志》抄录了《中国印度见闻录》的大
段内容。[2]

　　古典时代西方有关中国饮食认知更多呈现的是一种"东方传奇"
色彩。夸张的想象和荒诞的传说尚不能构建起具有历史连续性、特征
鲜明的中国饮食形象。来自东方的香料改善了欧洲烹饪方法。东方香
料如胡椒、生姜、桂皮等成为欧洲上流社会宴饮时可资炫耀的物品，
对古代欧洲人的社会身份认同以及生活方式都有一定的影响。

　　在《马可波罗行纪》著作出版以前，有关中国的信息主要是先
由波斯、阿拉伯等地胡商传至中亚、西亚，再通过阿拉伯世界传入西
方。古代西方有关中国饮食的认知，多是源自往来于东西方海路与陆

1—6　唐安国
王李旦孺人唐氏
墓的胡人牵驼载
丝壁画

---

[1] ［阿拉伯］伊本·胡尔达兹比赫:《道里邦国志》，宋岘译，中华书局，1991年，第72页。
[2] 宁荣:《〈中国印度见闻录〉考释》，《阿拉伯世界研究》2006年第2期。

路的胡商贡献。甚至在18、19世纪，欧洲人还会将这些中世纪阿拉伯人、波斯人、突厥人等"胡人"有关中国的商业情报和风俗见闻作为重要的参考资料和比较对象，以验证他们的研究与发现。

第二节　初使见闻：蒙古草原的平民餐桌与宫廷宴会

方济各会士柏朗嘉宾（Giovanni da Pian del Carpine）、鲁布鲁克（Guillaume de Rubrouck）分别于1246年、1253年到达蒙古。在明确的文献记载中，他们是最早到达蒙古的西方人。他们留下的《蒙古行纪》《鲁布鲁克东行纪》是13世纪西方人在东方亲历后留下的重要文献。[1]同时代，还有各种身份的西方人到过蒙古，他们留传至今的著述如《海屯行纪》《马可波罗行纪》以及方济各会士约翰·孟德高维诺、鄂多立克、约翰·马黎诺里等人有关蒙古的记述，留有饮食见闻。这些初使蒙古的西方人笔下的草原平民餐桌情况以及宫廷饮食，为我们留下了难得的当时中国饮食生活实录。

13世纪欧洲人出使蒙古具有深刻的历史背景。当时，蒙古人控制了东亚和中亚的大部分地区，甚至在1240—1241年间打到勃烈儿（波兰）和马札尔（匈牙利），一度陈兵奥地利维也纳城下。波兰与日耳曼人联合抵抗蒙古人的战争，于1244年完败。[2]同时，中亚地区的摩尔人（Maura）和撒拉逊人（Sarasins）也在大举向西方推进。在此背景下，以教皇英诺森四世和法国路易九世为代表的基督教教宗与西欧国家君主们争相遣使东行，出访蒙古。

---

1 李晓标：《19世纪前西方对蒙古的认知》，《内蒙古社会科学（汉文版）》2015年第1期。
2 耿昇：《中法早期关系史：柏朗嘉宾与鲁布鲁克出使蒙元帝国》，《北方民族大学学报（哲学社会科学版）》2014年第3期。

一、教皇使节柏朗嘉宾笔录蒙古人生活史诗

圣方济各会士、意大利人柏朗嘉宾于 1245—1247 年奉教皇英诺森四世之命出使蒙古，著有旅行报告《蒙古行纪》。[1]他抵达哈拉和林，晋见窝阔台长子、蒙古大汗贵由，并获准参加了贵由汗的登基大典。[2]除叙其经历外，该书重在描述鞑靼人生活中的各个方面，如宗教仪式、禁忌以及日常生活风俗等。柏朗嘉宾《蒙古行纪》中译本第二至四章详细记录了鞑靼地区的居民、服装、住宅、产业、婚姻、宗教礼仪、丧葬仪式、民风陋习、社交方式以及饮食文化。[3]柏朗嘉宾是 13 世纪西方人认识蒙古的先行者、开拓者，他和鲁布鲁克所写的游记报告几乎是当时欧洲人了解蒙古仅有的两种读物。[4]

在柏朗嘉宾等西方人亲历蒙古人日常生活与民俗文化之前，汉文典籍中对蒙古人及与之有族缘关系的北方游牧民族衣食住行已有记载，可资对比参考。《隋书》卷八十四《北狄传·突厥》记录了突厥人的衣食住行："其俗畜牧为事，随逐水草，不恒厥处。穹庐毡帐，被发左衽，食肉饮酪，身衣裘褐。"[5]黠戛斯在唐代人口众多，他们与

1　柏朗嘉宾又译普兰·迦儿宾，出生于意大利佩鲁贾附近一座叫作马吉奥涅的小城。他在西班牙、德国、梵蒂冈担任过高级宗教职务。他是天主教方济各会创始人圣方济各（San Francesco di Assisi）的亲密朋友，在圣方济各会身居要位，地位极高。1245 初，教皇英诺森四世在里昂召开大公会议（全欧主教会议）前夕，派遣柏朗嘉宾出使蒙古。柏朗嘉宾《蒙古行纪》（Ystoria Mongalorum），全名为《我们称为鞑靼的蒙古人的历史》（Historia Mongalorum quos nos Tartaros appellamus）。

2　柏朗嘉宾出使路线详细信息，可参阅［意］柏朗嘉宾：《柏朗嘉宾蒙古行纪》，耿昇、何高济译，中华书局，1985 年，第 110—113 页。

3　［意］柏朗嘉宾：《柏朗嘉宾蒙古行纪》，耿昇、何高济译，第 28—44 页。
中译本根据法国蒙古史专家韩百诗 1965 年英译本（*The Journey of Friar John of Pian de Carpini* of the Court of Kuyuk Khan, *1245-1247*）转译而成。

4　可参考版本："The Journey of Friar John of Pian de Carpinit of the Court of Kuyuk Khan, 1245-1247," Manuel komroff ed., *Contemporries of Marco Polo*, New York: Horace Liveright, 1928；［意］柏朗嘉宾：《柏朗嘉宾蒙古行纪》，耿昇、何高济译。

5　陈世明、孟楠、高健编注：《二十四史西域史料辑注·魏晋南北朝时期》，新疆大学出版社，2013 年，第 1017 页。

图1—7　《宴会上的贵由汗》。苏丹·希拉兹·阿卜杜拉根据 13 世纪波斯史学家志费尼《世界征服者史》记载所绘

匈奴有一定的亲缘关系，黠戛斯和回鹘、突厥同是北方游牧民族，同属北狄系统。[1]《新唐书·回鹘传》载：黠戛斯的贵族"服贵貂、豻"，阿热（首领）"冬帽貂，夏帽金扣，锐顶而卷末。诸下皆帽白毡，喜佩刀砺"；普通民众则"贱者衣皮不帽，女衣氀毼、锦、罽、绫，盖安西、北庭、大食所贸售也"；阿热"驻牙青山，周栅代垣，联毡为帐，号'密的支'，它首领居小帐"。[2]辽代逐水草而居的契丹人地处北方大漠与草原之间。《辽史·营卫志》载辽代契丹人"大漠之间，多寒多风，畜牧畋渔以食，皮毛以衣，转徙随时，车马为家"。[3]沈括《熙宁使虏图抄》载契丹"其人剪发，妥其两髦，行则乘马。食牛羊之肉酪，而衣其皮，间啖麨粥。……大率其俗简易，乐深山茂草，与马牛杂居，居无常处"。[4]宋人称蒙古为黑鞑靼，以别于漠南的白鞑靼，即汪古部。[5]南宋使节彭大雅曾前往蒙古，拜见大汗。归宋后，他将蒙古见闻撰写成书，即《黑鞑事略》。该书对当时蒙古的民俗习惯记载详细。如饮食方面，"其居，穹庐……其食，肉而不粒，猎而得者，曰兔、曰鹿、曰野彘、曰顽羊、曰黄羊、曰野马、曰河源之鱼。牧而庖者，以羊为常，牛次之，非大燕会不刑马。火燎者十九，鼎烹者十二三……其饮，马乳与牛羊酪。……其味，盐一而已。……其灯，草炭以为心，羊脂以为油"。[6]衣着方面，《黑鞑事略》载："其服，右衽而方领，旧以毡毳革，新以贮丝金线，色用红紫绀绿，纹以日月龙凤，无贵贱等差。"除《黑鞑事略》外，《癸辛杂识》《蒙鞑备录》《岭北纪行》《饮膳正要》《南村辍耕录》等宋元汉文文献中，多

1 陈燕、王文光：《〈新唐书〉与唐朝海内外民族史志研究》，云南大学出版社，2016年，第115页。

2 许嘉璐主编：《二十四史全译·新唐书》第8册，汉语大词典出版社，2004年，第4698页。

3 《辽史》卷32《营卫志》，中华书局，1974年，第373页。

4 王民信：《沈括熙宁使虏图笺证》，学海出版社，1976年，第196页。

5 李凤飞、刁丽伟主编：《东北古代边疆史料学》，黑龙江教育出版社，2014年，第412页。

6 彭大雅：《黑鞑事略》，引自内蒙古地方志编纂委员会总编室编印：《内蒙古史志资料选编》第三辑，1985年，第28页。

有关于蒙古衣食住行等民俗生活的记载。**1**

二、从平民到金帐：蒙古平民饮食与宫廷宴饮

　　柏朗嘉宾是有确切文献记载的第一位参加蒙古大汗登基大典的欧洲人。正因为如此，他不仅记录了蒙古宫廷贵族在高规格仪式过程中的衣食住行情况，更难能可贵的是还在旅行途中记录了蒙古平民生活的真实情况。柏朗嘉宾两年半的出访旅行，主要活动范围在蒙古大汗治下的北方地区。他的著作中有关蒙古人饮食生活内容的记载，指的是那些在中国北方的游牧民族饮食。他有关汉人的信息是从蒙古人（主要是蒙古上层社会）那里获知。可见，柏朗嘉宾获得有关鞑靼人饮食的认知更多地属于眼见、亲历，而对契丹的记述多属听闻，难免有误传和误解。柏朗嘉宾将蒙古人的游牧传统和草原上有关蒙古人衣食住行的见闻都传回了欧洲。

　　外貌与衣着：柏朗嘉宾眼中的蒙古人"双目之间和颧颊之间的距离要比其他民族宽阔"，与面颊相比，蒙古人"颧骨格外突出，鼻子扁而小，眼睛也很小，眼睛上翻与眉毛相连结"。**2**蒙古人的形象传递首先是外貌特征，而这些外貌特征中，柏朗嘉宾最早系统地将蒙古人髡发的习俗传递回了欧洲。髡发是指将头顶部分的头发全部或部分剃除，只在两鬓或前额留少量余发作装饰。根据性别、民族、历史时期及个人成长阶段不同，髡发有多种发式。柏朗嘉宾对蒙古人发饰的记载是带有研究性的。他不仅观察到蒙古人"削顶垂发"的剪发、披发传统，还观察到蒙古人的"辫发"传统。可以说，柏朗嘉宾描绘的髡发和辫发合一的蒙古人发饰形象成为当时欧洲人

---

1 有关汉籍中蒙古民俗史料的查证，可参见白·特木尔巴根辑注：《汉籍蒙古族民俗文献辑注》，民族出版社，2011 年。

2 ［意］柏朗嘉宾：《柏朗嘉宾蒙古行纪》，耿昇、何高济译，第 28 页。

眼中蒙古人的一大特色标志。沈括《熙宁使虏图抄》有"其人剪发，妥其两髦"的记载。《高丽史》云："蒙古之俗，剃顶至额，方其形，留发其中，谓之怯仇儿。"蒙古语作"客古勒"，义为辫发。妇女"披发而椎髻"，即梳成辫子盘于头上，再戴上固姑冠，头饰华丽。这一发式传统成为北方游牧民族髡发的基本特征。从传世的《卓歇图》《契丹人狩猎图》《胡笳十八拍图》及辽墓壁画中都可看到各种髡发图像（图1—8）。

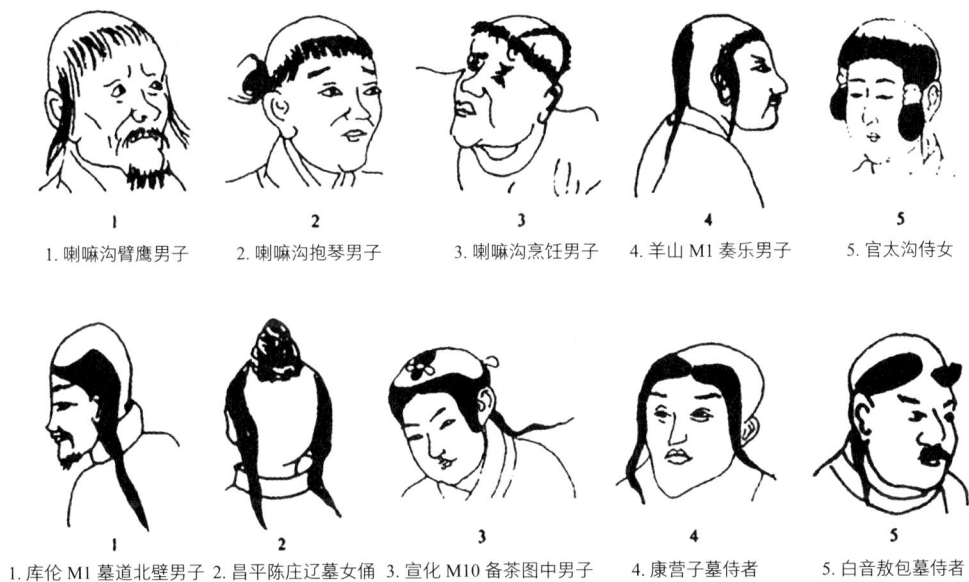

1. 喇嘛沟臂鹰男子　2. 喇嘛沟抱琴男子　3. 喇嘛沟烹饪男子　4. 羊山 M1 奏乐男子　5. 官太沟侍女

1. 库伦 M1 墓道北壁男子　2. 昌平陈庄辽墓女俑　3. 宣化 M10 备茶图中男子　4. 康营子墓侍者　5. 白音敖包墓侍者

图 1—8　辽代契丹人髡发样式图

　　柏朗嘉宾及后来者鲁布鲁克所述蒙古宫廷贵族男子与妇女的头饰也可以通过考证还原。从考古资料中可以发现蒙古男性帽子有圆顶的"笠子帽"和四方形的"笠子帽"（也被称作"四方瓦楞帽"）。鲁布鲁克说道，宫廷贵妇的头饰是"有一种他们称之为波克（Bocca）的头饰，用树皮或他们能找到的这类轻物质制成，而它大如两手合掐，高有一腕尺多，阔如柱头。这个波克他们用贵重的丝绸包起来，它里面是空的，在柱头顶，即在它的顶面，他们插上也有一腕尺多长的一簇羽茎或细枝。这个羽茎，他们在顶端饰以孔雀羽毛，围着（顶的）边上有野鸭尾制成的羽毛，镶有宝石"。[1]鲁布鲁克所说的"波克"也就是我们常常称作固姑或"故故冠"的蒙古女性头饰。13世纪波斯史学家志费尼也描述了这种蒙古头饰，并称之为"Boghtagh"。[2]这种女性头饰外面裹以贵重丝织物，内空，大概有18—22英寸长。头饰顶正中或旁边插着一束羽毛或细长的棒，并在此基础上饰以孔雀的羽毛及宝石。

尤其是在蒙古汗登基或祭祀这样正式隆重的场合，贵族们更是要如此穿戴以彰显身份和地位。我们从图1—9可以更为直观地看到这种固姑冠以及蒙古汗帐里宴饮礼仪。

住宿与行动：柏朗嘉宾详细记录了以蒙古人为代表的北方游牧民族的住所——毡帐。[3]这种毡帐也被称之为毡车、车帐、斡耳朵、帐幕，既可以作为储藏运输工具，又可以作为行营帐室住宅。因为棚盖是半圆形，中间隆起而四周下垂，故常被汉人形容为"穹庐"。南宋官员彭大雅1232年出使蒙古的时候便记载："其居穹庐，无城壁栋宇，迁就水草无常……得水则止，谓之定营。"彭大雅说的"穹庐"就是蒙古人的毡帐，现代学者也称之为"转移式蒙古包"。[4]《辽史·营卫志》所谓"居有营卫，谓之斡鲁朵；出有行营，谓之捺钵"。[5]"捺钵"就是"行在""行营""行宫"或"帐幕"的意思，是契丹语。

在柏朗嘉宾的记载中，他特别提及贵由汗举办登基庆典时更加宏伟的失刺斡耳朵（Syra Ordo），意即"黄色的皇家幕帐"或"黄色

1 ［法］鲁布鲁克：《鲁布鲁克东行纪》，耿昇、何高济译，中华书局，1985年，第217页。

2 ［伊朗］志费尼：《世界征服者史》（上册），何高济译，内蒙古人民出版社，1980年，第78页。

3 ［意］柏朗嘉宾：《柏朗嘉宾蒙古行纪》，耿昇、何高济译，第30页。

4 邢莉：《游牧文化》，北京燕山出版社，1995年，第92页。

5 《辽史》卷31《营卫志》，第361页。

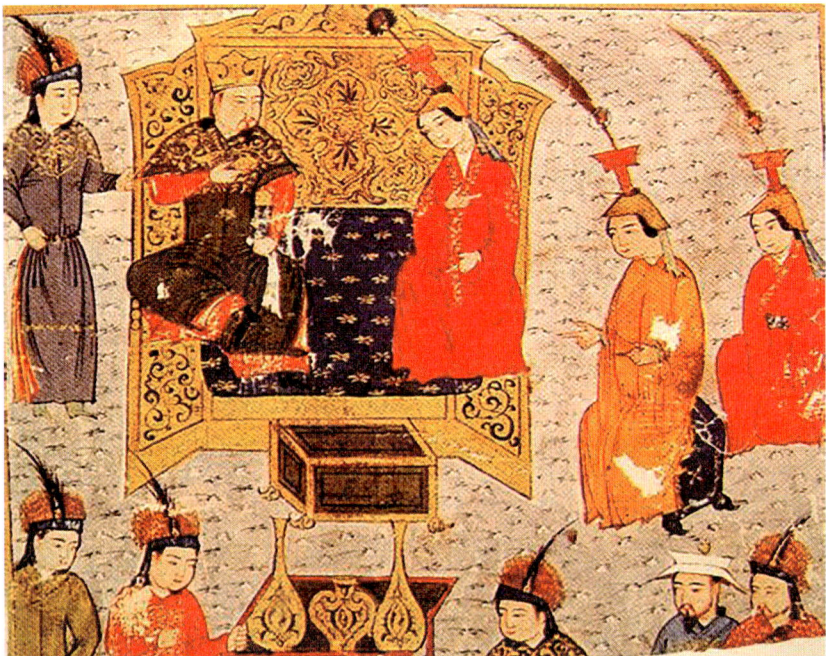

图 1—9
雷和他的王后
唆鲁禾帖尼》

宫廷"，这里也是蒙古汗举行重要节庆和宴饮的场所。显然，柏朗嘉宾是以外国人的视角，记录蒙古人的行营制度。这样的行营传统与北方游牧民族自古以来的居行方式有关。[1] 据柏朗嘉宾估计，"这个帐篷大得足可以容纳两千多人"，而且"四周围有木板栅栏，木板上绘有各种各样的图案"，[2] 极显蒙古宫廷贵族居所的奢华。如果读到同时期鲁布鲁克的记载，我们可以发现他的描述比柏朗嘉宾更为细致而具体。

　　柏朗嘉宾将蒙古人的游牧饮食传统和草原上的生活方式传回了欧洲。他指出蒙古人"拥有骆驼、黄牛、绵羊、山羊、牡马、牝马"，烹饪的燃料则主要是牲畜粪便。[3]

---

1 王绵厚、朴文英：《中国东北与东北亚古代交通史》，辽宁人民出版社，2016 年，第 298 页。
2 ［意］柏朗嘉宾：《柏朗嘉宾蒙古行纪》，耿昇、何高济译，第 96 页。
3 ［意］柏朗嘉宾：《柏朗嘉宾蒙古行纪》，耿昇、何高济译，第 30、25 页。

　　柏朗嘉宾特别详细地记录了蒙古平民餐桌上的食物情况，反映了当时中国北方少数民族游牧地区的独特饮食风情。他对蒙古食物的描述，大多基于亲历其境的细致观察，对蒙古平民的日常饮食生活细节有准确刻画。柏朗嘉宾在这里描述的是一个以肉为主食，以牲畜奶（马奶和牛奶）为主要饮料的蒙古人饮食形象。古代蒙古社会珍惜粮食，绝不浪费，"蒙古人从来不用水刷洗盘碗器皿，如果有时用肉汤来洗之，洗完后还要把刷碗水与肉一起倒回锅内……对于他们来说，浪费饮料和食物是一大罪孽"。[1] 他们用刀具切割食物，也用刀具取食。同时，我们要注意到，柏朗嘉宾对蒙古人饮食的认知，首先是以意大利饮食传统作为参照，而不是将中国北方蒙古人与南方汉人饮食进行比较。所以，他才会认为蒙古人的餐桌上没有台布，也不会使用餐巾。他们的食物中没有面包，也没有蔬菜，也不喝啤酒。[2] 由此也反映出，柏朗嘉宾之前，意大利等欧洲国家少有关于蒙古人饮食生活的详细记载。朗嘉宾只有参考 13 世纪意大利餐桌上的饮食特色，进而比较蒙古与意大利饮食的异同。

　　柏朗嘉宾作为外国使节，有机会参与当时蒙古宫廷宴饮，并留下 13 世纪蒙古上层社会宴饮的难得史料。到达拔都汗帐内，柏朗嘉宾发现宴会对座次、性别有严格区分，这与身份和地位有关。拔都汗及其王妃坐在高位上，体现出身份的尊贵。大汗的兄弟、儿子和其他品阶较低的官员，则坐在帐幕中间的一条长凳子上，坐的较低。而其他人则在他们后面席地而坐，但也按照男右女左，分开排座。

　　对外国使节来说，在这样的见面礼仪中，开始坐在左边，回程

1　耿昇、何高济注明，这句话语意含糊不清。某些手稿中还具体解释说，鞑靼人要把盘碗炊具与肉一起放在小锅内，利斯（见其版本第 100 页）非常乐于接受这种解释。但鲁布鲁克似乎手上掌握有这本著作，所以正确地指出鞑靼人在一个大木桶中用菜汤洗刷炊具，然后再将这种汤倒回肉锅中去。柏朗嘉宾本人证实了这一习惯，他指出小锅本身也是放肉汤中洗的，并解释说这原是为了不使任何东西浪费掉。另，鲁布鲁克也有关于这个问题的记载，认为这是蒙古人宗教禁忌内容。参见［意］柏朗嘉宾：《柏朗嘉宾蒙古行纪》，耿昇、何高济译，第 41—42 页注 1。
2　古代西方游记文学里所指面包多数情况下泛指中国面食。

图 1—10 《蒙古大汗登基庆典图》之一

图1—11 《伊尔汗宫廷盛宴图》

时坐在右边。在幕帐靠近大门的地方，摆放着一张桌子，桌子上盛放有金银器皿，内盛饮料。拔都汗在大庭广众之下并不喝酒或其他饮料，但在欣赏歌舞的时候除外。[1] 柏朗嘉宾还记载他参加贵由汗登基大典的宴饮现场，真实而清晰地将蒙古人宫廷贵族的宴饮文化传回欧洲：

> 贵由登上皇帝御座后，首领们对他参拜，全体庶民都向他跪拜。因为我们不隶属于他，所以方得例外。接着，根据他们的习惯，全体人员开始不停地畅饮，直至夜晚。然后用车运来了一些没有放盐的熟肉，每四五个人分一大块肉。对于里边的人，他们所分的是带有调料盐的肉和汤。他们每次举行宴会时都这样做。[2]

柏朗嘉宾记载贵由汗登基大典的四日场面实际上就是我们所熟知的蒙古"质孙宴"——蒙古宫廷大型节事庆典活动中持续举行数日的盛宴。

> 第一天，大家都穿着紫红色缎子盛装；第二天，换成了红色绸缎装，贵由就在这个时候来到了幕帐；第三天，他们都身穿绣紫花料的蓝衣服；第四天，大家都穿着特别漂亮的华盖布服装。[3]

柏朗嘉宾描写的场景可以参考同时期伊尔汗国旭烈兀举行的"质孙宴"场景。在拉施特《史集》中的插图（图1—12）《旭烈兀与他的妻子脱忽思哈敦》，表现的就是蒙古宫廷盛宴。

图中伊尔汗国创始者旭烈兀与王后脱忽思哈敦并坐在大厅上方，

1　［意］柏朗嘉宾：《柏朗嘉宾蒙古行纪》，耿昇、何高济译，第 91—92 页。
2　［意］柏朗嘉宾：《柏朗嘉宾蒙古行纪》，耿昇、何高济译，第 98—99 页。
3　［意］柏朗嘉宾：《柏朗嘉宾蒙古行纪》，耿昇、何高济译，第 91 页。

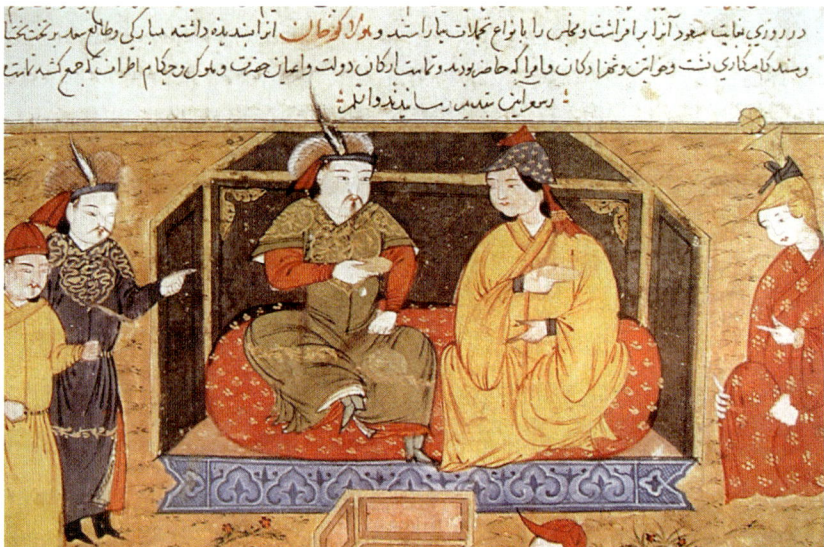

图 1—12　《旭烈兀与他的妻子脱忽思哈敦》

　　左右侍卫、大臣拥立四周。画中人物穿着华丽的蒙古服饰，听着美妙的音乐，品尝着美酒，让我们得以窥见该时期"质孙宴"的盛况。

　　欧洲一些博物馆或档案馆收藏有反映蒙古宫廷宴饮生活的艺术作品，如德国国家图书馆藏伊尔汗国大汗登基大典图、伊尔汗宫廷盛宴图。这些有关蒙古上流社会衣食住行的图像作品，深受欧洲艺术家们青睐。在 18 世纪欧洲"中国热"时期，大量反映中国皇帝宫廷奢华宴饮的文化元素被欧洲设计师们融入他们的作品中，成为当时欧洲宫廷中洛可可风格艺术品的重要组成部分。

　　柏朗嘉宾笔下的蒙古饮食情况，既有平民饮食，也有蒙古金帐里的宫廷宴饮。尤其是在以外交使节身份参加贵由汗金帐高规格宴饮活动时，柏朗嘉宾将蒙古达官显贵穿着华丽丝绸服饰，享用马、牛、羊等肉食品和各种酒饮的场景一一记在心里，最终通过他的出使报告传回了欧洲。柏朗嘉宾对蒙古人生活习惯的关注是为了更好地了解蒙古人。他既会记录蒙古人华丽的服饰、金帐以及丰盛的肉食，还会对蒙古人的各种饮食规定、祭祀仪式甚至在他看来是"陋习"的行为加以评论。

　　他评论道：蒙古人认为浪费食物和饮料是一大罪孽。成吉思汗曾颁布诏令，除了粪便以外，宰杀了的牲畜身上一切可吃的东西，包括血、肠子都不准弃掉。[1]这种规定，已经上升成古代蒙古社会的法律规定，即不准浪费一切可以吃的东西，必须有效利用动物身上各个部位，做到"物尽其用"。

　　柏朗嘉宾对蒙古人饮食陋习最为反感的是他们嗜酒而又喜欢无休止地劝酒，乃至醉酒误事。在蒙古人中，"酗酒很时兴并受推崇，当他们其中之一人暴饮酗酒之后，就当场呕吐，但并不因此弃杯止饮"。[2]在贵由汗登基大典期间，各部落首领在恭候的时候，"他们便开始喝马奶，喝的是那样多，一直到晚上为止。……请我们（柏朗嘉宾等外国人）进去的时候，请我们喝啤酒，因为已经没有马奶（酒）分给我们了。他们这样做是为了尊重我们。他们迫使我们喝得实在不能再喝了，因为我们不习惯这样暴饮"。[3]显然，柏朗嘉宾对蒙古人所谓充满敬意的无休止的暴饮感到非常不舒服，毕竟他已经是六十多岁的老者。柏朗嘉宾著作多次对鞑靼人嗜酒的情形进行了批评。

　　作为西方基督宗教世界的一员，身为圣方济各会修士且受教皇所托出访蒙古的柏朗嘉宾，对异教徒的饮食礼仪与宗教性饮食禁忌尤为关注。柏朗嘉宾记录下蒙古人的宗教食物禁忌和用于崇拜偶像的祭品。蒙古人供奉偶像的神馔是"他们用从畜群和母马身上初次挤下来

1　［意］柏朗嘉宾：《柏朗嘉宾蒙古行纪》，耿昇、何高济译，第52页。

2　［意］柏朗嘉宾：《柏朗嘉宾蒙古行纪》，耿昇、何高济译，第41页。

3　《柏朗嘉宾蒙古行纪》将它们的饮品直译为马奶似不妥。英译本称其为 Mare's milk，并在后面行文中明确标注 Cosmos（Mare's milk）更确定这里意指马奶酒即发酵后的酸马奶，本质为酒类。参见［意］柏朗嘉宾：《柏朗嘉宾蒙古行纪》，耿昇、何高济译，第97页。"The Journey of Friar John of Pian de Carpinit of the Court of Kuyuk Khan, 1245-1247," Manuel komroff ed., *Contemporries of Marco Polo*, pp. 41, 62.

的奶"。[1] 当他们开始用膳或饮用什么东西时，也要首先向偶像供奉饭肴和饮料。他们会为第一位皇帝（成吉思汗）立一尊偶像，然后再隆重地放在幕帐门前的一辆马车上，在那里供奉许多祭品。他们甚至还要把那些至死也无人敢骑的马匹供于偶像前面，同时还用其他牲畜祭祀。[2] 这些祭品和神馔是供奉给成吉思汗，表明了蒙古人对成吉思汗的崇拜。蒙古人还崇敬自己的神以及太阳、月亮、火、水和土地，"他们每天用最早的一份菜和饮料来供奉他们，而且最喜欢在清晨吃饭甚至饮用东西之前举行"。[3] 对此，《元朝秘史》也记载了成吉思汗祭祀不儿罕山（今肯特山）的情景："（铁木真）说罢，向日，将系腰挂在顶上，将帽子挂在手上，椎胸，跪了九跪，将马妳子酒奠了。"[4] 柏朗嘉宾也观察过蒙古人办丧事的过程："在他（死者）面前摆一张桌子，一大盆肉和一杯马奶。"[5] 可见牛马肉以及马奶酒是蒙古人生前最常食用又最为珍贵的食物。在祭祀祖先或悼念家人的仪式上，这些珍贵的日常美食则转变成表达诚意与敬意的祭品。

三、鞑靼食人宴：野蛮人与基督教"暴食"者形象杂糅的产物

13 世纪蒙古西征，欧洲风闻一支恶魔部队自东方而来。长期以来，中世纪欧洲人就把那些世界边缘的异族想象成野蛮人（Barbrarian）。他们征服了俄罗斯，掠夺至波兰、匈牙利，他们以鞑靼之名被全欧洲所知。希罗多德《历史》、老普林尼《自然史》，古希腊罗马作家群体中也多流传着食人恶魔的异域野蛮人故事。

---

1 ［意］柏朗嘉宾：《柏朗嘉宾蒙古行纪》，耿昇、何高济译，第 32 页。

2 ［意］柏朗嘉宾：《柏朗嘉宾蒙古行纪》，耿昇、何高济译，第 32 页。

3 ［意］柏朗嘉宾：《柏朗嘉宾蒙古行纪》，耿昇、何高济译，第 33、35 页。

4 阿尔达扎布布译注：《新译集注〈蒙古秘史〉》，内蒙古大学出版社，第 174 页。马可波罗曾记述忽必烈离开上都时，亦有洒祭马奶："每年八月二十八日，大汗离此地时，尽取此类牝马之乳，洒之地上。"［意］马可波罗：《马可波罗行纪》，冯承钧译，上海书店出版社，2001 年，第 174 页。

5 ［意］柏朗嘉宾：《柏朗嘉宾蒙古行纪》，耿昇、何高济译，第 36 页。

图 1—13
《歌革与玛各》

　　在基督教教义故事中，欧洲作家们将鞑靼描绘成食人恶魔的负面形象。这实际上就是把基督教外部敌人鞑靼人与反基督宗教的地狱恶魔歌革与玛各（Gog and Magog，图1—13）联系在了一起。那些深受基督教教义影响的人们普遍认为当时蒙古西侵欧洲各地的社会现实就是在应验"最后审判"的预言。[1]

　　蒙古人如恶魔般嗜杀成性的野蛮形象，深深根植在古代西方人的心中。柏朗嘉宾了解欧洲基督宗教以及世俗层面对鞑靼人形象的负面描述、文化想象，试图论证他所见到的鞑靼人是否有食人风俗。他记载：

　　　　他们（鞑靼人）的食物是用一切可以吃的东西组成的。实际上，他们烹食狗、狼、狐狸和马匹的肉，必要时还可以吃人肉。所以，当他们举兵进犯契丹皇帝臣民们的一座城市时，由于他们围城的时日拖延太久。鞑靼人自己的给养也匮缺，已经粮绝草尽，

---

1 Suzanne Lewis, *The Art of Matthew Paris in the Chronica Majora*, Berkeley: University of California Press, 1987, pp. 287-288.

没有任何可吃的东西了，于是便从十个人中选择一位供大家分吃。他们甚至还把母马生驹时分泌的液体及其马驹同时吞噬。更有甚者，我们还发现这些人吃虱子。他们确实曾说过："既然它们吃过我儿子的肉和喝过他的血，难道我不应该把它们吃掉吗？"[1]

柏朗嘉宾传回西方鞑靼人有吃"不洁之物"的极端饮食习惯。然后他又以鞑靼人自述的口吻，将之描述成一个"无所不吃"的恶魔形象。在我们前文阐述托勒密有关鞑靼认知的研究中，就揭露过在西方古典时代就有来自东方鞑靼恶魔的传说故事。托勒密也认为鞑靼是野蛮的"食人生番"，这一认识影响深远。跟柏朗嘉宾一样被派到蒙元帝国的方济各会修士鲁布鲁克也提到鞑靼人"不加区别地吃一切死去的动物，而那么多的羊群牛群，必然有很多牲口死去"。[2]1247 年，布利迪亚（C. de Bridia）《鞑靼史》也生动描写鞑靼人食用各种动物尸体、人肉等不洁之物。欧洲人对鞑靼人的污名化，既反映了他们对未知异族群体的恐惧之情，也宣告这些敌基督之徒食用污秽与不洁之物，已然违反了中世纪神学七宗罪之"暴食"（Gluttony）。而野蛮的"暴食"之徒，势必受到上帝的惩罚。如此，中世纪西方人通过描述鞑靼的饮食，在自身与茹毛饮血的异邦人之间建立起一道鸿沟。[3]这道鸿沟即是在区隔饮食"洁"与"不洁"，也是在区隔德行是"节制"还是"纵欲"，最终区隔的是基督文明的先进，异邦文明的落后。

　　13 世纪的意大利处于东罗马帝国统治时期，基督宗教处于统治地位。在基督教教义的指导下，欧洲认识世界、解释世界主要是围绕

---

1 ［意］柏朗嘉宾：《柏朗嘉宾蒙古行纪》，耿昇、何高济译，第 41 页。

2 ［法］鲁布鲁克：《鲁布鲁克东行纪》，耿昇、何高济译，第 213 页。

3 笔者 2014 年博士论文《中食西传：十六至十八世纪西方人眼中的中国饮食》中就已经对"鞑靼食人宴"进行过研究。而郑伊看则将"鞑靼食人宴"与七宗罪"暴食"之间的关系进行了更好的论述，进一步推进了有关该议题的认知。参见郑伊看：《来者是谁：13—14 世纪欧洲艺术中的东方人形象》，江苏凤凰美术出版社，2023 年，第 161 页。

《圣经》里的故事，讲述的是《圣经》中描述的世界。此时的欧洲世界地图依然遵循着中世纪以来以东为上的绘制传统，地上乐园（伊甸园）所在的东方处于地图上方，基督教圣地耶路撒冷为世界的中央。[1]东方，既是上帝的居所方位，又是曾经"上帝之鞭"西侵而来的方向。根据《启示录》的预言，在遥远的东方，可怕的野蛮人将在审判日劫掠世界。直到天启之日，歌革和玛各巨人及其下属恶魔们将被阻止在据传是亚历山大大帝构筑的大墙之外，以防止他们侵害基督教世界。[2]

在 13 世纪，欧洲人普遍认为蒙古人是来自古希腊地狱鞑靼的鞑靼人（Tartari 或者 Tartarians），吃人肉，喝人血以及其他令人恐惧的食物，是凶恶的食人魔。1240 年，英格兰本笃会修士马修·帕里斯（Matthew Paris）编制的《历史编年纪》（Chronica Majora）记录有很多关于鞑靼的信息。[3]作为编撰者和插图师，马修·帕里斯在行文和配图中，增加了许多他自己对鞑靼人的认识和观点。《鲁布鲁克东行纪》英译者也注意到该书对欧洲人眼中的蒙古人印象形成的重要性，在英译者序言中，他也引用了《历史编年纪》中关于鞑靼人的描述。而马修·帕里斯有关基督教外部敌人鞑靼的描述，可以认为是当时西方人对鞑靼人基本认知。

> 一支可憎的撒旦人，也就是无数的鞑靼人马，从他们群山环绕的家乡杀出，穿过（高加索的）坚硬山岩，像魔鬼一样涌出地狱（Tartarus），因此，他们被恰当地称作地狱的人（Tartari 或 Tartarians）。

1　［日］海野一隆：《地图的文化史》，王妙发译，新星出版社，2005 年，第 37 页。

2　［美］唐纳德·F. 拉赫：《欧洲形成中的亚洲》第 1 卷《发现的世纪》第 1 册（上），周云龙译，第 26 页；龚缨晏：《约翰长老：中世纪欧洲的东方幻想》，《社会科学战线》2010 年第 2 期。

3　该书由三卷组成，描写自创世纪以来到 1259 年的历史。第一卷描绘从创世到 1188 年的历史，第二卷描写 1189—1253 年历史，第三卷描绘了 1253—1259 年历史。

（鞑靼人）嗜饮鲜血，撕裂并吞噬人肉、狗肉……喜饮他们
牲口的纯血，有大而强健的马匹。

当缺乏血（作为饮料）时，他们喝混浊泥水。[1]

《历史编年纪》中的这段话实际上是改编自伊沃·那博纳（Ivo
Narbonne）寄给波尔多主教杰拉尔德（Bishop Gerald of Bordeaux）的
一封信。马修·帕里斯在引用该信的时候，自行增加了许多恐惧和残
酷的细节。[2]

马修·帕里斯《历史编年纪》第二卷中一张标示为1243年绘制
的《鞑靼食人宴》（**图1—14**），表现了三个穿着盔甲和宽松裤子的矮丑
鞑靼人分食人肉的情形：一个鞑靼人在砍头，另一个鞑靼人在吃人
腿，第三个鞑靼人坐在切割下来的尸体上，用木棍串烤着尸体。图像
的右边，还有一个赤裸的人，其头发和手臂被绑在了树上，而一匹马
正在吃树上的叶子。

图1—14 《鞑靼食人宴》

---

1 ［法］鲁布鲁克：《鲁布鲁克东行纪》，耿昇、何高济译，第188页。Mathew Paris, *Chronica Majora*, Vol.
IV, ed., Henry Richards Luard, London: Longman, 1877, pp. 76-78.

2 Suzanne Lewis, *The Art of Matthew Paris in the Chronica Majora*, pp. 286-287.

　　该图像直观地表现出令欧洲人人恐惧的鞑靼人形象。这一形象的形成，与13世纪中前期蒙古人西征的大背景有关，实际上马修·帕里斯所反映的也正是那个时代欧洲知识群体有关蒙古人的普遍性认知。根据苏珊妮·刘易斯（Suzanne Lewis）的研究，马修·帕里斯"鞑靼食人宴"图像中反映的是同时代和较早一点发表的其他编年史报告的各种信息的综合。该图像的创造，一则是根据伊沃·那博纳信件内容的描述，还有可能是受到同时代歌革和玛各艺术创作的启发，这幅图中表现的就是多个恐怖的多毛怪人正在吞食人的手臂和腿。

　　柏朗嘉宾通过亲身观察和体验，在13世纪就深入描绘了中国北方蒙古平民饮食文化以及蒙古金帐里的宫廷贵族宴饮的相关知识。他有关鞑靼人尚饮马奶酒、尚食牛羊肉的记载与希罗多德笔下的斯基泰

图 1—15
《鞑靼暴食图》

草原民族饮食传统相一致。柏朗嘉宾将蒙古上层社会与普通民众间的饮食生活情况及时传回了欧洲。

　　身为基督教徒，柏朗嘉宾还特别关注鞑靼人作为萨满教徒的饮食禁忌以及崇拜成吉思汗等祭祀传统。从他的行文中，我们可以看出柏朗嘉宾内心并不愿意"适应"蒙古人的偶像崇拜仪式，因为他并不想向上帝以外的其他神明下跪祈祷。柏朗嘉宾作为年长的基督教修士，有坚定的宗教信念并且深谙西方基督教神学知识。

　　13 世纪多位出使过蒙元帝国的传教士都留有鞑靼人在特殊情况下"食人"，吃青蛙、蛇、老鼠、虫子以及各种污秽和不洁死物的记录。这些极端的异邦饮食与纵欲和罪恶捆绑在了一起，与落后和野蛮捆绑在了一起。这种"暴食"形象（图 1—15）与西方古典时代以来的东方鞑靼是食人恶魔的野蛮形象相一致，欧洲人一直对世界边缘的野蛮人有这样的认知传统。当然，一些柏朗嘉宾所认为的"陋习"也并不完全正确。在古代蒙古社会，充分利用任何动物的器官乃至血液，是写入律法的族群共识。珍惜食物，节约粮食是游牧民族在恶劣环境中产生的生活智慧，更是草原之路上的生存法则。

第三节　生动记述：饮酪食肉、银树储酒、斡耳朵与饮食禁忌

　　法国方济各会修士威廉·鲁布鲁克于 1253—1255 年奉路易九世之命出使蒙古，著有出使报告《鲁布鲁克东行纪》。[1] 在柏朗嘉宾出使

1　［法］鲁布鲁克：《鲁布鲁克东行纪》，耿昇、何高济译，第 184—185 页。英译本为 W. W. Rockhill trans., *The Journey of William of Rubruck to the Eastern Parts of the World, 1253-1255,* London: Hakluyt Society, 1900. 何高济中译本还部分参考了温加尔的拉丁文编本以及道森于 1955 年发表在《出使蒙古记》中的英译本，而道森的英译本又是根据温加尔的拉丁文本译出。关于该书版本问题，参见余大钧：《十三世纪的两部蒙古行记——〈普兰·迦儿宾行记〉和〈鲁布鲁克行记〉》，《内蒙古社会科学》1984 年第 1 期。

蒙古后十年不到，鲁布鲁克来到蒙古。

当时蒙古帝国日益强大，西欧国家普遍有不安之感，因此教皇屡次派遣使节团出使蒙古，避免蒙古对西欧的威胁。鲁布鲁克参加的这个使节团是纯粹宗教性质的，他们虽然携有圣路易致撒儿塔的信件，但是仍小心地坚持说，他们不是使节，而是教会的人，他们的唯一工作，乃是"宣讲上帝的德行，并教导人们遵照上帝的意志来生活"，可见他们此行的政治目的不是很强。所以《鲁布鲁克东行纪》除了叙事性地介绍了蒙古人的生活方式和风俗习惯之外，还对其旅行和个人经历做了充分详细地叙述。

从《鲁布鲁克东行纪》篇章结构来看，该书第三章"鞑靼人的食物"和第四章"忽迷思的制作"直接反映蒙古人日常饮食情况；在第二章中，鲁布鲁克介绍了蒙古人的宴饮聚会、祭祀程序以及频繁酿造"忽迷思"的情况；第五章"他们吃的动物以及他们的衣服和狩猎"对蒙古人的肉食情况以及狩猎行为进行了记录；第七章、第十章、第二十六章则对蒙古人和契丹人的一些宗教饮食禁忌和独特的饮食行为进行了记录；第二十八章"蒙哥的宫廷"和第三十章"蒙哥在哈剌和林的宫殿"则对蒙古宫廷宴饮进行了一手报道。仅从记录内容和文字体量上来说，鲁布鲁克显然比柏朗嘉宾更加关注蒙古平民日常食生活和食行为，对蒙古宫廷宴饮的记载也更为详细。鲁布鲁克与柏朗嘉宾同属圣方济各会的传教士，这层身份使得他们对异域宗教情况特别关心，而与之相关的蒙古宗教饮食习惯与禁忌也就自然引起了他们的注意。

一、鲁布鲁克所见蒙古乳制品加工技术

13世纪蒙古人已经可以利用牛、羊、马、骆驼的乳汁制作食品。《黑鞑事略》载蒙古族"其饮，马乳与牛羊酪"。郑思肖也称蒙

古族"出猎射生，纯肉食，少食饭，人好饮牛马奶酪，极肥腯"。[1]
除此之外，还有骆驼奶。蒙哥可汗曾向那些三心二意、持观望态度的人送去"挤驼奶前必须爱抚骆驼"[2]的忠告。而《蒙鞑备录·粮食》载"鞑人地饶水草，宜羊马。其为生涯，止是饮马乳，以塞饥渴。凡一牝马之乳，可饱三人。出入止饮马乳，或宰羊为粮。故彼国中有一马者，必有六七羊，谓如有百马者，必有六七百羊群也"。[3]客列亦惕部王汗的弟弟额儿客·合剌在将要被他哥哥杀害时，逃去投奔乃蛮部亦难察汗，在逃亡路上挤着五只山羊的奶，刺骆驼血作为饮食。[4]可见当时蒙古人对各种牲畜的产奶量也有大体上的了解。

乳品加工，首要的任务是获取乳汁。鲁布鲁克真实地记录下13世纪初蒙古族挤马奶的方法："在地上拉一条长绳，拴在两根插进地里的桩上。这根绳上他们把要挤奶的母马和小马系上三个时辰。这时母马站在小马附近，让人平静地挤奶，如有一头不安静，那有人把小马牵到它跟前，让小马吸点奶；然后他把小马牵走，挤奶人取代它的位子。"[5]彭大雅和徐霆也注意到了蒙古族挤乳汁的方法。彭大雅称："马之初乳，日则听其驹之食，夜则聚之以沸，贮以革器，颒洞数宿，味微酸，始可饮，谓之马奶子。"徐霆的记载更为详细，他写道："常见其日中沸马姟矣，亦常问之，初无拘于日与夜。沸之法，先令驹子嗫，教乳路来，却赶了驹子，人自用手沸，下皮桶中。"[6]这种方法在今天蒙古族生活中依然应用。牧民清晨将马群赶回，用套马杆套住小马，再以钉在地上的拴马绳拴好。拴马绳有50厘米长，前端拴住小

1 郑思肖：《大义略叙》，陈福康校点，上海古籍出版社，1991年，第187页。

2 ［伊朗］志费尼：《世界征服者史》（下册），何高济译，第669页。

3 孟珙：《〈蒙鞑备录〉校注》，曹元忠校注，1901年，第22a—b页。

4 余大钧译注：《蒙古秘史》，河北人民出版社，2001年，第205页。

5 ［法］鲁布鲁克：《鲁布鲁克东行纪》，耿昇、何高济译，第214—215页。

6 彭大雅：《黑鞑事略》，引自《王国维遗书》第13册，第19b页。

马，这个高度使得小马仰不起头吃马奶。当母马不愿意让别人挤奶，想留给小马吃时，牧民便将小马的拴绳解开，试着让小马吃马奶，于是马奶顺势可以挤下。

蒙古族等游牧民族加工乳制品，最直接方式是将液态乳汁转变为固态乳制品。固态乳制品便于携带，符合游牧民生活所需；另一方面，固态乳制品可以延长乳品保存时间，提升草原上游牧家庭食物储存能力，游牧民通过煮、日晒风干等方式实现马牛羊液态乳汁固态化，这可视为乳制品加工的固化技术。13 世纪之前的蒙古人显然已经掌握了这种基本的乳品加工技术。鲁布鲁克记载蒙古人加工乳汁（制作干酪）的过程，从西文文献角度印证了该观点：

> 至于牛奶，他们首先炼出奶油，然后把它完全煮干，再收藏在为此准备的羊胃里。奶油里不放盐，因为收得很干，所以不腐坏。他们把这个留来过冬。收炼奶油后剩下的奶，他们尽量让它变酸，再煮它，在煮时它凝结起来。凝乳在太阳下晒干，变得硬如铁渣，最后收藏在袋里以备过冬用。在冬季没有奶时，他们把这种称之为格鲁特的酸凝乳放入皮革中，上面浇水，使劲搅拌到使它溶化在水中，最后变酸，他们就喝这种水来代替奶。他们极小心地不喝清水。[1]

《马可波罗行纪》第六十九章"鞑靼人之神道"亦载："彼等亦有干乳如饼，携之与俱。欲食时，则置之水中，溶而饮之。"[2]

鲁布鲁克和马可波罗所记载蒙古人固化乳汁的方法还是较为简单的加工技术。他们的描述与《齐民要术》中作干酪法类似。格鲁特就是《齐民要术》中的干酪，即脱脂奶干。将乳汁固化，可以减少水

---

1 ［法］鲁布鲁克:《鲁布鲁克东行纪》，耿昇、何高济译，第 214—215 页。
2 ［意］马可波罗:《马可波罗游记》，冯承钧译、党宝海新注，河北人民出版社，1999 年，第 242 页。

分，缩小体积，既便于携带，又利于长期储存。郑思肖称蒙古族"裹粮以肉为麨，干贮为备，饥则水和而食，甚涨，饱可一二日"。[1]可见蒙古族不但将乳汁固化，也将肉类等食材固化。

除了乳汁固化技术，蒙古族还掌握了发酵技术。他们将牛奶发酵，做成奶酪，即我们今天的酸牛奶。《蒙古秘史》第一百四十五节讲述成吉思汗战场颈脉受伤，流血不止。过了半夜，成吉思汗清醒过来大嚷口渴。于是者勒蔑潜入敌营从一辆车上找到一大桶"塔剌黑"，并把这桶"塔剌黑"带了回来。之后者勒蔑又去找来水，把"塔剌黑"放在水中调和好，服侍成吉思汗饮用。这里所言"塔剌黑"，余大钧译为"奶酪"，[2]也有人认为是"酪"，即蒙古语 taragh 的音译。[3]札奇斯钦亦认为是"酪"，即用牛奶略微发酵而制作的半流质食品，类似 yugurt。[4]

《齐民要术》中的"作酪法"比 13 世纪蒙古族牧民的做法复杂得多，总计有甜酪、酸浆水和马酪酵三种发酵剂。13 世纪蒙古人用酸奶作为发酵剂进行发酵。《黑鞑事略》中有"酌奶酪而倾器者谓之断后"[5]的记载，这里的"奶酪"就是当作发酵剂使用，即若将盛有发酵剂的容器倾倒，则不能再进行牛奶发酵，引申为"断后"。

蒙古族不但将牛奶发酵，而且将马奶发酵为酸马奶，风味更佳。彭大雅在《黑鞑事略》中记载蒙古人将挤下的马奶收集到革器内，"颎洞数宿，味微酸，始可饮，谓之马奶子"。可见当时蒙古人发酵酸马奶已经是常态。《蒙古秘史》载阿阑·豁阿死后，孛端察儿被哥哥们挤兑出走，来到了巴勒谆·阿剌勒，在那里搭了个草棚住下。有一

1　郑思肖著：《大义略叙》，陈福康校点，第 181 页。
2　余大钧译注：《蒙古秘史》，第 191—192 页。
3　李志常原著：《长春真人西游记校注》，尚衍斌、黄太勇校注，中央民族大学出版社，2016 年，第 85 页。
4　札奇斯钦译注：《〈蒙古秘史〉新译并注释》，联经事业出版公司，1979 年，第 183 页。
5　彭大雅：《黑鞑事略》，引自《王国维遗书》第 13 册，第 15 页。

日，从都亦连山后面，迁移来了一群人。孛端察儿每天到那群人那里索取马乳吃。**1** 孛端察儿孤身一人便可每天从那群人那里索取马乳吃，可见此时酸马奶已是寻常之物。

　　徐霆也目睹了一般牧民发酵酸马奶的过程，考察了蒙古贵族饮用的黑马奶的酿造技术。"初到金帐，鞑主饮以马奶，色清而味甜，与寻常色白而浊，味酸而膻者大不同，名曰黑马奶，盖清则似黑。问之，则云此实撞之七八日，撞多则愈清，清则气不膻。只此一次得饮，他处更不曾见。"**2** 鲁布鲁克的相关记载，则是从西方人视角留下了蒙古牧民酿造马奶酒的珍贵实例：

> 　　他们还生产哈刺忽迷思，也就是"黑色忽迷思"，供大贵人使用。马奶不凝结的原因如下：事实上没有动物的（奶）会凝结，如果在它胎儿的胃里没有发现凝结的奶。在小雌马的胃里没有发现凝结的奶，所以母马的奶不凝固。他们继续搅拌奶，直到所有混浊的部分像药渣一样径直沉底，清纯部分留在面上，好像奶清或新酿白葡萄酒。渣滓很白，给奴隶吃，有利于睡眠。主子喝这种清的（饮料）。它肯定极为可口，很有益于健康。

　　马奶酒突厥语叫作"库米孜"（Qoumis、Kumis）。而 Caracosmos 就是突厥语 Kara-kumis，即黑马奶酒，又称之为哈刺忽迷思，意指将已经发酵好的马奶继续搅拌，获取更加优质或上等的哈刺忽迷思（酸马奶上层清乳部分）。按《元史·土土哈传》载，"（班都察）尝侍（忽必烈）左右，掌尚方马畜，岁时挏马乳以进，色清而味美，号黑马

---

1 余大钧译注：《蒙古秘史》，第 22 页。

2 彭大雅：《黑鞑事略》，引自《王国维遗书》第 13 册，第 19b 页。

乳，因目其属曰哈敕赤"。**1**

耿昇、何高济译注称：耶律楚材有《寄贾搏霄乞马乳》诗："天马西来酿玉浆，革囊倾处酒微香。……浅白痛思琼液冷，微甘酷爱蔗浆凉。"说明马奶酒的味道是不错的，所以鲁布鲁克也爱喝它。又，廼贤咏《塞上五曲》有"马乳新挏玉满瓶"之句，"挏"指搅拌马奶的动作，即鲁布鲁克描写的制作马奶酒的过程。**2**

其中，鲁布鲁克介绍的"马奶不凝结"原因让人难以理解。也可能正是因为这句话令人费解乃至产生怀疑，查曼纽尔·科姆诺夫英译本中删除了这句话。**3**而柔克义却在其英译本中特别补出这句话的拉丁文"Regula enim est quod nullius animal is in cu jus fetus ventre lac non invenitur coagulum coagulaiur"，**4**并指此前的翻译者皆未正确理解这句话。

事实上，鲁布鲁克关于"马奶不凝结"的说法的确非常容易让人误解。

首先，鲁布鲁克描述的是经过挤奶—倒入容器—拍打—搅拌—发酵后制作而成的马奶酒。在传统工艺条件下，马奶酒是乳酸菌和酵母菌在适宜温度下，将马奶乳浆分解为乳酸、二氧化碳、酒精、芳香物质和类抗生素物质所形成的一种发酸饮料。**5**鲁布鲁克文中所指马奶酒乃是含有酒精的清乳部分，这样的马奶酒不会凝结。

第二，搅拌使得马奶开始散发出气泡表明，鲁布鲁克描述的马奶发酵状况与温度等培养环境有关系。而乳酸菌使得马奶里的主要蛋白

1　［法］鲁布鲁克：《鲁布鲁克东行纪》，耿昇、何高济译，第 330 页；刘文锁：《关于马奶酒的历史考证》，《人民论坛》2011 年第 5 期。另，也有学者不同意把 Cosmos 看成是 Kumis，见 Larry V. Clark, "The Turkic and Mongol Words in William of Rubruck's Journey (1253-1255)," *Journal of the American Oriental Society,* Vol. 93, 1973, p.185.

2　［法］鲁布鲁克：《鲁布鲁克东行纪》，耿昇、何高济译，第 330 页。

3　"The Journey of Friar Willam of Rubruck," Manuel komroff ed., *Contemporries of Marco Polo,* p. 65.

4　W. W. Rockhill trans., *The Journey of William of Rubruck to the Eastern Parts of the World, 1253-1255,* p. 67.

5　师丽丽：《蒙古族马奶酒技术发展的社会因素研究》，内蒙古大学硕士学位论文，2010 年，第 6—7 页。

质酪蛋白凝结，[1] 形成如鲁布鲁克所说的"沉入底部的渣滓"。既然已经形成了结块的"渣滓"，这就很容易让读者困惑为何鲁布鲁克又说"马奶不凝结"。

最后，鲁布鲁克所说"马奶是动物奶，动物奶本就不凝结"是在完全未受到外界干扰的情况下才会成立。在日常条件下，蒙古人挤出马奶后，马奶就开始受到外界培养环境（如空气湿度、温度、微生物等）的影响，开始发酵酸化，产生凝结现象。

13 世纪蒙古人还掌握了从牛奶中提炼奶油的技术。鲁布鲁克记载蒙古人"至于牛奶，他们首先炼出奶油（新鲜牛乳加以搅拌之后上层的浓稠状物体，即乳脂肪），然后把它完全煮干，再收藏在为此准备的羊胃里"。[2] 这种羊胃，是他们保存起来专作此用的物件。鲁布鲁克的记载略显简单，不过借助《齐民要术》中的"抨酥法"，可知当时的蒙古人先从乳液中提取奶油，再经过凝炼制成无水奶油（即黄油），然后收藏在羊胃中。

13 世纪蒙古族制作、存放乳品的工具都很简单，大部分为皮质，如皮囊或者皮桶。如铁木真家的八匹银灰色骟马，被劫贼劫走。铁木真在追赶劫匪的路上，遇见一个大马群，有个伶俐的少年在马群中挤马奶。听过铁木真的描述后，少年，把盛奶的皮桶、皮斗扎起来，放在野地上，与铁木真一同去追赶劫匪。[3] 蒙古族男子的任务之一，就是"制造用于收藏忽迷思的皮囊"。鲁布鲁克见到"他们用一种奇妙的方法把牛皮放在烟中烤干，用以做成大坛子"。[4] 就是蒙古族常见的用于储存酸马奶的皮桶。除了皮桶，蒙古族还使用木桶。鲁布鲁克见到蒙古人用小木桶作为挤乳桶，挤乳者先将新鲜乳汁挤在乳罐或小木

---

1 乳酸菌可以在自然发酵状态下（特别是密封加热状态）产生。而在传统工艺条件下，制作马奶的囊袋会残留之前产生的乳酸菌。

2 ［法］鲁布鲁克：《鲁布鲁克东行纪》，耿昇、何高济译，第 214 页。

3 余大钧译注：《蒙古秘史》，第 93—95 页。

4 ［英］道森：《出使蒙古记》，吕浦译、周良霄注，中国社会科学出版社，1983 年，第 115 页。

桶内，然后再将乳汁集中在一个稍大的皮桶中，最后将皮桶带回蒙古包倒入皮囊中备用。北方游牧民族也曾用陶器盛放乳品。匈奴人就曾把马奶装在皮囊或是陶缸内，经过连续搅拌，乳酸菌发酵，成为酸马奶。这种可装奶酪的陶缸，名叫"服匿"。可见蒙古族也使用陶制器皿存储食品。

鲁布鲁克不仅详细记载了马奶酒的制作过程，还特别注意到蒙古人在制作食物的过程中体现出来的男女分工。鲁布鲁克记载："一些蒙古女人在食物制作和提供方面的工作，与男人的职责是有区别的。女人主要负责挤羊奶，制作奶油和格鲁特，男人主要负责挤马奶，搅拌忽迷思，并且制作盛它的皮囊。"蒙古人从不洗碗，但蒙古女人"在煮肉时，把锅里煮的肉汤用来冲洗盛肉的碗盘，再把汤倒回锅里"。[1] 蒙古族妇女们的义务是：赶车、将帐幕装车和卸车、挤牛奶、酿造奶油和格鲁特（干奶酪）、鞣制和缝制毛皮（她们用以筋制成的线来缝制）。男人们制造弓箭，制造马镫、马嚼子和马鞍。他们建造帐幕和车子，他们照管马匹并挤马奶，搅拌忽迷思，并制造用于收藏忽迷思的皮囊，他们也照管骆驼并把运送的东西装上驼背。男人和妇女都照管绵羊和山羊，有的时候男人，有的时候则是妇女挤羊奶。[2] 乃蛮部塔阳汗的母亲古儿别速就要求将蒙古族长得清秀俊美的姑娘、媳妇捉来挤牛奶、羊奶。[3] 马奶子在蒙古人饮食中具有重要地位，由男性来完成取奶、搅拌加工、制作盛器，体现出蒙古男性在家庭中的支配地位。食物的制作与分工过程，体现出 13 世纪蒙古男性与女性间的性别与家庭地位差异。正是由于鲁布鲁克注重细节的记载，使得有人评价《鲁布鲁克东行纪》是"整个游记文学中最生动、最动人的游记之一，甚至比他同

---

1 ［法］鲁布鲁克：《鲁布鲁克东行纪》，何高济译，第 218 页。

2 ［英］道森：《出使蒙古记》，吕浦译、周良霄注，第 121 页。

3 余大钧译注：《蒙古秘史》，第 287—288 页。

时代的马可波罗或者 19 世纪的胡克和加贝特等人的游记更为直接和令人信服"。[1]

我们可以清晰地看到蒙古族的游牧生活，他们掌握了畜牧技术，熟悉牛、马、羊、驼的产奶时间与产奶量，可以将乳汁进行分类加工，转变为适应游牧生活的各种食品。通过比较鲁布鲁克、彭大雅、徐霆等人留下的中外史料，我们可以看到 13 世纪蒙古族乳品加工技术虽然已经成熟，但与北魏《齐民要术》中的乳品加工技术相比，普通牧民的技术水平还是比较低。

鲁布鲁克作为首位系统论述蒙古人如何制作马奶酒——忽迷思的西方人，还详细地向西方报道了蒙古人如何获取乳汁，固化乳汁（制作干酪，即"格鲁特"[2]）以及制作奶油等其他乳制品。该报道对于西方了解和认识蒙元时期中国北方游牧民族饮食形象具有至关重要的意义。后世作者不断地根据鲁布鲁克的报道，想象或印证蒙古人喝忽迷思的情景，实现了西方有关中国饮食认知的传递与延续。鉴于该则材料的重要性，特全文引用如下：

> 这种忽迷思，也就是马奶子，是用下述方法制造。在地上拉一条长绳，拴在两根插进地里的桩上。这根绳上他们把要挤奶的母马的小马系上三个时辰。这时母马站在小马附近，让人平静地挤奶，如有一头不安静，那有人把小马牵到它跟前，让小马吸点奶；然后他把小马牵走，挤奶人取代它的位子。当他们取得大量的奶时，奶只要新鲜，就像牛奶那样甜。他们把奶

---

1 ［英］道森：《出使蒙古记》，吕浦译、周良霄注，第 17 页。

2 中译者注格鲁特为"gruit"，即凝乳，乳酪。突厥语 kurut "奶酪"是由动词 kuru- "变干"衍生来的名词，在突厥语言中普遍存在。还有另外几种变体：grice, gruit, griut。柔克义英译本（第 68 页）对此物有详细考察。曼纽尔·科姆诺夫英译本中则称为 Gryut，略有差异。参见［法］鲁布鲁克：《鲁布鲁克东行纪》，耿昇、何高济译，第 330 页。"The Journey of Friar Willam of Rubruck," Manuel komroff ed., *Contemporries of Marco Polo*, p. 66; Larry V. Clark, "The Turkic and Mongol Words in William of Rubruck's Journey (1253-1255)," *Journal of the American Oriental Society*, Vol. 93, 1973, p. 186.

倒进大皮囊或袋里，开始用一根特制的棍子搅拌它，棍的下端粗若人头，并且是空心的。他们用劲拍打马奶，奶开始像新酿酒那样起泡沫，并且变酸发酵，然后他们继续搅拌到他们取得奶油。这时他们品尝它，当它微带辣味时，他们便喝它。喝时它像葡萄酒一样有辣味，喝完后在舌头上有杏乳的味道，使腹内舒畅，也使人有些醉，很利尿。他们还生产哈剌忽迷思，也就是"黑色忽迷思"，供大贵人使用。马奶不凝结的原因如下：事实上没有动物的（奶）会凝结，如果在它胎儿的胃里没有发现凝结的奶。在小雌马的胃里没有发现凝结的奶，所以母马的奶不凝固。他们继续搅拌奶，直到所有混浊的部分像药渣一样径直沉底，清纯部分留在面上，好像奶清或新酿白葡萄酒。渣滓很白，给奴隶吃，有利于睡眠。主子喝这种清的（饮料）。它肯定极为可口，很有益于健康。拔都在他营地四周一日程的地方，有三十个人，每天其中一人要把一百只母马的这种奶送给他，这即是说，每天有三千马奶，尚不算送给别人的其他白奶。如在叙利亚，农夫要交纳产品的三分之一作贡赋，所以这些（鞑靼人）也必须每三天把奶进到他们主子那里。至于牛奶，她们首先炼出奶油，然后把它完全煮干，再收藏在为此准备的羊胃里。奶油里不放盐，因为收得很干，所以不腐坏。他们把这个留来过冬。收炼奶油后剩下的奶，他们尽量让它变酸，再煮它，在煮时它凝结起来。凝乳在太阳下晒干，变得硬如铁渣，最后收藏在袋里以备过冬用。在冬季没有奶时，他们把这种称之为格鲁特的酸凝乳放入皮革中，上面浇水，使劲搅拌到使它溶化在水中，最后变酸，他们就喝这种水来代替奶。他们极小心地不喝清水。[1]

---

1 ［法］鲁布鲁克：《鲁布鲁克东行纪》，耿昇、何高济译，第214—215页。

二、蒙古食肉传统及肉食品加工技术

鲁布鲁克采用白描式的叙述，为我们留下了许多蒙古人食肉的风俗记录。

① 他们不加区别地吃一切死去的动物。

② 如碰巧有牛马死去，他们便把它切成细条，挂在太阳下通风的地方弄干，因此肉很快失去盐分而变成没有怪味的干肉。

③ 他们用马的内脏制成腊肠，比猪肉的味道更佳，但他们是生吃。剩下的肉他们留下过冬。

④ 一头羊的肉可供五十或一百人食用。

⑤ 他们把肉切得很薄，放在盘里用盐水浸泡，因为他们没有别的佐料。然后他们拿特制的尖刀或叉子，颇像我们吃煮梨或苹果用的刀叉，把肉按照客的多寡分给每人一口或两口。

⑥ 主人可以在还没有上肉之前先挑选他看中的肉。

⑦ 如主人给其他人一片肉，那么按照习惯接受的人要自己吃掉它，不可以给别人。但是，如果他不能吃完，那他得把肉随身带走，或者把它交给随身的仆人，由仆人保存把肉放进他的开普塔尔格克中，那是个方形的袋子，他们用来装这类东西。

⑧ 在他们来不及细啃骨头时，就把骨头存放在里面，他们好在以后吃它，免得浪费食物。

⑨ （蒙古人）还吃索古尔、野兔、小羚羊、野驴、阿卡里等动物。

前文已经说过，古代蒙古社会的律法要求物尽其用，在北方严酷的生存环境中，必须珍惜粮食，杜绝浪费，所以，蒙古人尽可能地吃掉一切可以食用的动物性食材。柏朗嘉宾对这个问题讨论过。志费尼《世界征服者》也记载："蒙古人穿的是狗皮和鼠皮，吃的是这些动物的肉和其他死去的东西。"[1] 在与大自然的斗争中，蒙古人充分利用食

---

1 ［伊朗］志费尼：《世界征服者史》（上册），何高济译，第23页。

材是生存所需，不应以西方宗教和异国饮食观念来简单判定蒙古传统
饮食习俗的优劣。除了通过充分利用可食性食材，蒙古人还通过风
干、灌肠等食品加工手段，延长肉食品的保存时间。如鲁布鲁克观察
到的蒙古人制作的风干肉和腊肠等，既可以长时间储存，又能在体积
缩小后，便于携带。蒙古人的袋囊[1]即用于长时间存放食物以及其他
生活必需品。

　　鲁布鲁克跟柏朗嘉宾一样，也注意到蒙古人用"尖刀或者叉子"
分食煮肉，然后直接手食。这也一定程度体现出游记文学的局限性，
即旅行者仅是根据旅行线路上的所观所感照实记录。他们很少能对中
国不同区域、不同民族间的饮食差异比较，也没有机会长时间居住在
中国，阅读中国书籍，了解更多的中国独特饮食文化。

三、蒙哥宫殿所见法式储酒器"银树喷泉"

　　作为使节的鲁布鲁克跟柏朗嘉宾一样，也有机会参加蒙古宫廷宴
饮。[2]鲁布鲁克记载了哈剌忽迷思、特拉辛纳（Terracina，一种称之
为的 Cervisia 米酒）、布勒（Bal，一种蜂蜜酒）。[3]酿造米酒的原料并
不是蒙古人的主食，蒙古地区也并不生产粟米或南方汉人的稻米，蒙
古宫廷大量消耗的米酒应该主要是从南方汉人地区获取运送而来。此
外，鲁布鲁克记载："大贵人在南方有村庄，粟和面粉就从那里输运
给他们过冬。"而蒙古宫廷所饮用的果酒更是从遥远的地方运来的。
这些记录都是非蒙古地区食物流通至蒙古上层家庭的证据。

1　鲁布鲁克所记开普塔尔格克（Captargac）即袋囊，参见［法］鲁布鲁克：《鲁布鲁克东行纪》，耿昇、
　　何高济译，第 330 页。

2　［法］鲁布鲁克：《鲁布鲁克东行纪》，耿昇、何高济译，第 264 页。

3　柔克义把 Bal 误以为是"土耳其语言的 Buzzah"，这一观点后来被伯希和纠正。W. W. Rockhill trans.,
　　The Journey of William of Rubruck to the Eastern Parts of the World, 1253-1255, p. 173；Larry V. Clark,
　　"The Turkic and Mongol Words in Rubruck's Journey (1253-1255)," *Journal of the American
　　Oriental Society,* Vol. 93, 1973, p. 183.

　　鲁布鲁克有关蒙古贵族宴饮记载中，尤其知名的是明确记录了他在蒙哥汗哈剌和林宫殿门口见到的"银树喷泉"——一种储酒器。因为要运进宫殿的马奶和其他饮料袋囊不太美观，故在蒙哥汗宫殿入口处制造了这个具有西方异域风情的"银树"。[1]据鲁布鲁克称，这个顶端有着"手拿喇叭的天使"[2]的奇异储酒器是他的法国同胞、巴黎工匠威廉所造。鲁布鲁克对这个由法国人建造的储酒器进行了细致描写，想必非常引以为豪。根据鲁布鲁克的描写，17世纪再版的《鲁布鲁克游记》的版画插图中有绘制《蒙哥汗万安宫储酒器"银树喷泉"图》（**图1—16**），后世诸多图书也有转引这个令人惊叹的"银树喷泉"图，如 Pierre de Bergeron 所著《亚洲旅行》（*Voyages Faits Principalement en Asie*，1735）一书中的"Mongke Khan's Fountain"插图，韩儒林等著《元史》（中国大百科全书出版社，2011年）一书中的"13世纪蒙古大汗蒙哥的宫殿"插图，皆是使用该图。足见13世纪鲁布鲁克留下的元代蒙古大汗宴饮场景不断地在中西方文明中传递、演变。

　　　　在银树的根部是四只银狮，各通有管道，喷出白色马奶。树内有四根管子，通到它的顶端，向下弯曲，每根上还有金蛇，蛇尾缠绕树身。一根管子流出酒，另一根流出哈剌忽迷思（澄清的马奶），还有一根流出布勒（一种用蜂蜜制成的饮料），还有一根流出米酒，叫做特拉辛纳。树足各有一奇特的银盆，接受每根管子流出的饮料。顶端这四根管子之间，他制作了一个手拿喇叭的天使。而在树的下部，有一个窟窿，里面藏了一个人。有一根管子从树心通到天使。最初他只做了一只风箱，但是风力不足。官

1　［美］欧文·拉铁摩尔、埃莉诺·拉铁摩尔：《丝绸、香料与帝国：亚洲的"发现"》，方笑天、袁剑译，上海人民出版社，2020年，第53页。

2　［法］鲁布鲁克：《鲁布鲁克东行纪》，耿昇、何高济译，第284—285页。

Palais de Karakorum

图 1—16
《蒙哥汗万安官
酒器"银树喷
图》

殿外有一个储存饮料的窖，那里的仆人听见天使吹喇叭的声音，便准备把饮料倾倒出来。树有银枝、叶子和果实。每逢宴饮的时候，大管事就命令吹喇叭。这时，那个藏身于穹窿里的人，一听见命令，马上拼命往那跟通向天使的管子送气，天使就把喇叭放到嘴里，大声吹响喇叭。于是窖里的仆人听到喇叭声，把不同的饮料倾入各自的管道，从管道流入准备好的盆中，管事再取出送给宫里的男男女女。[1]

作为法国使节，鲁布鲁克多次前往蒙古统治者的宫廷参加宴会，

---

[1] ［法］鲁布鲁克：《鲁布鲁克东行纪》，耿昇、何高济译，第 284—285 页。

先后三次记载了这样的盛宴。第一次举行盛宴是在圣灵降临节第八天
（6月7日）。这次宴会由工匠威廉担任首席管事。第二次在圣约翰节
（6月24日），第三次在使徒圣保罗节（6月29日）。[1]15世纪欧洲人
根据《马可波罗行纪》间接创作的《忽必烈汗生日赐宴图》中，也
有类似鲁布鲁克所描述的"银树喷泉"。14世纪拉施特《史集》中的
《蒙古宫廷宴饮准备图》《蒙古大汗登基庆典图》（**图1—17、18**），经过阿
拉伯传递到西方社会，而这些凝结着中外饮食文化交流故事的艺术作
品，现收藏在德国国立柏林图书馆。

图1—17
《蒙古宫廷宴
饮准备图》

---

1 ［法］鲁布鲁克：《鲁布鲁克东行纪》，耿昇、何高济译，第308—309页。

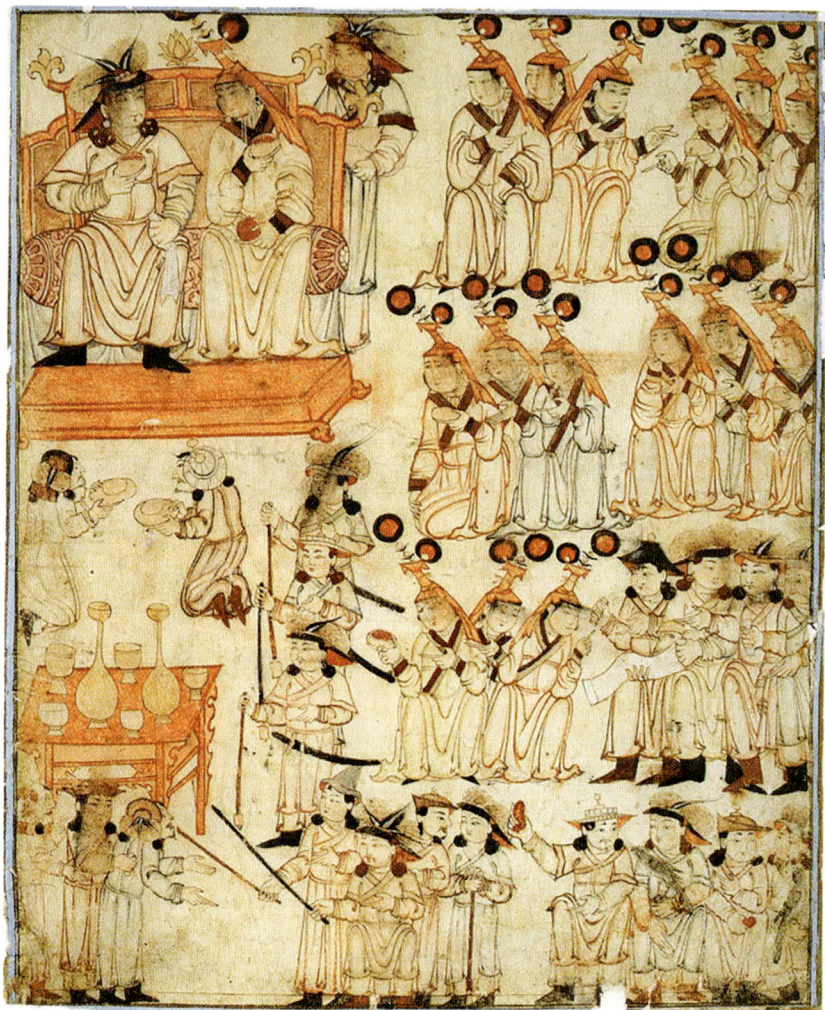

图 1—18
《蒙古大汗登
基庆典图》之
二

四、高级食宿场所——斡耳朵

鲁布鲁克对蒙古贵族居住的斡耳朵具体形制特点记录得尤为详细，斡耳朵也是大汗和其他贵族举办重要宴饮的场所。蒙古贵族的斡耳朵比普通的蒙古包容积更大，更加富丽堂皇，且造型与蒙古包略有区别。[1]鲁布鲁克的记录对此三大特点皆有反映。他描述鞑靼人把这种贵族斡耳朵造得很大，"有时宽为三十英尺"，据鲁布鲁克测量，"一辆车的轮距为二十英尺，当把房舍放在车上时，它在轮的每侧至少伸出五英尺。我估算一下，每辆车用二十二头牛拉一所屋，十一头和车并行，另十一头走在前头。车轴粗若船桅，并且有个人站在车上房门口，驱赶着牛群。"[2]鲁布鲁克甚至形容"一个富足的蒙古人的斡耳朵看来像一个大镇子"，这与前文柏朗嘉宾所说贵由汗的金帐可以容纳两千多人，如出一辙。鲁布鲁克描述的斡耳朵富丽堂皇，鞑靼人"给毡子绣上五颜六色或者素色的藤、树、鸟兽的图像"，装饰以各种好看的图案。鲁布鲁克甚至觉得词穷，希望自己可以通过绘画把这样的蒙古斡耳朵盛景画下来。而大汗等蒙古贵族的斡耳朵造型也与一般的不同。鲁布鲁克记载金帐是大汗举行典礼时使用的大帐幕，也被称之为"失剌斡耳朵"。其形制和布局都比平民使用的穹庐式毡帐要宏伟大气。金帐的架子是在哈勒嘎斯（蒙古包顶部用来固定乌尼的筐状木头）上插入乌尼（包顶的椽子，分布如伞骨）并竖起哈纳（蒙古包的高墙）而制成，外形与人的脖子相似，鲁布鲁克就曾形象地将蒙哥汗的宫帐称为"有颈发屋"。

关于蒙古贵族斡耳朵形制特点的描述，还可以参考克拉维约在撒马尔罕所见帖木儿汗帐幕："汗帐之高，约三根支柱高，自帐之一端至彼端之长度有三百步。帐顶作成楼式。帐之四周，由十二根巨柱撑起，柱上涂以金碧之色。所谓十二根柱者，系指专撑住四周者而言。至于其中，则另有二根立于帐之中间。"[3]

---

1 邢莉：《游牧文化》，第93页。
2 ［法］鲁布鲁克：《鲁布鲁克东行纪》，耿昇、何高济译，第209—211页。
3 ［西］克拉维约：《克拉维约东使记》，杨兆钧译，商务印书馆，1947年，第144—145页。

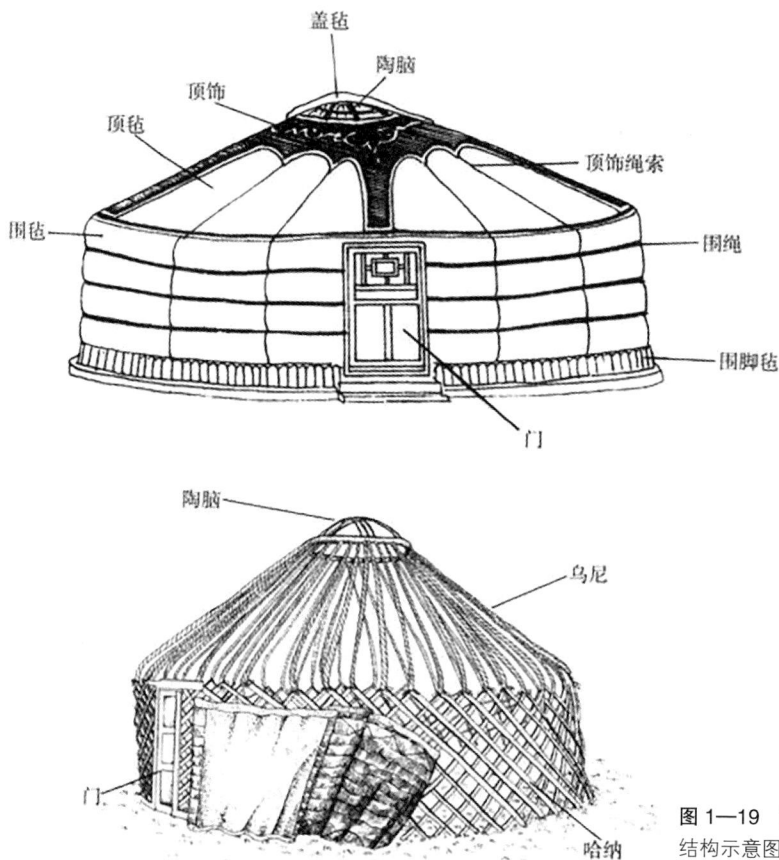

图1—19　蒙古包结构示意图

　　围绕大帐的则是可汗亲属、臣民等居住的可移动毡帐。此外，还有各种车辆所组成的圆形居住群，即"库伦"。"库伦"是北方草原地区城市建筑群的最初形态。[1]今蒙古国首都乌兰巴托是早期漠北草原上的政治、宗教、经济、文化中心，被称作"大库伦"。彭大雅在《黑鞑事略》中记载："其居穹庐，无城壁栋宇，迁就水草无常。"徐霆补注云："穹庐有二样。燕京之制，用柳木为骨，正如南方罘罳（即罦罳），可以卷舒，面前开门，上如伞骨，顶开一窍，谓之天窗，

1　张碧波、董国尧主编：《中国古代北方民族文化史》，黑龙江人民出版社，1995年，第575页。

皆以毡为衣，马上可载。"[1]

《观失剌斡耳朵御宴回》一诗曾对超大型帐幕有过生动描述："毳幕承空柱绣楣，彩绳亘地掣文霓。辰旗忽动祠光下，甲帐徐开殿影齐。芍药名花围簇坐，葡萄法酒拆封泥。御前赐酺千官醉，恩觉中天雨露低。"[2]《蒙古秘史》第一百八十四节云："王汗毫不介意地立起了金撒帐。"[3]金撒帐即细毛布做成的金碧辉煌的巨帐。

以上中外文史料共同反映了成吉思汗以来建立的斡耳朵宫帐制度。成吉思汗时设大斡耳朵及第二、第三、第四等四大斡耳朵，分别属于四个皇后。大汗的私人财富，分属四斡耳朵。大汗死后，由四大斡耳朵分别继承。[4]斡耳朵制度是草原民族居住文化特征，体现了"天似穹庐"的"天人合一"基本宇宙观。[5]

英国学者道森评价道："《鲁布鲁克东行纪》是整个游记文学中最生动、最动人的游记之一，甚至比他同时代的马可波罗或19世纪的胡克和加贝特等人的游记更为直接和令人信服。"[6]

鲁布鲁克关于蒙古各阶层食肉饮酪的记录尤为翔实。与彭大雅、徐霆等人比起来，鲁布鲁克对13世纪蒙古人乳制品加工技术的记载，不论是准确度还是细致性，皆是不遑多让。这也充分说明通过中外文献的比勘和分析，我们可以从"外部看中国"，还原更为真实的中国文化形象。蒙哥汗宫殿入口处的储酒器，展示了蒙古宫廷宴饮的奢华与铺张。"银树喷泉"顶端"手拿喇叭的天使"似乎隐喻

1 彭大雅：《黑鞑事略》，徐霆疏证，引自《中华野史》编委会编：《中华野史》卷6《辽夏金元卷》，三秦出版社，2000年，第5000页。

2 自注云："车驾驻跸，即赐近臣酒马奶子，御筵设毡殿失剌斡耳朵，深广可容数千人。"参见柳贯：《柳待制集》卷五《观失剌斡耳朵御宴回》，转引自王颋：《西域南海史地考论》，上海人民出版社，2008年，第246页。

3 宝力格主编：《草原文化研究资料选编》第7辑，内蒙古教育出版社，2012年，第254页。

4 唐进、郑穿水：《中国国家机构史》，辽宁人民出版社，1993年，第315页；赵翰生：《〈大元毡罽工物记〉所载毛纺织史料述》，《自然科学史研究》2013年第2期。

5 扎格尔、敖其主编：《草原物质文化研究》，内蒙古教育出版社，2007年，第81页。

6 ［英］道森：《出使蒙古记》，吕浦译、周良霄注，第17页。

着基督宗教在东方文化中的自我表达。蒙哥似乎也是一位宗教宽容主义者，他默认了法国工匠在他和大臣们饮酒的重要器具上，展示西方文化。13 世纪的蒙古帝国占领了亚洲大部分土地，对欧洲产生重大威胁。欧洲也十分关注蒙古统治者的各种信息。14、15 世纪欧洲和中亚画家所制的蒙古宫廷宴饮图，多是欧洲艺术家通过想象绘制而成。而他们想象力的信息来源，则多是根据《鲁布鲁克东行纪》《马可波罗行纪》书中的描述。这些杂糅着欧洲艺术家想象力的中国皇帝奢华宴饮图很容易引起欧洲君王们的注意。直到 18 世纪欧洲"中国热"时期，跟鲁布鲁克一样，法国国王们对中国皇帝的宫廷宴饮仍十分感兴趣。法国知名画家弗朗索瓦·布歇（Francois Boucher）

图 1—20　《中国皇帝宴请》壁毯画，法国博韦皇家手工工厂制作，1742 年

绘制的《中国皇帝宴请》壁毯画（**图1—20**）等多幅有关中国题材的画作。我们看到路易十五世时期，洛可可风格艺术作品的"中国情调"是那么优雅而又华丽。

五、宗教饮食与禁忌

由于和众多其他宗教信仰者生活在一起，鲁布鲁克对这些异教徒的饮食规定也进行了报告。在1254年2月的第一个星期前，鲁布鲁克记录了聂思脱里教徒要斋戒三天，度过约拿斋节。聂思脱里教徒每周第三天开始斋戒，第五天结束，因此第六天他们要吃肉。鲁布鲁克还报道了在东方的聂思脱里教徒吃圣餐以及吃无酵饼。他记载：

> 所有东方的"基督徒"都不用发酵粉，而是把脂肪往饼里拌，要么往饼里掺进牛油、肥羊尾或油类东西。他们还说，他们有基督用作献祭饼的面粉，他们放进去的和取用的一般多。唱诗班旁边，有一间屋子。屋里摆着一个烤饼的炉子，他们虔诚地用这饼去献祭。[1]

他特别提及金匠威廉给聂思脱里教徒打造了一个制作圣饼的铁器，他们还在做弥撒的时候分发圣餐。[2]此外，在蒙古人生活的地方，还有亚美尼亚的五日斋节，他们称之为圣薛儿吉思斋节。[3]鲁布鲁克对这些异教徒的宗教斋戒或者禁忌并不十分看好，某种程度上甚至觉得非常虚伪。鲁布鲁克记载到，一个僧侣劝他戒肉食（这个僧侣可能是佛教徒），并提供面粉和牛油。他们吃的伙食是牛油加粟，或者是

---

1 ［法］鲁布鲁克：《鲁布鲁克东行纪》，耿昇、何高济译，第287页。
2 ［法］鲁布鲁克：《鲁布鲁克东行纪》，耿昇、何高济译，第288—289页。
3 ［法］鲁布鲁克：《鲁布鲁克东行纪》，耿昇、何高济译，第280—281页。

用牛油或酸乳加水调制而成的糊，以及没有发酵的饼。[1] 但这并不能证明这些僧侣的虔诚之心，一旦和他们生活久了就会发现某些僧侣的箱子里放着"杏仁、葡萄干、梅干以及其他果品，他独自一人时整天都在吃"。[2] 这些都是异教徒虚伪的表现。

此外，对于蒙古人在饮食生活领域的宗教表现，鲁布鲁克记录最多的是献祭马奶酒。他记载："5 月 9 日，他们集中所有的白马，把它们献祭。基督教士不得不带着香炉去参加。然后他们把新忽迷思洒在地上，当天举行盛大的宴会，因为他们认为当时是初尝忽迷思，犹如我们有的地方在巴托罗姆节或塞克图斯节之初尝酒，以及在詹姆士节和克里斯多芬节之初尝水果。"甚至在祭奠亡者的坟冢前，蒙古人摆放的祭品是忽迷思和吃的肉。[3]

事实上，鲁布鲁克作为基督徒，当来到一个非基督教世界的时候，他所关注的宗教饮食问题首先是生理需要和教义之间的矛盾。这个矛盾不只是基督徒有，伊斯兰教徒也面临这样的问题。由于是基督教的升天节的第八天（6 月 5 日）和圣灵降临节前夕（6 月 8 日），因此鲁布鲁克一行的传教士拒绝饮食忽迷思及阿兰人送来的熟肉。斯克台询问鲁布鲁克喝不喝忽迷思的时候，他的回答是先喝自己的饮料，如果自己携带的饮料没有了，那就只能喝忽迷思。斯克台这么问的原因是"他们当中严格恪守教义的基督徒、罗斯人、希腊人和阿兰人不喝它，他们认为喝了它自己就不再是基督徒了，而且教士还不得不给他们赎罪，好像他们已背离了基督的信仰"。[4] 喝忽迷思与基督教教义相违背的说法，来自罗斯人。鲁布鲁克原则上并不觉得这种绝对的看法是正确的，并埋怨因为大量的罗斯人传播这样的一种看法，使得鲁

1　[法]鲁布鲁克：《鲁布鲁克东行纪》，耿昇、何高济译，第 288—289 页。

2　[法]鲁布鲁克：《鲁布鲁克东行纪》，耿昇、何高济译，第 283 页。

3　[法]鲁布鲁克：《鲁布鲁克东行纪》，耿昇、何高济译，第 305、220 页。

4　[法]鲁布鲁克：《鲁布鲁克东行纪》，耿昇、何高济译，第 223 页。

布鲁克的受洗人数受到极大影响。[1]在以肉食和马奶子为主食的国度，基督徒的信仰和果腹之间的矛盾时常困扰鲁布鲁克："每周五都要进行斋戒，但是也不得不吃肉。"[2]有严格斋戒规定的阿兰人也面临这样的苦恼，他们向鲁布鲁克提及了一个问题：

> 因他们不得不喝忽迷思，吃撒剌逊人和异教徒屠宰的牲口和肉，那些希腊人和罗斯教士把这看成就是向偶像奉献的肉食和祭品，他们是否能够得救；因为他们不知道斋戒时间，而如他们知道，他们也不能遵行。[3]

鲁布鲁克眼中的蒙古人饮食以肉食和马奶酒为主，他还首次系统记录了蒙古人制作马奶酒以及其他各种奶制品的技术方法。由于出访蒙古，鲁布鲁克得以亲见蒙古宫廷的饮食宴饮状况。他对蒙古上层喜好饮用的各种酒类以及"银树喷泉"酒器的记载，强化了蒙古大汗是最为富有、最具权威的中国统治者的印象。连同马可波罗等人的记述，一个大汗统治下的地大物博、物产丰富、城市雄伟、商贸频繁的中国形象正在被清晰地构建起来。

第四节　知识启蒙：马可波罗对中国饮食的记录与影响

柏朗嘉宾、鲁布鲁克发回欧洲的出使报告多为蒙元时期中国北方蒙古族饮食内容，这是因为他们主要的活动范围是在蒙古大汗所

1　［法］鲁布鲁克：《鲁布鲁克东行纪》，耿昇、何高济译，第225页。

2　［法］鲁布鲁克：《鲁布鲁克东行纪》，耿昇、何高济译，第245页。

3　［法］鲁布鲁克：《鲁布鲁克东行纪》，耿昇、何高济译，第224页。

在的哈剌和林。他们对中国中原以及南部地区饮食情况的了解十分有限。比较而言，曾在中国生活多年的马可波罗（Marco Polo），无疑是蒙古铁骑打开欧亚大陆路陆上交通通道以来，对西方认知中国影响最大之人。意大利商人和旅行家马可波罗自 1271 年通过欧亚陆路通道东行，1275 年到上都，后又到大都。他在中国生活长达17 年，1291 年从泉州离开中国，经东南亚海路，1295 年回到威尼斯。1296 年被热那亚俘虏，他在狱中口述东方见闻，由狱友鲁思悌谦（Ructiciano）笔录成书，即《马可波罗行纪》。因其著作的内容颠覆了欧洲人对东方的认知，简直是闻所未闻，故被时人嘲讽其夸夸其谈，荒诞不经。他的书也因此有《百万》（IL Milione）之别名，意为荒诞之词。西方研究马可波罗的专家莫里斯·科利思（Maurice Collis）认为："《马可波罗行纪》不是一部单纯的游记，而是启蒙式作品，对于闭塞的欧洲人来说，无异于振聋发聩，为欧洲人展示了全新的知识领域和视野。这本书的意义，在于它导致了欧洲人文科学的广泛复兴。"[1]

　　马可波罗在中国的旅行路线有两条：一条是西南线，自大都经河北、山西、陕西、四川、云南到缅甸等地；另一条是沿着京杭大运河到杭州，然后向东南到福建泉州等地。[2] 作为真正深入中国内地并在中国生活 17 年之久的欧洲人，马可波罗向西方介绍中国各地物产和饮食风俗见闻，对西方有关中国饮食认知起到至关重要的作用。之后，诸多欧洲文学作品、地图、绘画艺术作品多有反映马可波罗有关东方（尤其是中国）的相关知识。《1375 年加泰罗尼亚地图》（Catalan Atlas, 1375）被认为是"中世纪最好、最丰富完备的世界地

1　William D. Halsey ed., *Collier's Encyclopedia*, Vol. 15, New York: Macmillan Educational Co., 1984，p. 383.

2　党宝海：《马可波罗眼中的中国》，中华书局，2010 年，第 3 页。

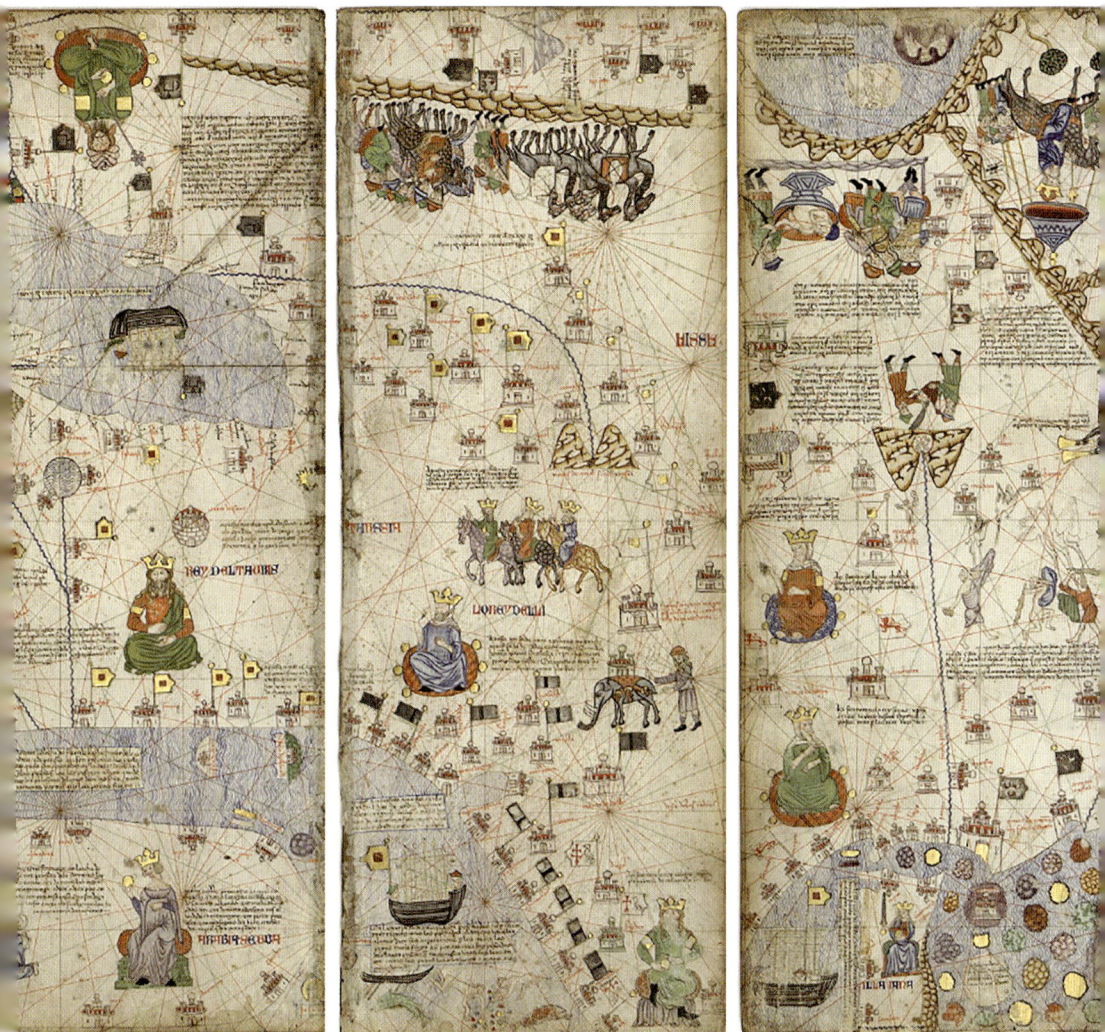

图 1—21　《1375 年加泰罗尼亚地图》东亚部分

图1—22
《1375年加泰罗
亚地图》中马可
罗商队前往中国
场景

图"。[1]一般认为该地图是阿拉贡王国（Aragon）[2]命令御用制图师克莱斯克·亚伯拉罕（Abraham Cresques）[3]于1375年绘制的，在西班牙、意大利、俄罗斯、土耳其等国有晚期的抄本。

在如此重要的地图上，就有表现《马可波罗行纪》所录有关东方新地理知识的内容。该地图对东中国北方蒙古地区及宫廷贵族多有介绍。图上中亚北线商路上的驼队，一般被认为是指马可·波罗的父亲和叔父前往中国的情形。足见《马可波罗行纪》对于中国形象在西方传播的影响之深、范围之广。

---

1 该图收藏于法国国家图书馆，馆藏信息：Bibliothèque nationale de France, Département des manuscrits, Espagnol 30。该馆在线网站可获得该图片，http://expositions.bnf.fr/ciel/catalan/index.htm，检索时间：2016年5月20日。

2 加泰罗尼亚是现在西班牙东北部的一个区域。14世纪，统治这一地区的是阿拉贡王国。该王国是一个海上贸易大国，十分重视航海图。这里也是14世纪西欧航海图绘制中心之一，形成了"加泰罗尼亚—马略卡学派"。该学派绘制的地图具有广泛吸收阿拉伯及犹太文化的特点，绘制范围延展至亚非欧内陆，甚至还运用航海图技术来绘制世界地图。他们还在这种航海图上用鲜艳的颜色描绘人物、城市、山川。可以说，该学派绘制的地图具有百科全书性质，这也是欧洲发现许多有关亚洲地区蒙古知识的重要原因。

3 克莱斯克·亚伯拉罕是来自马略卡岛帕尔玛的犹太人，是被称为"地图与指南针大师"的优秀航海图制作人。

　　马可波罗对中国之动植物、南北地区食生活差异、上层社会宴饮做了诸多记录。其中有关动植物的记录与研究，可参见莱昂纳多·奥尔西克（Leonardo Olschki）的文章。[1] 马可波罗指出"盖其主要食物为米、稷、粟，尤以在鞑靼、契丹、蛮子境内为甚。其处田亩种植此三种谷食，每一容量足以收获百倍。此种民族不识面包，仅将其谷连同乳或肉煮食，其处小麦产额则不如是之丰，收获小麦者仅制成饼面而食"。[2] 在游历中国过程中，他对各地代表性饮食生活、生产多有记载。凉州（今甘肃地区）有牦牛、麝香鹿和野鸡；云南地区"人食生肉，不问其为羊、牛、水牛、鸡之肉，或其他诸肉，赴屠市取兽甫破腹之生肝，归而脔切之，置于热水掺和香料之佐料中而食"，[3] 此种食俗在今日云南白族尚存。马可波罗一书中还记载苏州城囤聚有大黄，并有姜，数量巨大。而其产地应为肃州。[4] 福州地区盛产姜及高良姜（Galangal），[5] 并有一种色黑、无羽而有毛的母鸡，即乌骨鸡。[6] 以上各种物产和饮食状况多系适合商品贸易的内容，体现出马可波罗商人的视野。这也使得马可波罗的记载更像是走马观花，浮于表面。

---

[1] Leonardo Olschki, *Marco Polo's Asia: An Introduction to His 'Description of the world' Called 'Il milione'*, pp. 147-159.

[2] 蒙古人称南宋为南家子（Nangkias），欧洲人旅行记录中便多称南宋统治下的南部中国为蛮子国。［意］马可波罗：《马可波罗行纪》，冯承钧译，248 页。

[3] 冯承钧译注称：剌木学本云"麝香鹿其肉可食，味甚佳"，而马可波罗这里指的野鸡学名为 Phasianus Veneratus，仅在甘肃及扬子江南北两岸有。［意］马可波罗：《马可波罗行纪》，冯承钧译，第 163—164、268 页。

[4] 冯承钧译注称：据植物学家之说，江南不产大黄，亦无姜，苏州得为屯聚此物之所，然其出产地确在甘肃或四川。本书第六十章肃州条曾有大黄之著录，殆因肃州、苏州译音之相近，误以肃州之出产属于苏州也。［意］马可波罗：《马可波罗行纪》，冯承钧译，第 351 页。

[5] 冯承钧译注称：剌木学本中称高良姜（Galangal）是译音，出梵语之 Kulanjana，波斯语作 Kulijan（玉耳，戈尔迭本第二册，第 229 页）。剌木学本言此地尚产其他药材，但是并未提及所产之茶。而此茶在 9 世纪时，阿剌壁旅行家已经有著录。建宁府属崇安县有武夷山，以产福建名茶而著名，即英文之 Bohea tea 是已。［意］马可波罗：《马可波罗行纪》，冯承钧译，第 372—373 页。

[6] 《鄂多立克东游录》中也有类似记载，这种"白如雪的母鸡，无羽，但身上有像羊一样多的毛"，中国称之为丝毛鸡或乌骨鸡。［意］鄂多立克：《鄂多立克东游录》，何高济译，中华书局，1981 年，第 66 页；Leonardo Olschki, *Marco Polo's Asia: An Introduction to His 'Description of the world' Called 'Il milione'*, p.151.

图 1—23
黄河两岸有许多从
事贸易的商人，东
方香料正在被运往
西方

特别地，马可波罗对蛮子国国都行在（今杭州）的饮食生产情况报道尤为详细。而最能引起马可波罗兴趣的是杭州城内的食物原料贸易市场。

> 每星期有三日为市集之日，有四五万人挈消费之百货来此贸易。由是种种食物甚丰，野味如獐鹿、花鹿、野兔、家兔，禽类如鹧鸪、野鸡、家鸡之属甚众，鸭、鹅之多，尤不可胜计，平时养之于湖上，其价甚贱，物搁齐亚城银钱一枚，可购鹅一对、鸭两对。复有屠场，屠宰大畜，如小牛、大牛、山羊之属，其肉乃供富人大官之食，至若下民，则食种种不洁之肉，毫无厌恶。
>
> 此种市场常有种种菜蔬果实，就中有大梨，每颗重至十磅，肉白如面，芬香可口。按季有黄桃、白桃，味皆甚佳。然此地不种葡萄，亦无葡萄酒，由他国输入干葡萄及葡萄酒，但土人习饮

米酒，不喜饮葡萄酒。**1**

　　在杭州农贸市场里，马可波罗看到野味有獐鹿、花鹿、野兔、家兔，禽类有鹧鸪、野鸡、家鸡、鸭、鹅，水果有大梨、黄桃、白桃，其他常见之菜蔬则随处可见。此外，马可波罗还记录了杭城火爆的鱼市、销售各种香味米酒的酒铺、胡椒之类的香料以及杭州西湖上大大小小众多船只上的宴饮娱乐盛景。**2** 从事商业贸易的马可波罗，其游记内容已经和柏朗嘉宾、鲁布鲁克等传教士所述有极大不同。马可波罗有关东方政治与宗教的信息记载大大减少，而有关贸易对象、贸易环境的内容增多。这其中，食物贸易居于首要位置，故而马可波罗在途经中国各地的时候，注重记录当地土特产为何物，注重哪些城市适合物资流通和交换。

一、马可波罗对元代宫廷酒宴的深化认识

　　马可波罗记录了中国各地的饮食风貌，他还是蒙古统治者的座上宾，报道了元代宫廷的宴饮文化。15世纪的欧洲人根据《马可波罗行纪》中的描述，间接创作了《忽必烈汗生日赐宴图》（**图1-24**）。图中忽必烈汗一人独坐正前方座位，左右有人侍奉食物和饮料。图中间是马可波罗描述的蒙古宫廷所用的储酒器（酒瓮）。根据马可波罗的介绍，左边落座的四位女士皆是忽必烈的妻子。图画中，蒙古宫廷的宴饮风格缺少游牧民族的气息。而从餐桌排列、座次以及人物形象上来看，此图均具有浓郁的法国宫廷宴会风格。

　　西方人想象中的蒙元大汗宫廷多取材于马可波罗等人描绘的材料。这样的例子还有很多。现藏法国国家图书馆，约在1410—1412

1　［意］马可波罗：《马可波罗行纪》，冯承钧译，第358—359页。

2　［意］马可波罗：《马可波罗行纪》，冯承钧译，第359—361页。

年由埃格顿大师（Master of Egerton）创作的《忽必烈汗在宫廷接见马可波罗以及其父亲和叔叔图》（**图1—25**），反映的便是当时欧洲人根据《马可波罗行纪》的描述，再现忽必烈汗在宫廷接见马可波罗以及其父亲尼科洛·波罗和叔叔马特奥·波罗的场景。[1] 在这一宫廷宴饮场景中，忽必烈汗的妻子们以及子女也在一起。可见马可波罗的见闻到 15 世纪还在被欧洲人回忆，不断通过文字、图像等方式再次创作和建构。

图 1—24
《忽必烈汗生日赐宴图》

---

1 John Andrew Boyle, *The Mongol World Empire, 1206-1370*, London: Variorum Reprints, 1977, p. 761.

图 1—25
忽必烈汗在宫廷
见马可波罗以及
父亲和叔叔图》

　　和柏朗嘉宾、鲁布鲁克一样，马可波罗对蒙古大汗宫廷饮食生活状况特别留心。大汗之"特供马奶"为纯白色牝马所产之乳，他人不得饮用。每年八月二十八日，大汗离开上都时，要尽取此类牝马之乳洒于地，以使上空之神灵得享。[1] 他对忽必烈的宫廷则有专门记述："大殿宽广，足容六千人聚食而有余，房屋之多，可谓奇观。"[2] 马可波罗还详述了大汗大宴列席之法及朝食宴饮礼仪，涉及尊卑座次、侍者献盏、奏乐礼仪等。

　　此外，马可波罗还有两条有关大汗宫廷饮食的内容较引人注意：一是献饮食于大汗之人，皆用金绢巾蒙其口鼻，使气息不触及大汗饮食之物。[3] 这种饮食卫生行为在蒙古人中并不常见。但《马可波罗行纪》注者沙海昂注曰：1419 年，帖木儿帝国国王沙哈鲁派出庞大使团访问明朝。随行使者记载："两宦者侍立，口覆厚纸，覆及耳

---

1 ［意］马可波罗：《马可波罗行纪》，冯承钧译，第 174 页。

2 ［意］马可波罗：《马可波罗行纪》，冯承钧译，第 203 页。

3 ［意］马可波罗：《马可波罗行纪》，冯承钧译，第 219 页。

下。……每次进馔于帝前，乐人皆奏乐（颇节本 281 页引 Quatremère 译文）。"[1] 沙海昂认为这是蒙古人承袭汉人之制。类似记录的确在中文文献中有出现。明代顾起元《客座赘语》首次记录"屏息"之名："太常供奉祭品如羹醢之类，其一捧献人口鼻，用物作长袋系于颈后，俗名'抵须'。非也，志名曰'屏息'。太庙以黄罗，他祀以红纻绢为之。"[2] 明末方以智《通雅》卷 36 承袭顾起元的说法，提到这种口罩："太常供奉祭品如羹醢之类。其献人口鼻，用物作长袋系颈后，俗名抵须。非也。志名曰'屏息'。太庙以黄罗，他祀以红纻绢为之。家君戌寅代署南太常篆，智随殿上，窃瞻典礼，不见有奉献带屏息者。故事之废，岂一端哉。"[3]

图 1—26　元代蒙古族戴口罩的女性，元代《番骑图》局部

有学者认为这是蒙古人在西侵过程中从中亚或波斯学过来的"卫生方法"，[4] 也有学者认为这是蒙古族久居漠北风沙之地而独自发明的一种"卫生方法"，后逐渐传入宫廷。[5] 蒙元宫廷仆人所用口罩皆从饮食卫生的实用性出发，而非像祆教的"派提达那"（祆教徒祀火时候带的口罩，以免自己的气息触及圣火）一样极具宗教色彩。此外，《马可波罗行纪》中所指蒙其口鼻为金绢巾，绢巾材料也与中文文献中的"屏息"（绢织物）相一致。

1　[意]马可波罗：《马可波罗行纪》，冯承钧译，第 221 页。
2　顾起元：《客座赘语》，南京出版社，2009 年，第 76 页。
3　方以智：《通雅》卷 36，引自《景印文渊阁四库全书》，商务印书馆，1983 年，701 页。
4　孙培良：《祆教杂记》，引自中国世界中世纪史研究会理事会编：《中国世界中世纪史研究会首届年会学术论文集》，青海人民出版社，1982 年，第 43 页。
5　张小贵：《中古华化祆教考述》，文物出版社，2010 年，第 114 页。

二是所记大汗宫廷的精金酒器具皆可在考古发现中寻到形似物。马可波罗记载：

> 大汗所坐殿内，有一处置一精金大瓮，内足容酒一桶（untonneau communal），大瓮之四角，各列一小瓮，满盛精贵之香料。注大瓮之酒于小瓮，然后用精金大杓取酒。其杓之大，盛酒足供十人之饮。取酒后，以此大杓连同带柄之金盏二，置于两人间，使各人得用盏于杓中取酒。妇女取酒之法亦同。应知此种杓盏价值甚巨，大汗所藏杓盏及其他金银器皿数量之多，非亲见者未能信也。[1]

马可波罗所指大汗之宫廷即元大都大明殿。忽必烈定都大都后，时常举办各种宴饮活动以配合蒙古旧有仪式。马可波罗对蒙古宫廷酒器的记载可以作为中外有关此酒器信息的参证。鲁布鲁克记载蒙古宫廷"银树喷泉"（储酒器）所提供的四种饮料中，我们知道的有马奶酒、米酒以及一种蜂蜜饮料。剌木学本《马可波罗行纪》增补到："柜之四角置四小瓮，一盛马乳，一盛驼乳，其他则盛种种饮料"，[2]也许驼乳就是鲁布鲁克记载中遗漏的另外一种饮料。

马可波罗所记精金大瓮，目前考古尚无发现。忽必烈汗生日赐宴图中倒是有一极具想象力的元宫廷酒瓮，但毕竟那是来自西方人的想象。另据中文文献的描述，我们可以较为准确了解到此类元宫廷酒瓮形制。《南村辍耕录》卷二十一记载元廷有两大酒瓮，其一在正殿内，"木质银裹漆瓮一，金云龙蜿绕之，高一丈七尺，贮酒可五十余石"；另一在广寒殿内的小玉殿中，"……前架黑玉酒瓮一，玉有白章，随

1　［意］马可波罗：《马可波罗行纪》，冯承钧译，第 219 页。
2　［意］马可波罗：《马可波罗行纪》，冯承钧译，第 220 页。

其形刻为鱼兽出没于波涛之状，其大可贮酒三十余石"。[1] 黑玉酒瓮（又称之为渎山大玉海）系元至元二年（1265）造，又称玉缸、玉酒海。乾隆十年（1745）时再度被人发现，乾隆敕建石亭于承光殿南以贮之。[2] 根据《日下旧闻考》的记载，可对此元时黑玉酒瓮大小有所了解："玉瓮径四尺五寸，高二尺，围圆一丈五尺。"[3] 高 70 厘米，深 55 厘米，最大周围 393 厘米余，口椭圆，重约 3500 公斤。[4] 此为目前所见元代宫廷最大酒类盛装器（图1—27）。

马可波罗所指"精金大杓"，形制可参考龙首衔环柄勺（图1—28），亦即马杓。精金大杓是添加酒或其他饮料的用具。"带柄金盏"为元代流行的一侧有压指板或者上有压指板，下接环耳的金盏（图1—29、30）。随着考古发现，越来越多的元代酒器实物证实了马可波罗描写的真实与准确。[5]

图 1—27
渎山大玉海，
北京团城公园

---

1 陶宗仪：《南村辍耕录》，文化艺术出版社，1998 年，第 228、292 页。

2 姚伟钧：《玉盘珍馐值万钱：宫廷饮食》，华中理工大学出版社，1994 年，第 121 页。

3 于敏中：《天下旧闻考》，北京古籍出版社，1985 年，第 360 页。

4 冯天瑜：《中华文化词典》，武汉大学出版社，2001 年，第 381 页。

5 安泳锝：《天骄遗宝：蒙元精品文物》，文物出版社，2011 年，第 48—51 页；史卫民：《元代餐饮具概说》，引自李士靖：《中华食苑》第 8 集，中国社会科学出版社，1996 年，第 102—110 页；林梅村：《元朝重臣张珪与保定出土元代宫廷酒器》，《故宫博物院院刊》2009 年第 3 期；扬之水：《元代金银酒器中的马盂和马杓》，《中国历史文物》200 年第 3 期。

二、马可波罗对西方中国饮食认知的重大影响

图 1—28　金马杓，艾尔米塔什博物馆藏

图 1—29　银鎏金盏，额尔齐斯河畔出土

1—30　金盏，内蒙古兴和县五股泉乡出土

《马可波罗行纪》在欧洲影响深远、流传甚广。马可波罗笔下中国富庶的物产、繁华的商贸以及元代宫廷中的豪华宴饮，激发了欧洲进一步探索中国的热情。与欧洲古典时期过于神奇的中国传说以及中世纪以来经由西亚阿拉伯等其他民族有关中国风貌的转述相比较，蒙元时代以马可波罗等为代表的入华欧洲人，他们的见闻，见证了中国饮食文化在西方传播新阶段的到来。到 21 世纪初，《马可波罗行纪》已发现的抄本有 150 种左右，各种文字刊本已在 120 种以上。[1]《鄂多立克东游录》《曼德维尔游记》等记述有中国信息的后世著述，多有转引和验证马可波罗所说的中国故事。

《鄂多立克东游录》虽然多有记录鄂多立克本人在华的饮食风物见闻。但是，他的书中引述最频繁的内容就是马可波罗对中国各地饮食状况的记述。甚至鄂多立克在华观察和记录的素材和对象，也多是马可波罗关曾经注过的。比如鄂多立克对元代大汗宫廷内的酒瓮的描述：

　　宫中央有一大瓮，两步多高，纯用一种叫做密尔答哈

1　黄时鉴：《略谈马可波罗书的抄本与刊本》，《黄时鉴文集》第 2 册，第 214—217 页。

（Merdacas）的宝石制成。瓮的四周悉绕以金，每角有一龙，作凶猛搏击状。此瓮尚有下垂的以大珠缀成的网縷，而这些縷宽为一拃。瓮里的酒是从宫廷用管子输送进去；瓮旁有很多金酒杯，随意饮用。[1]

另外一部在中世纪欧洲十分流行的游记《曼德维尔游记》几乎照搬了鄂多立克有关马可波罗提及过的元代宫廷酒瓮的记载。

> 宫殿的中央有一个专为大汗所设的大瓮，全是由金子、珍石和珍珠制成。在这个大瓮的四角各有一条金龙，大匹网状丝绸、黄金和大珍珠装饰其上。大瓮底部及周围布有多道水管，每条水管里都可流出香醇的御酒。[2]

鄂多立克等对酒瓮的描写没能超越马可波罗，不过他们的记载都跟中文文献记录的元代宫廷酒瓮吻合。《马可波罗行纪》记录有中国南方地区吃蛇以及其他各种动物生肉，却没有鄂多立克描述得具体。鄂多立克途经广州时写道："这里也有比世上其他任何地方更大的蛇，很多蛇被捉来当作美味食用。这些蛇（很有香味并且）作为如此时髦的盘肴，以致请人赴宴而桌上无蛇，那客人会认为一无所得。"[3]广州地区食蛇传统由来已久，甚至有说吃蛇是古越先民遗留下来的风俗。鄂多立克只是把广州地区流行的"蛇肴"作为当时的一种时髦烹饪和宴席名肴记录下来。马可波罗描述杭州食品贸易的繁荣景象也被鄂多立克印证。鄂多立克说道："那里始终有大量的面食和猪肉，米和酒，

1　［意］鄂多立克：《鄂多立克东游录》，何高济译，第 74 页。

2　［英］约翰·曼德维尔：《曼德维尔游记》，郭泽民、葛桂录译，第 85 页。

3　［意］鄂多立克：《鄂多立克东游录》，何高济译，第 65 页。

酒又称为米酿（Bigni），享有盛名。那儿确实有其他种种食物。"**1**

鄂多立克不仅大量转述并印证了《马可波罗行纪》中的有关蛮子国的饮食生活，他还进一步观察和记录下引起后世西方人惊叹的杭州地区饮食生产生活见闻。马可波罗只是简略提及杭州地区捕鱼之事，但鄂多立克却十分详尽地描述了中国南方如何利用鸬鹚捕鱼。

> （旅舍店主）想让我高兴，说："如你要看美妙的捕鱼，随我来。"于是他领我上桥，我看见他在那里有几艘船，船的栖木上系着些水鸟。这些水禽，他现在用绳子圈住喉咙，让它们不能吞食捕到的鱼。接着他把三只大篮子放到一艘船里，两头各一只，中间一只，再把水禽放出去。它们马上潜入水中，捕捉大量的鱼，一旦捉住鱼时，就自行把鱼投入篮内，因此不多会儿功夫，三只篮子都满了。我的主人这时松开它们脖子上的绳，让它们再入水捕鱼供自己吞食。水禽吃饱后，返回栖所，如前一样给系起来。
>
> 离开该地，旅行若干天后，我目睹了另一种捕鱼法。捕鱼人这次是在一艘船里，船里备有一桶热水；渔人脱得赤条条的，每人肩上挂个袋子。随后，他们潜入水中（约半个时刻），用手捕鱼，装入背上的口袋。他们出水时，把口袋扔进船舱，自己却跳进热水桶，同时候，另一些人接他们的班，如前一样干；就这样捕捉了大量的鱼。**2**

---

1 何高济认为 Bigni 应为汉语，但其对音不明，姑译作米酿。柔克义认为是米酒。路易吉·布雷桑认为 Bigin 是土耳其语"发酵的"意思。但据韩儒林考证，"酒又称为米酿"一句应改为"故有匐你热汗（所以有酒官热汗）"，文义则前后相称。"热汗"，官名，掌监察非违，厘整班次。参见［意］鄂多立克：《鄂多立克东游录》，何高济译，第 68 页；［意］路易吉·布雷桑：《西方人眼里的杭州》，学林出版社，2010 年，第 54、59 页；韩儒林：《突厥官号考释》，《穹庐集：元史及西北民族史研究》，上海人民出版社，1982 年，第 309—310 页；史有为：《异文化使者——外来词》，吉林教育出版社，1991 年，第 52 页。

2 ［意］鄂多立克：《鄂多立克东游录》，何高济译，第 66—77 页。

图 1—31
马嘎尔尼使团
行画家威廉·
历山大所绘《
鹣捕鱼图》

他是第一位"向欧洲人介绍用鸬鹚在钱塘江中捕鱼方法"[1]的外国人。鄂多立克有关中国独特的鸬鹚捕鱼报道，迅速吸引了欧洲读者的注意。不管是大航海时代以后前往中国的葡萄牙人或者西班牙人，还是通过东印度公司前往中国的荷兰人、英国人，甚至19世纪的马嘎尔尼使团成员（**图1—31**），他们都不厌其烦地描述着中国利用鸬鹚捕鱼的神奇捕捞技术。

正是在《马可波罗行纪》《鄂多立克东游录》等著作的影响下，越来越多的欧洲人渴望前往东方探寻未知世界。某些不能亲赴中国验证相关传闻是否真实的人，则只能根据他们在欧洲所能获取到的图书资料，拼接出一个想象中的中国。《曼德维尔游记》就是这样一部虚构但又在当时产生重大影响的文学作品，欧洲人在许多个世纪里都相

---

1 张环宙、沈旭伟：《外国人眼中的大运河》，杭州出版社，2013年，第73页。

信其真实性。**1** 曼德维尔书中所记旅行时间为 1322—1357 年。《曼德维尔游记》有关中国的材料来自马可波罗、鄂多立克、海屯等人，其中最重要的信息来源是《鄂多立克东游录》。《曼德维尔游记》笔下的中国美丽而富饶。"契丹是一个大国，非常富足，充满了优质货物"，蛮子国"拥有着人类所知的所有事物中最好的土地，以及令人向往且最富饶的物产"。曼德维尔甚至夸张地记载了一个富有的中国人，其饮食起居需要 500 个缠足少女服侍。曼德维尔有关这位蛮子国富豪的奢靡生活，其素材来源基本全是来自鄂多立克的记述。鄂多立克描写道：

> 他有五十个少女，处女，不断侍奉他。他要吃饭，坐上席桌时，菜肴是五盘五盘送上去。她们也喂他，把食物放他嘴里。……再者，留长指甲是该邦生长名门的标记。……而对女人来说，最美是留小脚。**2**

曼德维尔不仅几乎照搬了鄂多立克的记述，甚至还添油加醋地描写这些异邦人的奢华饮食生活。曼德维尔对中国富人奢侈腐败的宴饮描述虽然是文学性的，但其创作的知识来源，毫无疑问是依托前人对中国类似饮食生活的记录与传播。

> 该国有一个家资巨万的富翁，他并非王公贵族，可拥有的土地和庄园却很多，原因是他更加富有。他每年收缴的租子为 30

---

1 ［英］曼德维尔：《曼德维尔游记》，任虹译，引自周宁：《契丹传奇》，学苑出版社，2004 年；葛桂录：《欧洲中世纪一部最流行的非宗教作品——〈曼德维尔游记〉的文本生成、版本流传及中国形象综述》，《福建师范大学（哲学社会科学版）》2006 年第 4 期；杜平：《西方中世纪游记中的东方形象——以〈马可波罗游记〉和〈曼德维尔游记〉为例》，引自张叉编：《外国语文论丛》第 4 辑，四川大学出版社，2010 年，第 331 页。

2 ［意］鄂多立克：《鄂多立克东游录》，何高济译，第 83—84 页。

万匹马所驮载的五谷和稻米。因而，他得以依照当地的风俗习惯，过着极为尊贵奢靡的生活。每天，他得要 50 名漂亮的黄花少女时刻服侍他的起居，于夜间陪卧在身旁，并随心所欲地拥有她们。他就餐时，她们每每要五五成对地为他端上珍馐佳肴，一边奉上菜肴时还要一边歌唱。然后她们要将肴馔分成小块喂人其口中，须知他一向是十指不沾物，万事不动手的，只是一成不变地将双手搁置于面前的桌上。他蓄有长长的指甲，故什么也不能拿。该国崇尚留长指甲，任指甲长得愈长愈好。其国中女子则时兴小脚。所以她们生下不久就要将脚窄窄的裹住，使其无法长到天然的一半大。我上面言及的那些少女于此财主用餐时总要唱着歌。当他不再享用第一道菜肴后，另一拨五五成对的少女会献上第二道美味，当然与前面的一样，她们也要曼声长歌而来。日复一日，她们都要一直这般服侍着，直到其用膳完毕。就这样他消磨着自己的日子，他的先人们正是这般终了一生的，而其后辈无须一寸战功，也同样会如此养尊处优地生活下去。**1**

地理大发现以前，西方人的艺术作品也融合诸多中国元素，为富饶而神秘的东方着迷。马可波罗、鄂多立克、曼德维尔等中世纪晚期出现的旅行家们，创造了一个在大汗治下美丽富饶、物产丰富、城市繁荣的东方乐园。对于处于中世纪晚期贫困落后的欧洲人来说，中国就是梦想中的乐园。根据马可波罗、鄂多立克、曼德维尔等人记述，西方人创作了很多有关蒙元时代大汗宫廷宴会情景的艺术作品。这些作品透露出西方艺术对东方文化元素的吸收，可参见《大汗的盛宴》（**图1—32**）。这一时期有关欧洲人视觉艺术受到来自中国和亚洲其他国

1　［英］约翰·曼德维尔：《曼德维尔游记》，郭泽民、葛桂录译，第 129 页。

图1—32　《大汗的盛宴》

家影响的论证，还可参考拉赫的研究。[1]

　　由此也可以管窥蒙元时代以西方人亲身见闻为基底形成的中国知识，对于后世欧洲对中国的认知影响有多深多广。中国神奇而有趣的饮食知识不断地满足西方人好奇心的同时，也在西方文化中不断地变异、流传，最后再成为西方知识系统中有关世界认知的新元素，不断地被吸收、融合。

<hr/>

1 ［美］唐纳德·F.拉赫：《欧洲形成中的亚洲》第1卷《发现的世纪》第1册（上），周云龙译，第90—93页。

第五节　旧知待新：15 世纪前欧洲中国饮食知识的传播

　　大航海时代以前，西方有关中国饮食知识并非一片空白。欧洲人不仅可以品尝到阿拉伯商船来的东方香料，还能通过一些去过中国的阿拉伯人、波斯人、突厥人的游记或其他文书了解中国的物产与饮食风情。9 世纪中叶到 10 世纪初写成《中国印度见闻录》描述了中国人（南方地区）的主食是稻米，食用各种动物肉（甚至有伊斯兰教徒禁食的猪肉）以及苹果、桃子、香蕉等近 20 种可食性植物果实。书中还特别提及中国人饮米酒、喝热茶。10 世纪中前期的比鲁尼《印度游记》中记有茶（Ga）。[1]《中国印度见闻录》成书后不久，阿拉伯地志著作《道里邦国志》也记录了中国南方的广州出产稻米，并有各种果蔬和甘蔗，[2] 后者记述的内容与前者相符。[3] 法国费琅编的《阿拉伯波斯突厥人远东文献辑注》中，也有关于中国肉豆蔻等香辛料生产和贸易信息。[4] 这些大航海时代以前有关中国的著作在 18、19 世纪的欧洲还被作为重要的研究对象和参考资料。

　　13—14 世纪，中国处于蒙元统治时代。大约在 1240 年前后，蒙古统治者数次发动西征，西方基督教世界逐渐了解到远东有蒙古人的存在。此时的西方基督教世界既对蒙古人邪恶残暴的传闻感到恐惧，又对联合蒙古人夹击中亚伊斯兰势力抱有希望。战争和贸易交往的需要，为东西方世界的直接接触创造了空间和条件。正是在蒙古人打开欧亚大陆通道后，大量有关中国的信息传回欧洲，西方人对中国的了解才有了实质性的进展。这种实质性的进展首先体现在对中国的地理

1　［阿拉伯］苏莱曼：《中国印度见闻录》，穆根来等译，第 41 页。

2　［阿拉伯］伊本·胡尔达兹比赫：《道里邦国志》，宋岘译，第 72 页。

3　有研究者指出《道里邦国志》抄录了《中国印度见闻录》的大段内容，参见宁荣：《〈中国印度见闻录〉考释》，《阿拉伯世界研究》2006 年第 2 期。

4　［法］费琅编：《阿拉伯波斯突厥人远东文献辑注》，穆根来译，中国藏学出版社，2018 年，第 346 页。

认知上。方济各会会士柏朗嘉宾和鲁布鲁克的出使报告，马可波罗、鄂多立克等人的游记，体现出该时期西方人对鞑靼地区饮食生活状况认知有了实质性的进展。

但是我们需要注意的是，西方中世纪以鞑靼概念指称蒙古地区和蒙古族群，显然是受到拉丁语词 Tartarus 一词及 Tartare 讹写的影响。在地理大发现以前，欧洲普遍将 Tartary 用以泛称远东的各个民族。[1] 蒙古人这个时候也被称之为鞑靼，在欧洲人看来他们生性凶残，是来自东方的恶魔，因此就连名字也都跟古希腊冥界之神塔尔塔罗斯（Tartarus）一样。这样的情感与认知关联，与欧洲人 13 世纪饱受蒙古入侵而造成的战争阴影密不可分。与塔塔儿（Tatar）有密切语音学联系的"鞑靼"（Tartary/Tartar）一词，最终以亚洲中部草原的蒙古帝国及蒙古族群的含义被确定下来。当然，中世纪欧洲对蒙古的称呼也是多样的。虽然鞑靼是当时称谓称呼蒙古人的主流，但是欧洲也有用"Mongali""Mongul"称呼蒙古的记载。[2]

据马可波罗等人记述，大汗统治地域分为三部分，蒙古本部称为鞑靼（Tartaria/Tartary），中国北部称为契丹（Catai/Cathay），南部称为蛮子国（Mangi）。此时西方人的中国地理认知新体系被建立起来，即鞑靼—契丹—蛮子体系取代了古典时代以来的赛里斯—秦尼体系。对蒙元时代大汗治下的中国地理做以上区分，有助于帮助我们探讨此时西方人眼中的中国饮食的区域问题。比如柏朗嘉宾、鲁布鲁克及马可波罗等人见到大汗的地方是鞑靼地区的哈剌和林（Karakorum）。柏朗嘉宾在其出使报告中更多地记录了鞑靼人的饮食风俗，故其所见的

1　［法］米里耶尔·德特里：《19 世纪西方文学中的中国形象》，引自［法］谢和耐、戴密微等编：《明清间耶稣会士入华与中西汇通》，耿昇译，第 435 页。

2　Davor Antonucci, *The Jesuits' Contribution to the Knowledge of Tartary: a Research Project*，引自中国社会科学院近代史研究所、比利时鲁汶大学南怀仁研究中心编：《基督宗教与近代中国》，社会科学文献出版社，2011 年，第 225 页；李晓标：《19 世纪前西方对蒙古的认知》，《内蒙古社会科学（汉文版）》2015 年第 1 期。

鞑靼人饮食，是源自西方基督教对鞑靼的旧知识传统。鲁布鲁克则明确指出"大契丹就是古代的丝人"，[1] 即认为契丹国就是西方古典时代的赛里斯国。鲁布鲁克笔下的契丹人饮食主要指的是中国北部的汉人居住地的饮食状况。马可波罗等人从陆路来华，再从东南亚海路返欧，对中国已经有较完整的地理认知，对美丽富饶的蛮子国都行在城（Quinsay）多有记载。鄂多立克、马黎诺里也长期在中国南方待过，也对蛮子国有较多记述。

　　总之，蒙元时期西方人眼中的鞑靼人饮食状况主要针对的是当时亚洲北部的蒙古族人。西方人眼中的契丹主要指的是当时中国北部的汉人居地。而此时西方人所称南宋统治下的中国南部为蛮子国。柏朗嘉宾《蒙古行纪》中的"契丹"和"契丹人"主要指的是中国北方地区和汉人，"契丹"的概念随后逐渐变成中国的泛称。到 1279 年蒙古灭南宋，蒙古人建立的元朝才开始代表整个中国。而柏朗嘉宾、鲁布鲁克等于 1240—1250 年代出使蒙古的时候，南宋尚未被蒙古占领，故他们对其地极少提及。至马可波罗来华时，蒙古已经征服南宋，此后来华的鄂多立克也在中国南方待了比较长时间，他对中国饮食的记载也不少。

　　马可波罗时代，西方人开始真正地亲历中国，并把有关中国的各种知识直接传播到西方。他们一则关心沿途的风土人情，再则关心旅程中的饮食起居。食物，既是人类果腹生存之必需，又是重要的异域商品。而西方人眼中大汗治下的疆土广袤、物产丰富，真可谓"人间天堂"。这样的描述不断地在马可波罗等人的著述中出现，也正因为此，有学者称马可波罗创造了欧洲集体记忆中的契丹形象。[2]事实上，马可波罗时代的欧洲人已经对前往中国的陆路通道以及海

1 ［法］鲁布鲁克：《鲁布鲁克东行纪》，耿昇、何高济译，第 254 页。
2 周宁：《西方的中国形象史：问题与领域》，《东南文化》2005 年第 1 期。

上通道有比较全面的认知，他们也有较为全面的中国交通认识。马可波罗还自称奉大汗之命治理扬州城（Iangui）三年。马可波罗笔下的蛮子国都行在城（即杭州）甚大，美丽富饶，盛产糖、丝。故马可波罗等人塑造的早已经不仅是"契丹形象"，而是一个相对完整的中国形象。

值得一提的是，13世纪小亚美尼亚国王海屯出使蒙古的游记作品《海屯行纪》、14世纪的《伊本·白图泰游记》以及波斯国王派遣的使团游记、随团画师火者·盖耶速丁所著《沙哈鲁遣使中国记》[1]虽然都不同程度记录蒙古人的饮食生活知识，但是他们原则上不算是来自欧洲的旅行家。以《伊本·白图泰游记》为例，该书为摩洛哥旅行家伊本·白图泰所著，是14世纪有关世界各地风土人情记录的重要游记，对蒙古人乃至中国南部城市风土人情多有记录。学界普遍认为，伊本·白图泰是在元顺帝至正六年（1346）到达中国泉州，随后游历了泉州、广州、鄱阳、杭州乃至元大都等地。需要注意的是，书中有关元大都的记录，多数学者认为是根据传闻写成的，而非他个人亲身经历。伊本·白图泰对中国各地饮食记录很多，如"摩洛哥出产的水果，中国不但应有尽有，而且还更加香甜。小麦在中国也很多，是我所见到的最好品种"，"黄扁豆、豌豆亦皆如此"。他还提到"中国的鸡很肥大"，以致一只母鸡"烹煮时一锅竟盛不下，只得分两锅煮"。[2]

随着15世纪中叶奥斯曼土耳其帝国的兴盛，东西方陆路上的交流受到阻碍。西方已经很难再通过和伊斯兰世界的接触或者从陆路派人前往蒙古的方式获得更多有关蒙古乃至中国其他地区的新信息。可

---

1 1419—1422年，帖木儿帝国国王沙哈鲁派遣一个由510人组成的庞大使团访问中国。随团画师火者·盖耶速丁以日记的形式记录该团沿途风土人情及明朝的政治、经济、人物、风俗……诸多繁荣富庶，后被整理成《沙哈鲁遣使中国记》，成为此时期中亚与中国文化交流的重要史料。
2 许永璋：《古代中非关系史稿》，上海辞书出版社，2019年，第186页。

以说，截至 15 世纪中叶，西方人有关中国的新知识探索几乎处于停滞状态。而西方寻求通往东方新道路的愿望在政治利益、商贸需求、宗教热情以及好奇心的驱动下，变得更加强烈。大航海时代以后，前往中国的西方人越来越多，15 世纪后半叶及 16 世纪，西方人更多是以综合性回忆录、综合性著作或地理学著作记录并研究中国饮食。

马可波罗时代的游记文学不仅影响了欧洲文艺复兴时期的艺术创作，甚至在 16—17 世纪依然是欧洲人头脑中有关中国的重要信息来源。大航海时代以后前往中国的利玛窦、曾德昭、卜弥格、卫匡国、李明等传教士们，就不断地在他们的著作中考证或补充马可波罗等人所描述的中国饮食知识。大航海时代的到来，让更多西方人能够以亲历者的身份前往中国实地调研，甚至开展科学研究。西方有关中国饮食的"旧知识"，在频次更高、范围更广、程度更深的中西文化交流过程中，迎来了"新解"的可能。中国饮食文化在西方的传播迎来新的历史阶段。

第二章

16 世纪伊比利亚人的
中华饮食探险

　　15 世纪中后期，西班牙根据地圆学说开始向西航行，探寻通往印度、东亚的航线。1492 年，西班牙船队在航海家哥伦布的带领下向西航行并顺利到达美洲。随后不久，葡萄牙人达·伽马于 1497 年驶过好望角，次年横穿印度洋到达印度。达·伽马在返程时，以瓷器、香料等物敬献葡萄牙王室。来自中国的瓷器给葡萄牙国王留下了深刻印象。1511 年，葡萄牙人占据满剌加（今马六甲）。1519 年始，麦哲伦船队环球航行，在此期间抵达菲律宾，随后西班牙人便以菲律宾为据点，极力搜集关于中国的新信息。15 世纪末 16 世纪初，葡萄牙人最初直接接触到中国食物知识是通过在马六甲的中国商人。来自伊比利亚半岛的欧洲人通过海路先后抵达波斯湾、印度、马六甲、菲律宾，可以近距离获取更多有关中国的新信息。同时，葡萄牙人在亚洲各地的生活足迹也被保留下来，如图 2—1、2—2，其中最为常见的记述内容就是他们在亚洲开拓商贸线路时的衣食住行情况。除了搜集东方商贸情报外，他们还搜集当地人的衣食住行乃至容貌长相、性格习惯等信息。

图 2—1
葡萄牙人在波
霍尔木兹水中

图 2—2
在印度生活的
牙贵族及其仆

第一节　用筷吃饭：伊比利亚商船发回的中国饮食报道

大航海时代以来，富有冒险精神和扩张欲望的葡萄牙人最早开始在亚洲活跃。在马六甲，葡萄牙人与长期依托商船开展南洋商贸往来的中国南方海商群体较早建立直接联系。通过在马六甲和中国商人的接触，葡萄牙人通过海路直接将一手的中国商贸情况、贸易路线、地理资讯以及包括饮食在内的风土人情等新知识传回欧洲。1508 年 4 月 5 日，迪亚哥·洛佩斯（Diogo Lopes de Sequeira）率领一支四艘船的舰队从里斯本前往马六甲。临行前，葡萄牙国王曼努埃尔一世（Don Manuel I）给迪亚哥·洛佩斯颁发谕令，即搞清楚中国人的风土人情：

> 你要询问那些秦人（Chijns）来自何方，距离多远，何时来马六甲或其他贸易地，所带何种货物，每年来的船只多少，其船只的式样如何；他们是否当年返回，马六甲或其他国家是否有代理商或房产，他们是文士还是武士，有无武器或大炮；他们穿什么衣服，体格是否魁梧，等等。他们是基督徒还是异教徒，国土是否辽阔，君王是否不止一个，他们之中是否有遵奉不同法律和信仰的摩尔人或其他民族，如果他们不是基督徒则信仰和崇拜什么；他们的风俗如何，其国土延伸至何方，他们与哪些人接壤。[1]

1　关于葡萄牙国王曼努埃尔一世谕令英译文，参见 Donald F. Lach and Edvin J. Kley, *Asia in the Making of Europe*, Chicago, London: University of Chicago Press, 1965, Vol. 1, Book 2, p. 731。中文翻译见［英］C. R. 博克塞：《欧洲早期史料中有关明清海外华人的记载》，杨品泉译，《中国史研究动态》1983 年第 2 期；黄庆华：《中葡关系史》上册，黄山书社，2006 年，第 74—75 页。

曼努埃尔一世颁发这么长的指令，足见葡萄牙人乃至那些想到"新航路"上淘金的欧洲人希望详细了解中国的愿望是多么强烈！而认识一个异邦族群则必然要了解他们的衣食住行、外貌性格乃至法规、军事等方方面面的情况。曼努埃尔一世对东方货品也充满渴慕。来自中国的瓷器给国王留下了深刻印象，以至于他亲自写信给葡萄牙第一任印度总督弗朗西斯科·德·阿尔梅达（Francisco de Almeida），要求他每次行程都带回"大量

图 2—4　青花葡萄牙王室徽章纹盘

图 2—3　迪亚哥·洛佩斯个人画像

图 2—5　青花葡萄牙王室徽章纹碗

的上等瓷器，所能买到的最好的瓷器"。总督在一封 1508 年的信中回应"瓷器和这些类似的东西都在更远的地方"，但他会"设法买到一切"。

传世的首批欧洲订制瓷，如青花葡萄牙王室徽章纹盘（图2—4）、青花葡萄牙王室徽章纹碗（图2—5），就是按照葡萄牙王室特定图像与需求订制的产品，制作于明正德—嘉靖（1506—1566）年间，曼努埃尔一世及其子若昂三世均有使用。瓷盘上绘制的浑天仪是葡萄牙王室的标记，瓷碗上还绘有葡萄牙王室徽章。马六甲城防司令若热·卡布拉尔（Jorge Cabral）曾为若昂三世订购瓷器，上述盘、碗可能与其或稍后的订制相关，是最早的欧洲订制瓷之一。瓷盘所绘浑天仪上的字母书写错误，瓷碗上葡萄牙王室徽章上下颠倒，这可能就是这些早期来自中国的定制瓷未能符合订制者想象的原因，这种生疏与误写是早期中西交流的绝佳史料。

史书文献中有关葡萄牙订制瓷器的记载最早出现在 1528 年。马六甲城防司令卡布拉尔在给葡萄牙国王的信中提及："我向一名来到此地的中国船长，为殿下订制了几件（瓷器）。他把瓷器带来了，可是不是我想象的那种。"

伴随着中葡早期海路贸易关系的建立，依托马六甲等东南亚贸易中转站，越来越多的葡萄牙商船可以和明朝海商直接开展商贸活动，葡萄牙对中国的认知逐渐加深。大航海时代以来，最新以及最为准确的中国饮食知识就是由许多葡萄牙人在东南亚获取后，再传播至欧洲。中国茶叶、中国定制瓷乃至各种饮食商品的价值与商贸情况，也据此传回欧洲，激发了更多有心人的兴趣。

一、葡萄牙人在马六甲初遇明朝海商"船宴"

迪亚哥·洛佩斯是第一个到达马六甲的葡萄牙人。他不仅深入观

察了中国人的外貌长相，还特别关注中国人的衣食习惯。他甚至发现
当地人以饮食禁忌情况为族群判断的标准——如果一个人"什么食物
都吃"，那么他就肯定是生活在马六甲的中国人，而不会是伊斯兰教
徒或希伯来人。

> 他们是白人，身体很好，不蓄胡子，眼睛细小，泪骨远离鼻
> 子，稀疏的黑发很长，塞在丝制的黑发套里，发套上戴着像是丝
> 制的高软帽，帽檐上有网状的刺绣。他们内穿衬衣和白色粗毛料
> 做的肥大衣服，外面套上打褶的黄色绸缎袍子，扣襟很低，袖子
> 肥大得可像（手）风琴一样拉开，裤子和靴子与摩尔人的相似。
> 他们说自己是基督徒，什么食物都吃，随身携带家眷。[1]

迪亚哥·洛佩斯不仅在马六甲见到三艘中国商船，他还应船长之
邀请，在中国商船上进餐。他详细描述了初次在中国人餐桌上用餐的
经历，为我们留下了早期中葡饮食文化交流的珍贵见证：

> 船上摆了九张桌子，没有铺桌布。上席坐下后不久，桌上就
> 摆满了许多菜肴，有鸡、鸭子、烤猪肉和熟猪肉，用蜂蜜和糖做
> 的圆面团（汤丸子），以及许多罐头水果。桌上还摆上了木碗和
> 银勺，瓷杯里斟满了白棕榈酒。[2]

1《葡萄牙人发现和征服印度纪事》，澳门《文化杂志》编：《十六和十七世纪伊比利亚文学视野里的中国景观》，第 17 页。

2 译者注释称这里提及的"白棕榈酒"是米酒（该书第 17 页下注 5）的说法缺乏依据。该"白棕榈酒"可能是当时在东南亚地区流行的用棕榈科植物制成的酒（Tuak，他加禄语为 Tuba），其原料为棕叶、椰子，或糖棕榈。参见［澳］安东尼·瑞德：《东南亚的贸易时代 1450—1680》第 1 卷，商务印书馆，2010 年，第 47 页。即便此酒系中国商人从中国带到马六甲，也不能断定为米酒，因为中国南方地区早在唐宋时期就有类似的椰酒，如宋代李纲《椰子酒赋》称："酿阴阳之絪缊，蓄雨露之清泚。不假曲蘖，作成芳美。流糟粕之精英，杂羔豚之乳髓。"此外，在明代的中国各地，早就生产各种果酒。《五杂俎·论酒》中谓："北方有葡萄酒、梨酒、枣酒、马奶酒，南方有蜜酒、树汁酒、椰浆酒。"参见谢肇淛：《五杂俎》，中华书局，1959 年，第 308 页。

他们的食量很大，经常喝酒，但每次都喝得不多。菜里放了许多佐料，配上糖蒜，吃饭用筷子。[1]

通过这份葡萄牙人在马六甲亲身经历的中国船商食单，可以比较准确反映中国特色的饭菜以及餐具等基本情况。

主食为米饭；

菜肴为鸡、鸭子、烤猪肉、熟猪肉，用蜂蜜和糖做的圆面团（汤丸子）；

菜肴辅以佐料，并配有糖蒜；

餐具有筷子、瓷杯、木碗、银勺。

迪亚哥·洛佩斯于1521年前后前往东方探险，开拓商路，尤其是希望多多搜集有关东方印度、中国等国家和人民的基本信息。迪亚哥·洛佩斯在马六甲中国商船上品尝中国菜的这件趣事，就收录在一份不具名的《葡萄牙人发现和征服印度纪事》手稿之中。中国人的外貌特征、服饰特点、宗教信仰乃至常饮食生活习惯，该手稿均有所记录。有研究者认为，上述细致的描述就是迪亚哥·洛佩斯船队为了完成曼努埃尔一世有关调查中国人的命令而撰写的报告之一。

16世纪之初，航行在新航路上的葡萄牙人如此关心中国信息，不仅仅是因为渴望寻求对华贸易的渠道，也有政治上的需要。自马可波罗等旅行家传回蒙元中国的有关资讯后，由于缺乏直接接触中国的机会，中欧之间的联系中断了两百多年。国王曼努埃尔一世提出的调研议题，既表明其时欧洲对中国的陌生，也形象地反映了欧洲人探索中国在内的东方贸易国的迫切心情。[2]

---

1 《葡萄牙人发现和征服印度纪事》，引自澳门《文化杂志》编：《十六和十七世纪伊比利亚文学视野里的中国景观》，第17—18页。

2 张先清：《身体的隐喻：16—18世纪欧洲社会关于"中国人"的种族话语》，《学术月刊》2011年第11期。

　　葡萄牙人 1511 年攻占马六甲以后，打开了前往中国的最后一段关隘。葡萄牙人在马六甲的中国商人海船上可以真切地品尝到"中国菜"，还用"用筷吃饭"，既是中国饮食文化在海外传播的趣事，同时也是外国人眼中的中国饮食"新知"。在我们目前看到的文献材料中，这份船宴食单是最早传入欧洲的一份中国食单，可见西方人眼中的中国饮食生活方式，越来越具体、真实。

二、皮雷斯《东方概要》中的中国独特宴饮方式

　　1514—1515 年，葡萄牙国王曼努埃尔一世不断收到来自马六甲的汇报信函。葡王对东方特别是中国越来越感兴趣。1515 年 1 月 8 日，在第二任葡萄牙驻印度总督阿尔布克尔克（Afonso de Albuquerque）给葡王曼努埃尔一世的信件中就提及"号称 1513 年第一个到达中国"的葡萄牙探险家欧华利（Jorge Alvares）记录有中国信息。[1]这些情报，无疑促成了葡王派遣正式使团前往中国，寻求交往通商之可能。1515 年，葡王曼努埃尔一世派遣费尔南·佩雷斯·德·安特拉德（Fernao Pires de Andrade）前往东方，寻求与中国建交，并指示安特拉德护送葡国使臣前往中国。葡王由于没有合适的大使人选，就把挑选大使的工作交给了当时第三任葡萄牙驻印度总督罗伯·索阿瑞斯·阿尔贝加利亚（Lopo Soares de Albergaria）。这位由阿尔贝加利亚选中的葡萄牙国王大使就是皮雷斯（Tome Pires）。[2]他所著的《东方概要》（Suma Oriental）

---

1 万明：《中葡早期关系史》，社会科学文献出版社，2001 年，第 24 页。

2 在皮雷斯来中国之前，在马六甲的一些葡萄牙人曾对中国进行过一次非正式的商业性访问。柯尔萨利斯（Andrew Corsalis）在 1515 年对此曾有记载："中国的商人从中国带来麝香、大黄、珍珠、锡、瓷器、绸，以及其他各种纺织品，从马六甲运走香料。他们是巧匠，但长相难看，眼睛小。有人说他们和西方人具有相同的信仰，或部分相同的信仰，这是不确切的，他们是异教徒。去年，有葡萄牙人曾远航去中国。他们未获准上岸，因为中国人说让外国人进入他们的住处是违反他们的习俗的。但这些葡萄牙人卖货获了大利，他们运香料到中国和运到葡萄牙可以赚一样多的钱。因为中国寒冷，他们大量使用调味品。"参见 ［英］赫德逊：《欧洲与中国》，王遵仲译，中华书局，1995 年，第 179 页。

包含许多中国饮食信息。

皮雷斯于 1511 年前往东方，还曾在印度和马六甲居住过。1512年，他受阿尔布克尔克之命前往马六甲任职，担任总督手下的商馆秘书、会计师兼药材管理官。[1] 可以说，皮雷斯对印度乃至中国等地的风土人情的了解，比其他人都要多。在 1515 年前后，皮雷斯已经完成了《东方概要》手稿绝大部分内容。作为印度总督的重要下属，我们有理由推测他的手稿给总督看过。正是皮雷斯拥有良好的知识背景，才让第三任葡萄牙驻印度总督阿尔贝加利亚挑选并推荐他作为葡萄牙出访中国的使臣。

1516 年 2 月底，安特拉德从印度科钦出发。他遵照葡王的命令，率领 4 艘船组成的船队护送皮雷斯出访中国。该船队在马六甲有所耽搁，前后花了 19 个月，才于 1517 年 8 月 15 日（正德十二年七月二十八日）抵达中国广东屯门。[2] 皮雷斯在《东方概要》一书中，积极搜集中国的地理、贸易和风俗习惯信息，对中国饮食方式多有描写，尽管这些描述内容带着几分蔑视。他写道：

> 中国物产丰富、人口众多、土地辽阔、讲究排场、铺张奢华。
>
> 中国人都吃猪肉、牛肉和所有其他动物的肉。
>
> 他们神态自若地喝各种难喝的饮料，称赞我们的葡萄酒，且喝得酩酊大醉。在马六甲看到的人身体虚弱不堪，不诚实，还偷盗东西，这是下等人。他们吃饭时拿两根筷子，左手把碗端到嘴边，用两根筷子往嘴里送饭。这是中国人的吃饭方式。[3]

---

1 关于托梅·皮雷斯及其行纪，见 Tome Pires, *The Suma Oriental of Tome Pires, an Account of the East, from the Red Sea to China, Written in Malacca and India in 1512-1515,* Aisan Educational Services, 1997.

2 万明：《中葡早期关系史》，第 28 页。

3 ［葡］托梅·皮雷斯：《东方概要》（手稿），引自澳门《文化杂志》编：《十六和十七世纪伊比利亚文学视野里的中国景观》，第 3 页。

这里的"饮料"，可能指的是茶，而关于筷子的记载，是葡萄牙文献中再次明确提到中国人"用筷吃饭"。在此之前的迪亚哥·洛佩斯在马六甲的华人商船上已体验过"用筷吃饭"。可见，16 世纪初，葡萄牙人已经能够十分确切地向欧洲传回中国人独特的进食方式。对于那些未曾见过"用筷吃饭"的欧洲人，当他们了解到远在世界东部的中国人用筷子吃饭的时候，自然而然会好奇这些异域他乡的中国人到底是如何用两根小木棍吃饭的呢？进而进一步激发了他们对中国的好奇心与求知欲。

皮雷斯除了留心中国人的饮食生活习惯，还记录了广州与马六甲地区的进出口食品贸易，尤其是中国商人"以物易物"的交易方式。他记载，中国商人可以用一定重量的大米、小麦、肥肉、鱼等食品来交换马六甲商人的胡椒。

皮雷斯将中国境内发达的盐业贸易作为情报搜集到他的书中，进而传回葡萄牙。他让更多的葡萄牙政治家、商人了解中国盐业贸易大有可为："盐是中国人的大宗货物。他们从中国各地采购，每次都有五百条船的生意，然后再把盐运往中国各地。盐商们非常富有，他们之间互相问：'你们是盐商吗？'"[1]

皮雷斯对中国人衣食住行的记录，全都传到了葡萄牙国王那里。官方外交使节身份让皮雷斯的记录成为当时葡萄牙了解东方的可靠知识来源。《唐·曼努埃尔国王纪实》一书就大量引用了皮雷斯有关中国饮食乃至社会风俗的各种记录："他们进餐的桌子很高，如同我们欧洲人一般使用桌布、餐巾及餐刀，出于卫生使用餐巾进餐。他们经常举行宴会，大吃大喝。尽管宴会是在四五天之后，来宾从邀请他们开始起，便开始节食，以便在宴会那天多吃多喝，以示对主

---

1 ［葡］托梅·皮雷斯：《东方概要》（手稿），引自澳门《文化杂志》编：《十六和十七世纪伊比利亚文学视野里的中国景观》，第 10 页。

人的尊敬。"**1**

中国饮食知识通过皮雷斯《东方概要》以及其他转引的图书，在16世纪的伊比利亚半岛乃至更广阔的欧洲社会逐渐传播开来。

由于皮雷斯收集中国信息的来源主要是在东南亚的中国人，尤其是在马六甲从事贸易的中国南部海商。故他更多描述的是中国南方的饮食习惯以及贸易情况。又由于皮雷斯是从东南亚等地间接了解到中国的饮食情况，故其所记录的中国的饮食生活以及具体物产贸易情况并不详细，也不够周全。他与13—14世纪前往过中国北方少数民族生活区的意大利、法国入华传教士不同，皮雷斯记录中国北方少数民族的消息很少，更别提有关中国北部地区的饮食情况。

三、巴尔博扎《东方纪事》对中国饮食的关注

葡萄牙人杜亚尔特·巴尔博扎（Duarte Barbosa）在1516年左右完成的《东方纪事》中也有关于中国独特宴饮方式的描述。这些内容与皮雷斯《东方概要》中的记载相似。

> 他们像我们一样在高桌上吃饭，桌上铺着雪白的桌布。几个人一桌，桌上放着餐刀、餐盘、餐巾和银杯。
>
> 他们不用手碰食物，而是用银或者木制的筷子。他们用左手把盘子端到嘴边，用筷子向嘴里送饭，吃得很快。
>
> 他们做很多种菜肴，吃各种肉和鱼，以及所有东西。他们吃上好的面包（泛指中国面食），喝许多种酒，经常每顿饭都喝。

1　［葡］达米昂·德·戈易斯：《唐·曼努埃尔国王纪实》，引自金国平：《西力东渐：中葡早期接触追昔》，第283页。

他们还吃狗肉，认为它是美味。**1**

因为翻译的问题，国内不同译本对巴尔博扎《东方纪事》所载中国人饮食生活的内容存在较大差异。如金国平《西力东渐：中葡早期接触追昔》一书中将杜亚尔特·巴尔博扎《东方纪事》翻译为《东方闻见录》。该段内容翻译为：

> 如同我们一般，用高桌子吃饭。餐巾整洁。众人共同进餐。使用餐刀、浅盆、餐巾及银杯。
>
> 他们从不触摸入口的食品。用银质或木头的夹子进食。将盘子贴近嘴边，用左手持上述夹子将大小食物拨入口中。他们吃饭速度很快。
>
> 他们的美味佳肴不可胜数。
>
> 食用各种肉、鱼，以及其他东西。好食小麦面包。饮用各种酒类，有时每餐必备。亦食狗肉且将其视为上品。**2**

澳门《文化杂志》编录的《东方纪事》与金国平编译的《东方闻见录》，皆是据由里斯本国家图书馆手抄本校勘而成的杜亚尔特·巴尔博扎《东方闻见录》翻译。**3** 从这个手抄本的葡萄牙原文可以看出，"他们用左手把盘子端到嘴边，用筷子向嘴里送饭"的译文要比"将盘子贴近嘴边，用左手持上述夹子将大小食物拨入口中"准确些，毕竟中国人用左手持筷进食的行为是少数，传统食礼也有"子能食食，教以右手"的要求。16 世纪中国人饮食传统中，还没有"面包"这

---

1 ［葡］杜亚尔特·巴尔博扎：《东方纪事》（手稿），引自澳门《文化杂志》编：《十六和十七世纪伊比利亚文学视野里的中国景观》，第 13 页。

2 ［葡］杜亚尔特·巴尔博扎《东方闻见录》，引自金国平：《西力东渐：中葡早期接触追昔》，第 172 页。

3 Duarte Barbosa, *Livro do que Viu e Ouviu no Oriente Duarte Barbosa,*edicao de Luis de Albuquerque, Lisboa: Publicacoes Alfa, 1989, pp. 155-157.

种食物类型。葡萄牙人所指的"中国面包",应该是指馒头、饼等中国面食。此处中译本中的"两根木棍"或者"夹子"指的就是"筷子"。但是在16世纪早期,葡萄牙文或者其他西方语言中,还没有筷子(Chopstick)的准确译名。葡萄牙人在此时无法准确传递"筷子"这样的中国专有词语,只能用"木棍""夹子"这样的常见词汇替代。上述例证表明了早期中葡饮食文化初遇与相逢的过程中,往往伴随着饮食名物"名"与"实"不相符的情况。

早期葡萄牙人对中国饮食认知虽然经常出现"误差",但是这些初遇阶段产生的饮食认知差异,在后世的涉华葡萄牙文学作品中不断地传递。如1553年费尔南·洛佩斯·德·卡斯塔内达《葡萄牙人发现和征服印度史》第4卷有关中国饮食生活的记载,与巴尔博扎《东方纪事》中的记载极为相似:"中国人无论是吃的方面还是穿的方面皆十分讲究。他们围坐在高高的桌子旁吃饭,使用桌布、餐巾和刀,食品分放在不同的小盘子(Prateis)里,吃东西都用叉。"[1]卡斯塔内达的记载几乎是延续了巴尔博扎的描述,尽管前者说中国人是用叉吃饭,而不是用筷子。这一点也似乎表明卡斯塔内达本人并没有到过中国,他对中国独特的宴饮方式了解不多。

巴尔博扎从未到过中国,有关中国信息的来源绝大部分是从马六甲返回印度或从葡萄牙的旅行者那里获得。他的叙述口吻更加具有文学性,这与《葡萄牙人发现和征服印度纪事》也不同。后者记述迪亚哥·洛佩斯在马六甲中国商船上亲历中国船宴,以第一人称口吻来报道异域"中国餐"的进食方式与食品特点。而巴尔博扎提供的信息明显是以第三人称来描述中国人的餐桌文化。这种叙述方式表明杜亚尔特有关中国饮食的知识并不是个人的亲身体验,而是以文学口述的方

---

1 [葡]费尔南·洛佩斯·德·卡斯塔内达:《葡萄牙人发现和征服印度史》第4卷,引自澳门《文化杂志》编:《十六和十七世纪伊比利亚文学视野里的中国景观》,第45页。

式，间接从其他人那里获得。

迪亚哥·洛佩斯、皮雷斯和杜亚尔特的报道证明了16世纪初葡萄牙人最早亲身接触中国宴饮文化是在马六甲，而不是在中国内地。由于各种条件的限制（语言不通，见到的中国人以来自广东、福建居多），他们对中国饮食文化的了解，主要是依据东南亚的中国商人以及其他葡萄牙旅行家的相关记载——具有片面性与局限性。命运坎坷的皮雷斯不仅花费多年时间搜集来自中国的商贸资讯，还作为第一位葡萄牙使节访问了广州，并短暂地前往中国北方的帝都——北京。他对整个"中央帝国"的认知远比其他同时代的葡萄牙人更为直观。他的记录不仅包括中国人的饮食生活方式，还准确地描述了中葡商人"以物易物"的贸易方式。皮雷斯不仅知道"广州是整个中国货物的集散地，既有陆地上的产品，也有海产品"，还较早地认识到整个"天国"有一个围绕食盐的贸易网络，盐商是中国富人的代名词。比较而言，皮雷斯搜集到中国对马六甲胡椒等香料的商贸需求，中国人用大米、小麦、肥肉、鱼作为货币以外的补充交易媒介，中国人可以出口高品质的蔗糖和大量食盐等贸易信息。这些极具商业价值的中国食贸情报，更能引起那些未曾到过中国的葡萄牙商人与政治家们的兴趣。

第二节　名实之误：中葡饮食文化的初次相逢

葡萄牙人于1511年攻占了马六甲后，1513年葡萄牙商人、探险家欧华利经由马六甲前往广东屯门谋求通商贸易，距今已有510余年历史。1553年，葡萄牙人入居澳门，由此对中国的认识不断加深。1565年，西班牙人才在菲律宾宿务岛建据点，同时发现从菲律宾往返美洲的航线。1571 年，西班牙人在菲律宾建立了马尼拉城。在这之后，他们从那些来到菲律宾港口贩卖中国货物的商人口中了解到"正在中国发生的奇闻异事"。[1] 此后，西班牙人发回欧洲有关中国的报道逐渐增多。之后的 250 年间，从菲律宾马尼拉到墨西哥阿卡普尔科的海上航线就成为连接东西方的重要纽带。1626 年，西班牙人侵占台湾北部，直到 1642 年才被荷兰人赶出。

葡萄牙人踏足澳门后，可以更为便利地直接与中国商人接触，而不再是从马六甲等东南亚地区的"中转站"间接了解中国。16 世纪初，葡萄牙人有关中国饮食文化以及食品贸易的信息比西班牙人知道得更早，也更为准确。一大批葡萄牙人、西班牙人撰写或发表的有关中国著作在欧洲各地流传。葡萄牙、西班牙逐渐成为欧洲了解中国情况的重要信源地。不管是马六甲的葡萄牙人，还是菲律宾的西班牙人，他们作为大航海时代以来通过海路前往东方的先行者，不断尝试缩减认识中国的地理距离。他们或登上上川岛，或前往澳门、广州、福州、泉州、宁波等港口城市，以求打开这个富裕而又神秘的"天国"大门。

一、维埃拉和伯来拉笔下的运河饮食与餐桌礼仪

《广州来信》是葡萄牙人维埃拉和瓦斯科·卡尔沃在中国活动的见闻和回忆录的抄录，主要反映广州乃至中国社会经济各个方面的情况，略有涉及当地物产与食品贸易。不过卡尔沃明确表示搜集了有关中国 15 行省之地图，上面有关中国各省之风俗地貌。卡尔沃将这些内容也带回了葡萄牙。[2]

维埃拉是前述首位出使中国的葡萄牙使节皮雷斯的随行人员之

1　［西］门多萨：《中华大帝国史》，孙家堃译，中央编译出版社，2009 年，第 112 页。

2　金国平：《西力东渐：中葡早期接触追昔》，第 205 页。

一，他跟随皮雷斯于 1517 年抵达广州，1520—1521 年短暂地访问了北京，随后被押解回广州，长期囚禁。正是由于真正在中国生活过并且经由运河交通系统从南到北到访过北京，他对中国广州沿海地区以及内陆地区的饮食生活记录更为准确、具体。在 1534 年的信中，他准确地记录了中国内陆运河的物资运输和漕运情况，具有十分重要的史料价值。这是只有亲历者才能发出的报道：

> 我们所到之处都是河流。河里有各种小船和大船；它们沿两岸向下航行，数目多的数不胜数……所有的食品都从江河里运输……如果南京或其他省区不供应北京食品，那它就一天也活不下去，因为北京人口很多，加上那个地方寒冷不产稻米，其他粮食也很少。[1]

除前文所提《1375 年加泰罗尼亚地图》上记录有"忽必烈建造了一条从蛮子（Manji）到汗八里（Cambulac）的大运河"[2]的文字表述以外，维埃拉《广州来信》手稿是目前我们所见最早有关中国大运河上食品流通的文献资料。

葡萄牙人伯来拉 1534 年出发去印度，1539 年在马六甲和中国福建等沿海地区跟中国人做买卖。他既是效忠于葡萄牙皇室的军人，也是商人。伯来拉于 1549 年在福建邵安走马溪一役中被俘，后被监禁在福州一年多，再后来被流放到广西桂林。在 1553—1561 年间，伯来拉将自己在中国福建、广西等地的生活经历写成报告，经印度果阿神学院寄回欧洲。他的报告被称为《中国报道》，曾被许多欧洲游记文学作品收录，不断流传。《中国报道》在流传过程中产生多个版本，

1 ［葡］克里斯托旺·维埃拉：《广州来信》（手稿），引自澳门《文化杂志》编：《十六和十七世纪伊比利亚文学视野里的中国景观》，第 21 页。

2 龚缨晏、邹银兰：《〈1375 年加泰罗尼亚地图〉：新技术与新知识的结晶》，《地图》2005 年第 2 期。

如 1563 年的意大利文版，1577 年、1598—1600 年的英文版等。[1]克路士所著第一部在欧洲印刷出版的中国学专著《中国志》就大量参考并引用了伯来拉的《中国报道》。

伯来拉以亲历者的身份再次证实了中国河流遍布，水产丰富，如鲱鱼、石斑鱼、鲇鱼、剑鱼、鲈鱼、鹬鱼。[2]他对中国城市里饮食物资丰富，也是不吝赞美之词。他说道："（桂林城里）除有许多售卖各种物品的市集外，大街小巷不断有叫卖一切物品的，如各种鲜肉、蔬菜、油、醋、饭、米，总而言之，应有尽有。""其他城市里也有各种家禽牲畜：鸡、鹅、鸭、猪、羊、牛。"[3]

伯来拉在华经过的城市多是在福建和广西等岭南地区，所以他认为中国人是世界上最大的吃客——岭南地区的民众把蛙、狗、猫、鼠、蛇及其他"脏肉食"也看作是可食的美味。[4]某种程度上来说，伯来拉更为全面地看到了一些中国内陆地区的特色饮食现象。伯来拉对中国人宴饮习惯的记载，基本延续了 16 世纪初杜亚尔特·巴尔博扎等葡人的记载。伯来拉从餐桌礼仪角度高度评价了中国人的饮食方式。他认为"中国人的餐桌文明胜过世界上所有民族"：

> 这些老爷以及中国所有人都在高桌上吃饭，都坐在椅子上，和我们一样。虽然不用桌布和餐巾，一切都吃的非常干净。食物上桌时都已经被切成小块，他们不用手拿来吃，而是根据习惯用两根筷子吃，就像我们用调羹一样，可能就是因为这个原因而

---

1 ［葡］加利奥特·佩雷拉（伯来拉）：《关于中国的一些情况（1553—1563）》，引自［葡］费尔南·门德斯·平托：《葡萄牙人在华见闻录——十六世纪手稿》，王锁英译，第 30 页。

2 ［葡］伯来拉：《中国报道》，引自［英］C. R. 博克舍编著：《十六世纪中国南部行纪》，何高济译，第 20 页。

3 ［葡］伯来拉：《中国报道》，引自［英］C. R. 博克舍编著：《十六世纪中国南部行纪》，何高济译，第 28、4 页。

4 ［葡］伯来拉：《中国报道》，引自［英］C. R. 博克舍编著：《十六世纪中国南部行纪》，何高济译，第 5 页。

不需要桌布。不论在吃的时候还是在应酬时，他们都非常讲究礼仪，在这方面，似乎胜过世界上所有民族。[1]

伯来拉根据自己的亲身经历，接续前人有关中国饮食的认识，同时提出自己新的观察和解释。恰恰是鉴于伯来拉旅行笔记的真实性和客观性，克路士也充分参考了其中的相关记录，发表了自己对中国饮食文化的"新解"。

二、克路士《中国志》集中展示中国饮食新知

葡萄牙人克路士（Gaspar da Cruz）是多明我会传教士，1556 年到达广东。克路士在 1569 年出版的《中国志》（*Tratado das Cousas da China*），被认为是"第一部在欧洲出版的中国学著作"。[2] 该书的出版传播情况与以前杂述东方及中国的欧洲书籍不同。它首先在葡萄牙的恩渥拉发行，但当时葡萄牙文的书籍无法与西班牙文、法文、意大利文作品竞争，因此传播范围和影响在当时有限。直到历史学家 Manuel de Faria e Sousa 将之整理并翻译成西班牙文，该书才于 1642 年重新出版。而该书的真正知名则得益于 1585 年罗马公开出版门多萨《中华大帝国史》。西班牙编纂者门多萨公开指明他大量参考和引用了克路士《中国志》中的有关记载，让克路士有关中国的许多创见得以大范围传播开来，进而影响整个欧洲对中国的认知。

克路士有关中国饮食文化的记载非常详细。从有关中国饮食知识的广度和深度来说，克路士《中国志》堪称是 16 世纪葡萄牙人对中

---

1 ［葡］加利奥特·佩雷拉（伯来拉）：《关于中国的一些情况（1553—1563）》，引自［葡］费尔南·门德斯·平托：《葡萄牙人在华见闻录——十六世纪手稿》，王锁英译，第 44 页；［葡］伯来拉：《中国报道》，引自［英］C.R. 博克舍编著：《十六世纪中国南部行纪》，何高济译，第 8—9 页。

2 克路士《中国志》葡萄牙语名称为 *Tratado em que, se cotam muito por estenso as cousas da China*，见［英］C.R. 博克舍编著：《十六世纪中国南部行纪》，何高济译，第 36 页。

图 2—6
1569 年葡文版
《中国志》封面，
该书被认为是"第
一部在欧洲出版的
中国学著作"

国饮食认知的顶峰。他对中国主要粮食、家禽牲畜、代表性果蔬、水产品、中国宴饮、养殖业、捕鱼业、饮食风俗乃至宗教性饮食思想和行为都有系统的梳理和综合性解读。他尽管不是 16 世纪在华时间最久的葡萄牙人，但是却依靠自己在中国的亲身经历以及伯来拉等前人发回的"中国报道"，接续了欧洲有关中国饮食的"旧解"，并进一步在欧洲传播中国饮食的新知。

克路士关于鱼鹰捕鱼的记录，基本上沿用了伯来拉的报道，内容上并无二致。我们可以在这里作一对比，直观感受葡萄牙文献中中国饮食知识的传承与接续情况。

伯来拉在桂林看到鱼鹰捕鱼后，便把他在中国了解到的鱼鹰捕鱼现象进行归纳：

在大部分的河流上有国王（皇帝）的船只，船上满是鱼鹰，就在船上的笼子里孵养、生长和死亡，每月有规定数量的大米。国王把这些鱼鹰船送给达官贵人，每人送两条、三条、四条或更多，来给他们捕鱼。捕鱼方法如下：当捕鱼时间到时，把所有的船只集中起来，在水上围成一个不太高的圈子。这时在鱼鹰的喉囊处已经系上了一个颈套，从翅膀下面系上。鱼鹰都跳起潜入水中，有些在上面，有些在下面，我从来没有看得这么眼花缭乱。当囊内装满鱼时，每只鱼鹰各回自己的船，把鱼吐出来，紧接着又去捕鱼，直到不愿再捕为止。有时候鱼很大，鱼鹰就把鱼叼在嘴里送回来。就这样捕了无数的鱼。等它们捕够了后，就把套子拿下来，让他们捕一些鱼自己吃。我们所在的这个地方有二十来条鱼鹰船，大部分日子里我们都去看捕鱼，怎么也看不厌，因为这个方法如此新奇，堪称捕鱼的一个新发明。[1]

克路士的相关记录如下：

在所有如我所说建在沿河的城镇，皇帝有很多关在笼里的鱼鹰，不时用它们去做壮观的捕鱼。用这些鸬鹚（鱼鹰）捕鱼的船，在河里汇集成一个圈。管鸟的人拿绳把鸟的嗉囊系住，不让它们吞食鱼，系妥后再放到河里去捕鱼。它们一直捕到嗉囊装满中等大小的鱼，大鱼则用嘴叼着，然后它们回到船上把鱼从嗉囊里吐出来。这是渔人逼它们吐的。这样他们捕到所需的数量，直

1　［葡］加利奥特·佩雷拉（伯来拉）：《关于中国的一些情况（1553—1563）》，引自［葡］费尔南·门德斯·平托：《葡萄牙人在华见闻录——十六世纪手稿》，王锁英译，第81页；［葡］伯来拉：《中国报道》，引自［英］C.R.博克舍编著：《十六世纪中国南部行纪》，何高济译，第29页。

到满足为止。鸬鹚为渔船捕完鱼后，渔人解开嗉囊，让它们去给自己捕鱼吃，吃饱后再回船，装进笼子。这些鸟能捕很多鱼。皇帝把一两艘船按品级赐给他的官员，让他们家庭有鲜鱼吃。[1]

克路士不断地通过印证伯来拉的报道，让中国的饮食图景从沿海地区扩展到内陆。克路士所载中国江河或池塘里的养鱼法与伯来拉的报道几乎一致。中国人通过"篮鱼"的方式将沿海鱼苗贩卖到内地，内地的养鱼人又通过池塘或者围起来的河湖水塘喂养这些鱼苗。后来门多萨的记载又跟克路士《中国志》几乎一致。此外，平托在《远游记》中也有类似记载："还有一些人专以经营活鱼为生。鱼都放在水池或水塘内。常常放在船的储藏室中的池中运到很远的地方去出售。"[2]

克路士毕竟是一位善于总结与思考的中国研究专家。他还会去追踪研究中国人是在什么季节，什么地方，用何种方式获得这些鱼苗。他详细研究了中国人在沿海河口利用涨潮的时机，捕获海鱼及小鱼苗：

> 二月末、三月及四月的一部分，大涨潮的时候，大量的海鱼在河口产卵，因此在河口育出无数的很多品种的小鱼。为了在这个时候捕捞这些鱼仔，沿海岸所有的渔人都汇集在他们的船上，集中的船是那么多，遮盖了海面，都挤在河口。总之，来自海上的船看见它们还以为那是坚实的陆地，到接近时才发现那是什

1　［葡］克路士：《中国志》，引自［英］C. R. 博克舍编著：《十六世纪中国南部行纪》，何高济译，第96页。

2　［葡］费尔南·门德斯·平托：《远游记》上册，金国平译，澳门文化司署、东方葡萄牙学会，1999年，第283页。

么，惊讶有那么多的渔船。**1**

　　克路士告诉他的西方读者：2—4月海鱼繁殖期间沿海地区的中国人在海河口获取这些"自然地馈赠"——鱼苗，进而促进了中国内陆地区的河塘养殖业。潜在的，克路士又向他的读者构建了一个沿海地区与内地联动的中国渔业养殖交易体系，让中国人的饮食生活与生产形象更加真实、具体。

　　克路士对"旧知识"的"新解"不限于此，他还记载了中国的"稻鸭农法"，也就是稻田养鸭的技术方法：

> 　　他们有用藤条编成的和船一样长的笼子，养着两三千只鸭，按船的大小或多或少些。有的船属于贵人，船上有他们的仆役，仆役喂鸭的方式如下述。天亮过后，他们给鸭子一点浸泡过的米吃，但不让鸭子吃饱，喂过后，他们打开一扇朝着河的门，那里有一道用藤条搭的桥。鸭子前进是简直是奇观，因数量太多，在进出的时刻，一只翻滚到另一只的身上。鸭子在稻田里一直吃到晚上，管船的人从稻田主人（那里）接受一笔钱，作为放鸭子到田里吃食的报酬，因为鸭子清理稻田，吃掉长在稻田里的杂草。到晚上，他们用一面小鼓把鸭子唤回，尽管各种船聚集在一处，鸭子却都根据鼓声知道自己的船并返回船里。因为老有留在外面，没有返回的，所以到处都有很多野鸭，也有野鹅。我发现这些船上都有很多鸭子，大小一个样，认为他们不太可能是鸭或者鸡孵的。如果是的话，那会有大有小，因为那么多鸭子不能在一天、两天或者十五天内孵出，所以我想知道是怎样孵的，他们告诉我一两种孵化法。

1［葡］克路士：《中国志》，引自［英］C. R. 博克舍编著：《十六世纪中国南部行纪》，何高济译，第95页。

在夏天，把两三千枚蛋放在粪里，靠气温和粪热把蛋孵化出来。在冬天，他们用滕竹编成大篱笆，上面摆大量的蛋，下面用慢火，保持同一温度若干天，直到孵化。用这种法子孵化出很多大小相同的鸭子。沿河有许多这类的船，所以各地都充分供应鸭肉。[1]

克路士记载的稻田养鸭法是中国可持续性农耕生态系统的重要技术解决方案，可以达到除草、肥田、泥汤耙地等积极效果。克路士还首次提供了中国南部地区夏冬两季不同的鸭蛋孵化方法。在此之前，西方农业知识系统中没有出现过如此完备的养鸭知识和技术解释，这对于16世纪欧洲的农业、渔业、养殖业发展无疑具有重要的借鉴作用，能够在无形中"向中国学习"更为先进的养殖技术。

克路士首次详细地记载了16世纪广州的饭馆与路边摊，极大地丰富了西方人视野中的中国饮食文化。这些内容，对于现代中国保护和传承移动摊贩文化及其表现空间，都具有重要的历史价值。他记载道：

虽然有专门开设饭馆的街道，城内所有街巷几乎都有饭馆。这些饭馆里有大量烹调的肉食。有许多烧煮的鹅鸡鸭，及大量做好的肉和鱼。我看见一家馆子门口挂着一整只烧猪，任人选择哪一部分，因为整只猪都清洁地做好。把做好的肉摆在门口，几乎吸引了过路的人。在门口有一盆盛得满满的饭，红红的，做得很好。因为打官司一般从十点左右开始，又因城太大而很多人住家很远，或者有人因事从城外进城，所以市民也好，外人也好，都在这些饭馆吃饭。当有人遇到外地来的或者好些天没有见面的熟

1 ［葡］克路士：《中国志》，引自［英］C. R. 博克舍编著：《十六世纪中国南部行纪》，何高济译，第81—82页；［葡］加斯帕尔·达·克鲁斯：《中国情况介绍（1569）》，引自［葡］费尔南·门德斯·平托：《葡萄牙人在华见闻录——十六世纪手稿》，王锁英译，第107—108页。

人时，相互致敬，他马上问对方有没有用过饭，如果回答说没有，他便带他去一家饭馆，在那里私下吃喝，那有的是酒，比印度任何地方的都要好，那是掺了假的。如果回答说已用过饭了，他便带他上一家卖酒和甲鱼的铺子，在那里饮酒，这类铺子也有很多，他就在那里招待客人。

广州沿城墙外还有一条饭馆街，那里出卖切成块的狗肉，烧的煮的和生的都有，狗头摘下来，耳朵也摘下来，他们炖煮的狗肉像炖煮猪肉一样。这是百姓吃的肉，同时他们把活的狗关在笼里在城内出售。值得一观的是城门口，进出的人喧嚣，有的带狗，有的带乳猪，有的带蔬菜，有的带别的物品，人人都叫嚣让道。

这个地方有一件了不起的事情，那就是沿街叫卖肉、鱼、蔬菜、水果及各种必需之物，因此各种必需物品都经过他们的家门，不必上市场去了。[1]

克路士描绘的是广州繁荣的餐饮业。广州作为中外贸易交流的重要城市，汇聚了各色饭馆的"美食街"，也有各种沿街叫卖的"路边摊"。下馆子已经不是为了吃饱饭，而是一种社交和增进情感的活动。诚如克路士所说的"当有人遇到外地来的或者好些天没有见面的熟人时，相互致敬，他马上问对方有没有用过饭，如果回答说没有，他便带他去一家饭馆，在那里私下吃喝"。

克路士对中国广东地区"迎客茶"有独特的观察。他说：

如果有人或者几个人造访某个体面人家，那习惯的做法是向客人献上一种他们称之为茶（Cha）的热水，装在瓷杯里，放在

---

1 ［葡］克路士：《中国志》，引自［英］C. R. 博克舍编著：《十六世纪中国南部行纪》，何高济译，第94—95 页。

一个精致的盘上（有多少人便有多少杯），那是带红色的，药味很重，他们常饮用，是用一种略带苦味的草调制而成。他们通常用它来招待所有受尊敬的人，不管是不是熟人，他们也好多次请我喝它。[1]

克路士对南方的"迎客茶"礼仪程序有准确的记录。他不再是把茶作为一种中国人的特殊饮料简单记录，而是把它作为一种接待和人与人交往过程中的礼仪饮品来看待，对中国茶文化认识更加深刻。

克路士曾在广州参加一场由本地富商招待他和其他几位知名葡人的宴会：

办宴会的房子是有楼的而且很华丽，有很多漂亮的窗子和窗叶，于是都十分高兴。桌子摆在屋内三处位置，每个应邀的客人都有一张桌子和一把漂亮的涂金或涂银的椅子，每张桌前有一张垂到地上的缎子。桌上没有桌布，也没有餐巾，因为桌子很好，他们吃的也干净，以致无需这些东西。水果摆在每张桌子的边沿，排列齐当，那是些炒过的去皮栗子，敲碎和剥好的核桃，清洁和切成片的甘蔗，以及我在前面提到的叫做荔枝的水果，大小都有，但它是干脯。所有水果都堆成像塔那样的整齐的小堆，插上干净的小棍，因此桌上四周都用这些小塔装饰美观。继果品后，各种菜肴都盛在精美的瓷盘内，烹调精细，剁切整洁，样样都摆的整整齐齐，而尽管一套盘碟是放在另套上，却都放得适当，以致上席桌的人无需移动其中任何一套就可以吃他愿吃的。同时有两根精巧的、涂金的棍子，夹在手指间做取食之用，他们像使夹子那样使用它，不用手指接触桌上的食物。确实哪怕他们

1 ［葡］克路士：《中国志》，引自［英］C. R. 博克舍编著：《十六世纪中国南部行纪》，何高济译，第98页。

吃一碗饭，他们也用这两根棍子，不会把饭粒掉下来。

正因他们干干净净的吃，不用手摸肉，所以他们不需要桌布和餐巾。样样都剁切好，整齐摆到桌上。他们还有一种很小的涂金的瓷杯，盛一口酒，只有上酒时才有仆人在席间伺候。他们喝得很少，因为每吃一口食物时必须啜一口酒，所以杯子那么小，有的中国人留长指甲，半拃到一拃长，指甲清理得极干净，这些指甲在吃饭时可以当筷子用。[1]

克路士十分详细地记录了整个宴会现场以及用餐过程，首次生动反映了 16 世纪广州地区富裕阶层的正式宴会。他在《中国志》中，还提及中国人在春节、生日等节庆时都有准备丰富肉食和酒水的节宴习俗。[2]

克路士《中国志》中的中国饮食知识虽然十分丰富和具体，但是从社会传播的广度来说，却没有同为葡萄牙人的费尔南·门德斯·平托（Fernão Mendes Pinto）《远游记》的影响大。

平托《远游记》是一本自传体游记，其中有近三分之一篇幅是关于他 1540—1550 年在华的旅行故事。旅途从中国南部沿海地区开始，经江南的扬州、南京等地，到达北京。在沿京杭大运河北上的过程中，平托不断描述运河沿线的饮食风貌与风俗民情。有关饮食的"奇风异俗"是游记文学不可或缺的重要组成部分，既让这种冒险旅行显得真实可信，又

图 2—7　平托画像

---

[1]　［葡］克路士：《中国志》，引自［英］C. R. 博克舍编著：《十六世纪中国南部行纪》，何高济译，第98—99 页。

[2]　［葡］克路士：《中国志》，引自［英］C. R. 博克舍编著：《十六世纪中国南部行纪》，何高济译，第100 页。

让异域风情吸引了欧洲读者的目光。

他描写中国人在食物生产与分工协作方面的创举，一种工作需要三四个工序才能完成，如：

> 制咸鸭。一些人专门孵蛋，养小鸭出售；一些人专养大鸭，然后出售；一些人加工鸭毛和内脏；另一些人专门加工蛋类。
>
> 猪肉制品。一些人批发活猪；一些人专门屠宰和零售；一些人制作咸肉干和熏肉出售；一些人专卖乳猪；一些人专营下水板油、蹄子、血和内肚。
>
> 卖鱼。卖鲜鱼的不卖咸鱼；卖咸鱼的不卖干鱼。
>
> 其他所有东西，如肉类、野味、鱼、果品、蔬菜都是此种方法经营。违者，将受罚三十鞭。[1]

这种具体的中国商业智慧，可以对欧洲工农业提供有益的参考，容易让人感兴趣。而平托述及大运河沿线的饮食风貌，则让他的中国旅行充满了东方的异域风情，引人入胜：

> 从南京到北京这约一百八十里格的路上，沿大运河两岸有很多糖厂，酒厂和榨油厂。用各种各类豆类榨制的油和各种水果制成的露酒。
>
> 还有许多食品仓库，都是长形的。里面有风干、腌制、熏制各种野味和肉类。诸如火腿、乳猪、肥肉、咸鸭、鸭子、鹤、鸨、鸵鸟、鹿、牛、水牛、驼鹿、犀牛、马、虎、狗、狐狸和其他各种各样的世上动物。看后我们大吃一惊。[2]

1　［葡］费尔南·门德斯·平托：《远游记》上册，金国平译，第 282 页。
2　［葡］费尔南·门德斯·平托：《远游记》上册，金国平译，第 283 页。

这些种类繁多的油、酒、肉食食品及各种各样令人惊奇的动物，让人在怀疑中又不得不相信平托真的在中国的运河沿线看到过这些场景。他甚至进一步说道"我见到许多船上装满了乳猪、甲鱼、青蛙、水獭、蛇、鳝鱼、蜗牛及蜥蜴。如前所述，这里什么东西都吃"。[1] 如果平托讲的这些动物中国人真的都吃的话，那他说中国人把许多狗养大后卖给商人并吃狗肉，就不算什么令人惊悚的事情了。

如果说中国人什么动物都吃过于夸张，那么平托也会描写一些克路士等其他葡萄牙人记录过的中国见闻，以增强真实性：在中国的运河中有各种船只，他们养着成群结队的鸭子，通过敲鼓来管理鸭子，还有独特的孵鸭技术。[2] 这些内容跟克路士所记的稻田养鸭和夏冬孵鸭二法既有相似的地方，又有所不同，非常容易激发不了解中国的欧洲人的阅读和探究兴趣。

《远游记》的真实性一直饱受争议，葡萄牙文学史家安东尼奥·萨拉伊瓦和奥斯卡·洛佩斯在《葡萄牙文学史》中就说"（平托）有关中国的章节是'在参考文学资料和其他间接资料再创作而成'"。[3] 平托"在社会集体想象的基础上，再根据历史现实、自我的虚构和需要"，创作了一个"乌托邦式"中国形象，同时又通过中国这个"他者"的形象审视自我，折射出来到东方的葡萄牙人的"自我"形象。[4] 为了增强该游记所反映的在华旅行与冒险的真实性以及故事的趣味性，书中总是有关于中国人无所不吃的一些夸张描写以及等级和层次严格的宴饮制度，如平托写到的"有关在大客栈中宴请的规定及三十二州巡按御史的排场"。[5]

平托于 1558 年返回葡萄牙后，编写了这本充斥着"虚构、目睹

---

1 ［葡］费尔南·门德斯·平托：《远游记》上册，金国平译，第 285 页。

2 ［葡］费尔南·门德斯·平托：《远游记》上册，金国平译，第 283—284 页。

3 Antonio Saraiva e Oscar Lopes, *Historia da Literatura Portuguesa*, Porto Editora, 1987, p. 308.

4 姚京明：《平托〈远游记〉中的中国形象》，《中国比较文学》2003 年第 3 期。

5 ［葡］费尔南·门德斯·平托：《远游记》上册，金国平译，第 310—311 页。

或耳闻故事的"回忆录，他所描绘的中国人那些夸张的饮食行为以及对中国养鸭、养育等家禽养殖业和渔业的推崇，让中国成为一个欧洲农业可以模仿的楷模，引发欧洲读者的兴趣。

16世纪50年代以来，越来越多的葡萄牙人定居澳门，平托甚至留下了被认为是第一份在澳门写成的葡萄牙文信件。目前尚存的是1555年11月20日，平托致澳门果阿耶稣会会长 Baltasar Dias 神父的信件副本（副本中将澳门误认为马六甲），现收藏在里斯本阿尤达图书馆。

可见，在大航海时代中西初次相逢的历史进程中，葡萄牙人作为航行在中国、日本、马六甲、印度等东亚、东南亚国家地区之间的先

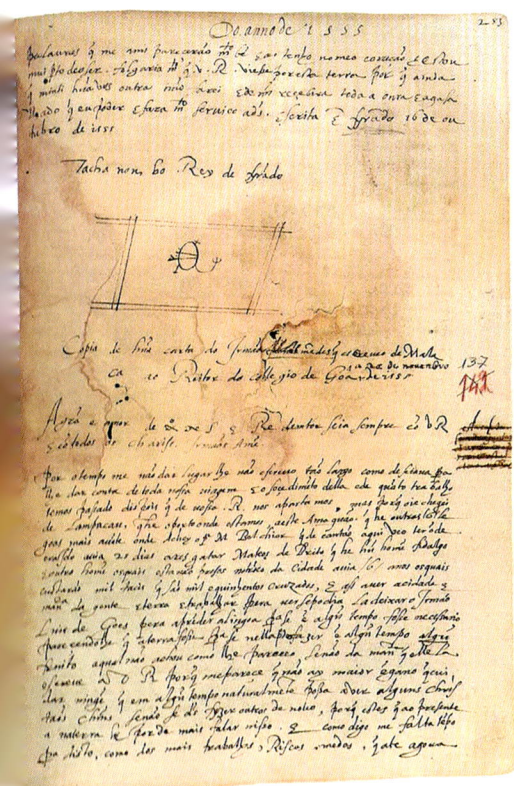

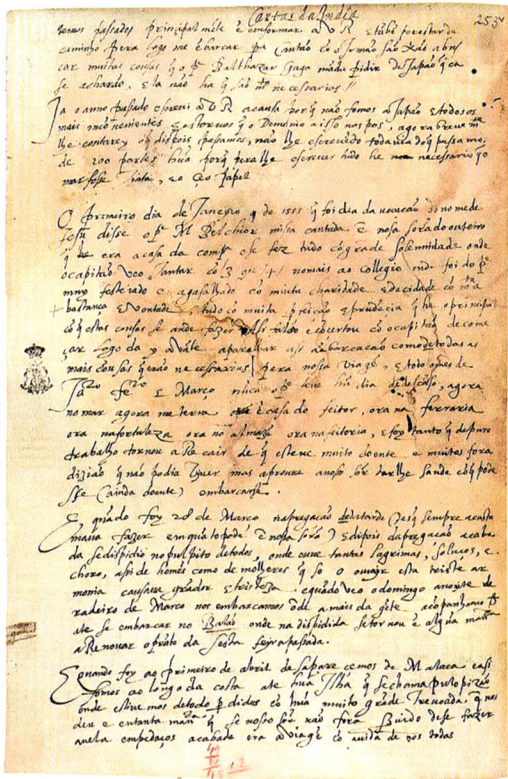

图 2—8　平托致澳门果阿耶稣会会长 Baltasar Dias 神父的信件副本

行者，向欧洲发回有关东方的报道，多数都是从亲历者的第一视角进行书写。尽管类似平托这样的葡萄牙人已然可以生活在澳门，能够更为直接了解中国，也可以定期向欧洲发回搜集、亲历的各种报道，但对疆域广阔、南北差异巨大的中国来说，仅居留在澳门的葡萄牙人尚不能窥其全貌。这些书写的内容虽然依然是通过游记文学的笔触对真实与想象的杂糅，但毫无疑问的是这种真真假假混在一起的远在"世界边缘"的异域探险才是文艺复兴时期最吸引欧洲人的游记文学作品。

平托既是一位耶稣会修士，也是一位在东南亚声名远扬的成功商人。他在《远游记》中呈现的东方商业情报以及富有异域风情的海外探险，在文艺复兴时期深受欧洲各阶层的欢迎，这也导致《远游记》的流行度远不是克路士《中国志》所能比拟。《远游记》葡文版于 1614 年首次出版后，各种欧洲文字的译本纷纷出现。在整个 17 世纪的欧洲，该书真正是洛阳纸贵。1620 年西班牙语译本出版，1627、1645、1664 年三次重版；1628 年法语版出版并于 1645 年再刊；1652年荷兰版，1653 年英文版，1671 年德语版不断面世。欧洲读者"不是将其作为作者创作本意的自传，而是视其为迎合那个时代口味的历险小说来拜读"。[1] 在此背景下，充斥着真实与虚构内容的中国饮食知识随着《远游记》的热销，传播到欧洲读者的书桌上或各国的图书馆中，成为欧洲有关中国知识系统中的一部分。

三、拉达《记大明的中国事情》所见明代福建官宴及迎客茶礼

拉达（Martin de Rada），1533 年出生于西班牙布罗纳，西班牙奥古斯丁会修士。1575 年从菲律宾出使福建，写成《出使福建记》和《记大明的中国事情》两篇报告，这是 16 世纪西班牙与福建文化交流

---

[1] 林宝娜：《费尔南·门德斯·平托〈远游记〉中漫游意义之初探》，引自［葡］费尔南·门德斯·平托：《远游记》上册，金国平译，第 9 页。

的历史见证。

麦哲伦 1521 年发现菲律宾二十多年后，1543 年西班牙航海家 R. 洛佩斯·德·维拉洛博斯越过太平洋来到了"菲律宾群岛"，并且以西班牙皇太子菲利普之名命名这些群岛，这就是菲律宾群岛名称的来源。1564 年，拉达参加对菲律宾的远征，随后在当地传教，并那里了解到有关中国的情况。1565 年，西班牙人在菲律宾宿务岛建立立足点，1571 年西班牙人在马尼拉附近登陆，并以武力降服吕宋岛上各酋长势力，以吕宋为基地与中国进行交往。马尼拉湾位于吕宋岛东岸，是一处优良的天然海港，既可以作为西班牙殖民者的基地，又可以作为对华海商贸易的中转站。1575 年 7 月 11 日（万历三年），拉达抵达福建泉州，随后还出访了福州等地，实地观察和见证了中国南部城市的生活情况，尤其是市场贸易的情况。他记载泉州："所有街道，在两侧都有棚，下面是商店，摆满丰富的商品，很有价值也很奇特。他们在一处到另一处相等的距离筑有许多牌坊，给街道增添装饰"，"这里有热闹的市场，你可买到可口的食品，像鱼、肉、果品、蜜饯、果酱，很便宜的东西，几乎不花钱就可以买到"。西班牙人门多萨所编撰的《中华大帝国史》以及哲罗尼姆·罗曼编订的《世界各国志》（1595）都有参考和引用拉达写于 1575 年末 1576 年初的中国报道。门多萨在引用的时候，将拉达那些刻薄的话语要么删除，要么淡化。

16 世纪 70 年代西班牙人占领菲律宾后，他们很快从当地华商那里了解到对华开展海上贸易的巨大商机。在商贸利益的驱动下，尤其是出使福建，见识到中国的繁荣，拉达也成为一个积极鼓吹"征服中国"的西班牙人。他认为如果能像 1571 年西班牙人征服菲律宾马尼拉一样征服中国，则是最好不过，所以在短暂的访华期间，大量购买各种中国图书，尽量详细记录他认为重要的军事地理以及中国商贸情况。拉达甚至还在 1576 年（万历四年）根据泉州土音（闽南话），用西班牙文编著《华语韵编》。这是第一本西班牙语与闽南话对照的词汇书。以上种种，皆是拉达为了更好了解中国这个"潜在对手"进行的情报搜集。这其中，拉达也留下了许多有关中国南部饮食生活的内容。

　　拉达在《记大明的中国事情》中，特别以一整章的篇幅介绍"中国人的食物和宴会"，这里指的是他在福州和泉州等地参加的宴会。鉴于其集中反映了 16 世纪中后期来自伊比利亚的西班牙人参加中国宴会情景，我们将该文献完整收录于此，以便开展进一步的研究：

　　　　中国人的主要食物是大米，尽管他们也有麦子和出售用麦子捏制的面包，他们仍把它当点心来吃。他们的主食是煮的大米，甚至用大米酿酒。可以跟很好的葡萄酒媲美，以致会被误为是葡萄酒。他们坐着吃饭，但他们不用桌布或餐巾，因为他们不用手指接触任何吃的东西，而用两根细长的棍把东西夹起来。他们用棍很熟练，可以夹不管多小的东西，送进嘴里，哪怕圆的东西像李子及其他这类水果都行。在一餐开始时先食用不带面包的肉，然后他们吃三四碗大米饭代替面包，也是用棍吃，尽管有些狼吞虎咽。在宴席上每位客人有一张桌子，若筵席是正式的，各位客人有很多桌子，为解释这一点，我乐于重述他们款待我们的筵席，及其招待方式。

　　　　在一间大厅里，厅的上首，他们为每个教士排七张桌子，沿墙为在那里的西班牙俗人每人排五张桌子，陪我们的中国军官每人三张。邀我们的军官们坐在厅门附近，对着教士们，各就各位。在我们的地盘内，他们为我们每人在一边准备了三张放餐具的桌子，这些桌上放有尽可能多的盛食物的盘碟，唯有烧肉放在那张主要的桌上，其他非烧煮的食物放在其他桌上，那是为讲排场和阔气。有整只的鹅鸭、阉鸡和鸡，熏咸肉及其他猪排骨、新鲜小牛肉和牛肉、各类鱼、大量的各式果品，还有用糖制的精巧的壶、碗和别的小玩意儿，等等。这些放在桌上的东西，当我们起身时都装进篮子，送到我们的寓所。总之所有摆在那里的东西都属于客人。

在举行筵席的厅外，排列着我们主人的全部卫队，携带武器、鼓乐，我们到达时开始奏乐。出席宴会的军官出来半道在院内迎接我们，没有致敬或鞠躬大家就一同进到宴会厅前的待客室，在那里我们按他们的习惯——鞠躬。行过许多礼后，我们在那里坐下，每人一把椅子，他们立即送上我说过的热水（茶）。喝完水，我们交谈一阵，再到宴会厅，在那里行许多礼等，讲若干客套，为免啰嗦略而不谈。最后他们把我们逐个引到我们将就坐的桌席。军官们在这桌上摆第一盘菜和一小杯盛满的酒。当每人入席后，开始奏乐，有鼓、六弦琴、琴、大弓形琵琶，一直演奏到宴会结束。

厅中央有另一些人在演戏，我们看到的是古代故事和战争的优美表演，演出前已把情节告诉我们，所以虽然我们听不懂，仍能明白演的是什么。在福州除演戏外，还有一名翻筋斗的演员在地上和棍上表演精彩的技术。桌上虽摆满食物，仍不断上汤上肉。宴会中间，他们一直热情祝酒，不是用杯，而可说是用小碟。就我所见，他们饮酒是有节制的。他们不连续饮酒，只喝水。他们喝很热的酒，像喝汤那样呷饮，但他们给我们喝冷酒，因为他们知道我们不喝热的。他们认为主人先从席桌起身是小气的，相反，只要客人在那儿，就不断上菜，直到客人想起身为止。甚至我们起身后，他们再请我们坐下，等一两盘菜，他们这样做了两三次。他们的演出伴有歌唱，也常演出木偶戏，表现他们的姿态，幕后的人说该说的话。

以他们的吃食而论，他们不是大肉食者，据我们的经验，他们的主要食物反倒是鱼，蛋，蔬菜，汤和水果。我们看见的类似我们的东西（除开其他很多不同的品种而外）是鱼，小麦，大麦，米，豆，玉米和 Boiona。还有母牛，水牛，他们说内地也有羊，我们也看见猪、山羊，像我们有的一种鸡，另一种鸡肉是黑的，更好吃，再有阉鸡和黑尾鹧，我们没有见任何野物，因为我们到过的地区没有留下荒地，但他们说内地是有的。我们看见猛禽，也看见鹅和大鸭子，及大量的鸽子和斑鸠。水果有黑白葡萄，但我们没有见葡萄酿的酒，我不信他们知道怎样用它酿酒。也有许多品种的橘子和柠檬、大佛手柑、梨、苹果、野梨、桃、李、桑，坚果、栗、枣、南瓜、黄瓜、西瓜、白菜、小白菜、大头菜、萝卜、大蒜、葱和该国特产的其他很多蔬菜和水果。他们有大量的糖，而且他们制造很多上等蜜饯。[1]

这里的"面包"指的应该是馒头、饼之类的面食点心，夹取食物的两根小棍指的是"筷子"。拉达称自己不信中国人知道如何用葡萄酿酒是因为他没有亲眼见到。拉达只是短暂在中国南方福建地区停留，没见到中国（特别是北方地区）人用葡萄酿酒，这个情况并不奇怪。事实上，中国用葡萄酿酒的历史远早于拉达访问中国的时间。曹魏文帝在《凉州葡萄诏》中称："且设葡萄解酒，宿醒掩露而食。……又酿以为酒，甘于麴米，善醉而易醒。道之固以流涎咽唾，况亲食之耶。他方之果，宁有匹之者。"[2]唐宋有关葡萄酒的诗文不绝于书。唐代刘禹锡《葡萄歌》称："野田生葡萄，缠绕一枝高。……繁葩组绶结，悬实珠玑蹙。……酿之成美酒，令人饮不足。为君持一斗，往取

1 据何高济中译本指出，一部 1599 年的西班牙词典解释 Borana 指的是一种中国谷物，但并不知道具体是什么。[西]拉达:《记大明的中国事情》，引自[英]C. R. 博克舍编著:《十六世纪中国南部行纪》，何高济译，第 204—206 页。

2 张澍辑注:《凉州府志备考》下册，武威市志编纂委员会办公室校印，1986 年，第 617 页。

凉州牧"。**1** 陆游《小宴》称："洗君鹦鹉杯，酌我葡萄醅。"**2** 明代李时珍更是对葡萄酒的酿造及功效进行了系统总结，认为酿制的葡萄酒能"暖腰肾、驻颜色、耐寒"。而葡萄烧酒则可"调气益中，耐饥强志，消炎破癖"。**3** 相比起葡萄牙人克路士的记载，拉达有关中国人饮食的记录就不那么精确。

在《记大明的中国事情》中，拉达对福建的"迎客茶"礼仪有所记载：

> 有人来访时，行过礼和入座后，一名家仆捧着一个盘子，放许多杯热水，和就座的人一般多。这水是用一种略带苦味的草煮的，留一点末在水里，他们吃末喝热水。尽管我们一开始不太在意那煮开的水，我们仍然很快习惯喝它，而且渐渐喜欢它，因为它始终是拜问时待客的头一件东西。**4**

虽然拉达没有明确指出这种"略带苦味的热水"是茶，但是他的记载跟克路士《中国志》中的"迎客茶"相似。而克路士有关中国南部地区流行的"迎客茶"礼仪记载比拉达所记更为精确和详细。克路士明确指出用以待客的茶杯是"瓷杯"，茶杯是放在茶盘之上，而待客的"略带苦味的热水"是茶，有多少人就有多少杯茶。

以维埃拉、伯来拉、克路士、拉达为代表的葡萄牙人和西班牙人，是 16 世纪欧洲认识中国的先行者。出于海航商贸利益的驱动，他们将调查和搜集中国商贸情报作为打开中国的"金钥匙"。这些情报，不可避免地收录中国物产食品的生产和流通情况。为了更好

---

1 彭定求等编：《全唐诗》卷三百五十四，中华书局，1960 年，第 3963 页。
2 陆游：《陆游集》之《剑南诗稿》卷五，中华书局，1976 年，第 128 页。
3 刘衡如、刘山永校注：《〈本草纲目〉（中）新校注本》，华夏出版社，2008 年，第 1250 页。
4 ［西］拉达：《记大明的中国事情》，引自［英］C. R. 博克舍编著：《十六世纪中国南部行纪》，何高济译，第 203 页。

地了解中国人，他们也会记载中国的饮食风俗与习惯，尤其是独特的中式饮茶文化。不管是从马六甲，还是从菲律宾华商那里搜集到的信息，更多的是反映中国南部城市和居民的生活生产情况，极少涉及该时期中国北部、中西部，然而这些前往东方探险的伊比利亚人发回有关中国饮食的大量报道，其真实性和准确性已经远远超过同时期的其他西方国家。未曾到过中国的葡萄牙、西班牙国王以及其他社会知识群体，不断转载或改编这些最新报道，使得葡、西有关东方的游记文学成为当时西方了解中国饮食文化的主要知识来源。1580 年，被称作西方了解中国里程碑式的著作——西班牙人门多萨编纂的《中华大帝国史》得以出版。该书大量汇编和引用上述 16 世纪葡萄牙、西班牙人有关中国的报道，让新航道开通以来最新的中国情报得以快速、大范围地在欧洲传播开来。从这个角度来说，我们更愿意将 16 世纪的葡萄牙、西班牙称作中国饮食知识传播的"欧洲中转站"。

第三节　杂糅拼凑：门多萨的中国饮食"新发现"

门多萨本人并未到过中国（最远到过墨西哥），但他汇编了当时许多葡萄牙人、西班牙人从海路发回的有关中国的报道和记述，并于 1585 年在罗马公开出版《中华大帝国史》。门多萨的书"把 16 世纪的中国向西方做了最客观、最全面的介绍，体现了 16 世纪欧洲人的中国观"，[1] "以至于成为 18 世纪前所有欧洲人随后出版的关于中国著作的基点和对比的根据"。[2] 16 世纪以来葡萄牙人和西班牙人有

---

1 张铠：《推荐序》，引自［西］门多萨：《中华大帝国史》，孙家堃译，第 8 页。

2 ［美］唐纳德·F. 拉赫：《欧洲形成中的亚洲》第 1 卷《发现的世纪》第 2 册，胡锦山译，第 307 页。

关中国饮食的"新知识"，通过门多萨的"裁剪"与"打扮"后，传入欧洲社会。门多萨将一个"地大物博、物产丰富"的中国形象传至西方。该书以西班牙语、意大利语等语言在罗马等地多次出版，[1]其所引起的关注度与传播度不是克路士以葡萄牙语出版的《中国志》所能比拟。该书是大航海时代以来西方有关中国饮食文化认知的新高峰。

一、门多萨有关中国饮食"新知"的来源

门多萨充分利用了同时代西方关于中国的记录和报道。门多萨记录中国饮食的主要资料来源是克路士《中国志》、拉达《记大明的中国事情》，以及贝尔纳迪诺·德·埃斯卡兰特（Bernardino de Escalante）等人的著作。1577 年，从未去过中国的西班牙人埃斯卡兰特出版了《中华帝国纪事》一书。[2]该书对 16 世纪的中国饮食文化有所涉及，但这些记述基本上来自巴罗斯的《亚洲十年》、克路士《中国志》，此外还有一些到葡萄牙籍商人的口述。这些文献材料是埃斯卡兰特访问葡萄牙里斯本期间搜集到的。埃斯卡兰特依赖克路士等人的报道，而克路士的记述又重点参考伯来拉《中国报道》。此外，门多萨还汇编了少量来自巴罗斯《亚洲十年》和罗耀拉有关中国饮食的记录。[3]

---

1 1585 年，该书同年在瓦伦西亚以西班牙语和威尼斯以意大利语重新发行。16 世纪末，该书西班牙文本共印刷 11 次之多。有关该书版本和在欧洲的流传情况，参见［西］门多萨：《中华大帝国史》，孙家堃译，译林出版社，2011 年；［美］唐纳德·F. 拉赫：《欧洲形成中的亚洲》第 1 卷《发现的世纪》第 2 册，胡锦山译，第 307 页。

2 Bernardino de Escalante, *An Account of the Empire of China, Wherein Is Describ'd the Country of China, with the Provinces and States Subject to that Extensive Empire*, trans., John Frampton, London, 1579.

3 ［葡］巴罗斯《亚洲十年（第三卷）》、［西］马尔丁·依纳爵·德·罗耀拉《自西班牙至中华帝国的旅程及风物简志》，引自澳门《文化杂志》编：《十六和十七世纪伊比利亚文学视野里的中国景观》，第 137—145 页。

门多萨等人详细地介绍了中国主要农作物和食品，特别强调中国人饮食结构中有大量的稻米、豆制品以及丰富的家禽牲畜、水产品和各种果蔬。克路士认为中国精耕细作，主食大米，水稻生产可以"一年两收或三收"，门多萨基本沿用了这些介绍。

克路士在《中国志》中系统解读中国海河口捕鱼法以及中国独具特色的稻田养鸭法，门多萨近乎"照搬"了这些相关记载。门多萨说道："在鱼汛期（2—4月），鱼会逆流从海上巡游到河里产卵，渔民趁机将鱼苗捞起，养在前面提到的鱼池里。这些渔民在全国各地购买很多渔船，每条船上带有好多柳条编的鱼篓，里面衬着厚厚的油纸，这样里面的水就不会外溢，每天换一次水，放一次饵料。还有这个国家有些人家虽然生活拮据，也要买鱼苗，然后放在陆地上自家院里的鱼池里，用水牛，牛和鸽子的粪便作饵料。不久，鱼长大就可食了。"[1]如前文所述，克路士有关鱼汛捕鱼和"篮鱼"养鱼法等技术信息，参考伯来拉的相关记载，而门多萨更是在克路士等人的基础之上，对相关原理和内容进行了丰富与发展。

克路士对稻田养鸭法以及夏冬两季不同的孵鸭技术都有详细记载，而门多萨都有参考和引用。相较而言，门多萨优先介绍的是收获鸭蛋以及孵鸭技术这类"奇特而又省钱"的办法，目的是希望欧洲社会可以学习并以此获利。门多萨说道：

> 一个最为奇特的技能就是在船上养鸭，养鸭的数量之大，在维持整个国家的生产中，占有很大的比例。养鸭的方法是编造很大很长的竹篾鸭笼，其长度和船上的防护蓬一样，里面可以绰绰有余地装下四千只鸭子。鸭子大部分时间都在下蛋，蛋下在鸭笼中专门建造的窝里。养鸭人就从那里将鸭蛋收起来。

---

[1]　［西］门多萨：《中华大帝国史》，孙家堃译，第100页。

如要孵蛋，在夏天，将蛋埋在发热的水牛粪或鸭粪中，养鸭人有经验，知道多长时间可以孵化成小鸭。时间一到，将蛋从粪中取出，破壳，小鸭就诞生了。……那里一年四季都在孵鸭，在冬天水牛粪和鸭粪需要外部加温才能用，为此他们又发明了一种方法，这种发明所表现出来的智慧和前面一样，他们编织一个大竹帘，在上面撒一层动物粪，鸭蛋放在粪上，鸭蛋之上再用粪盖好，做完这一切后，在竹帘下放上稻草或其他易燃的东西，最后点上文火慢慢烘烤，整个孵化期间，他们知道如何保持火的温度，时间一到，用跟前面一样的方法破壳，密密麻麻的小鸭就出世了。[1]

鸭蛋的收取之法以及孵鸭技术可以带来大量的经济收益，门多萨正是看到这一点，才有选择地强化介绍这些技术，而且内容比克路士的介绍还要详细。随后，门多萨才"裁剪"克路士有关稻田养鸭和除草等内容，而对这一部分内容，门多萨则略写之。可见门多萨对前人材料选取有自己的思考和角度。这样独特而又有借鉴价值的中国家禽养殖技术，让欧洲读者感到不可思议。17世纪初入华的传教士曾德昭在《大中国志》中，就根据自己的实地考察，验证了克路士、门多萨等人有关中国人孵蛋技术的真实性。[2]

门多萨对中国用鸬鹚捕鱼的记载尤为详细。他重点参考了克路士的记录，非常有画面感。[3]伯来拉、克路士甚至埃斯卡兰特也都惊奇于鸬鹚捕鱼的壮观场景，他们也都认为此事乃是一种"皇家特权"。伯来拉说"皇帝在很多河里有大量的船，满载鱼鹰。……皇帝把这些船赐

---

1 ［西］门多萨：《中华大帝国史》，孙家堃译，第101—102页

2 ［葡］曾德昭：《大中国志》，何高济译，商务印书馆，2012年，第13页。

3 ［西］门多萨：《中华大帝国史》，孙家堃译，第102页。

给他的大官……照下述方式捕鱼"。[1] 克路士也介绍"皇帝有很多关在笼里的鱼鹰，不时用它们去作壮观的捕鱼"。[2] 西班牙人埃斯卡兰特介绍"皇帝把（鸬鹚捕捉到的鱼）赏赐给他的官员，其他的鱼则作为食物在城里出售，增加收入。"[3] 门多萨也说："皇帝在各城市的河流岸边建有禽舍，每年都养很多鱼鹰，我们这里叫做鹭鸶，用这种动物在鱼产卵的那几个月捕鱼。"[4] 不过，伯来拉亲见的鸬鹚捕鱼场景是在桂林，克路士是在广州，埃斯卡兰特没有去过中国，他主要是参考了克路士的记述，而门多萨关于鱼鹰捕鱼的记录主要是沿袭克路士的记载。

门多萨等人对中国果蔬的认识也非常丰富。克路士提到的"三种甜橙"[5] 可能是柚子、葡萄柚和金橘。[6] 他还特别提到"鲜荔枝（Lechias）总是让人想多吃，但吃再多也不会有什么伤害"。[7] 这两点门多萨都有转载。不过，克路士、门多萨等人的看法过于片面，也不符合中国传统知识对荔枝的看法。荔枝有"止渴，悦人颜色"以及"益智健气"的好处，但李时珍等本草医家亦指出多食荔枝有害："荔枝气味纯阳，其性畏热。鲜者食多，即龈肿口痛。"[8] 现代人的"荔枝病"就是大量进食荔枝导致人体血糖降低，出现出汗心慌症状。古人也早在生活经验中发现此类问题，并提供解决方法："如少过度，饮

---

1 ［葡］伯来拉：《中国报道》，引自［英］C. R. 博克舍编著：《十六世纪中国南部行纪》，何高济译，第29 页。

2 ［葡］克路士：《中国志》，引自［英］C. R. 博克舍编著：《十六世纪中国南部行纪》，何高济译，第96 页。

3 Bernardino de Escalante, *A Discourse of the Nauigation Which the Portugales Doe Make to the Realmes and Prouinces of the East Partes of the Worlde and of the Knowledge that Growes by Them of the Great Thinges*, trans., John Frampton.

4 ［西］门多萨：《中华大帝国史》，孙家堃译，第 102 页。

5 ［葡］克路士：《中国志》，引自［英］C. R. 博克舍编著：《十六世纪中国南部行纪》，何高济译，第93 页。

6 Charles Ralph Boxer, *South China in the Sixteenth Century*, London: Hakluyt Society, 1953, p. 133, Note 1.

7 ［葡］克路士：《中国志》，引自［英］C. R. 博克舍编著：《十六世纪中国南部行纪》，何高济译，第94 页。

8 刘衡如、刘山永校注：《〈本草纲目〉（下）新校注本》，第 1220 页。

蜜浆一杯便解也。"[1]

二、中国茶信息初传欧洲

如前文所述，克路士和拉达记录都提到了中国茶，注意到"迎客茶"在中国人生活中的礼仪功能。克路士亲身见闻且准确记下了"茶（Cha）"的名称，而拉达《记大明的中国事情》也说到茶，但未记录下"茶"的名称只说是一种"略带苦味的热水"。值得注意的是，该时期欧洲人开始知道茶并不是通过克路士或拉达，而是通过威尼斯商人赖麦锡（Giovanni Battista Ramusio）。1559 年，赖麦锡在所编《航海与旅行记》一书中转述了阿拉伯商人哈兹·穆罕默德（Hajji Mahonmed）有关中国茶叶的记述。[2] 这条资料被认为是欧洲人最早通过阿拉伯人获得有关中国茶叶信息的直接证据。[3]

《航海与旅行记》中有关"中国茶"的文本信息如下：

1　刘衡如、刘山永校注：《〈本草纲目〉（下）新校注本》，第 1220 页。

2　Giovanni Battista Ramusio, *Delle Navigatiane et Viaggi*, Vol. 2, Venetia: Nella stamperia de Giunti, 1559, p. 15b. 笔者所见为美国宾夕法尼亚大学图书馆藏本（Call No.: Folio IC5 R1499 550r 1565）。

3　Willam H. Ukers, *All about Tea*, Vol. 1, New York: Kingsport Press Inc., 1953, p. 23.

　　他（哈兹·穆罕默德）告诉我，在中国各地，他们食用另一种植物，它的叶子被彼邦人民称为中国茶（Chiai Catai）；它产于中国称为 Cachafu 的地区。在那些地方，它是一种常用之物，备受青睐。他们食用这种植物，不论干或鲜湿，均用水煮好，空腹吃一两杯煎成的汁；它祛除热症、头疼、胃疼、肋疼与关节疼；注意需尽可能热饮；它对其他许多疾病有益，痛风是其中之一，其他的今已不记。而设若某人恰感积食伤胃，若饮用少许此煎汁，即可消滞化积。故而此物如此贵重，凡旅行者必随身携带，且不论何时人们愿以一袋大黄换取一盎司中国茶。这些中国人说（他告诉我们），若在我们国家，以及在波斯，以及在拂朗（Franks）地面，据说商人不会再投资于罗昂德·秦尼（Rauend Chini），即如他们所称的大黄。[1]

　　在 9 世纪末 10 世纪初成书的《中国印度见闻录》和 11 世纪中前期成书的《印度游记》等阿拉伯—伊斯兰文献中，都有茶的记录（前者称之为"Sakh"，后者称之为"Ga"）。[2]15 世纪早期成书的《沙哈鲁遣使中国记》波斯文本中亦提及明代官府严查私自携带中国茶出境的事。[3] 以上材料说明 16 世纪欧洲人已经从阿拉伯商人那里了解到中国茶是一种极具商业价值的日常饮料和药材。[4] 赖麦锡传回欧洲的中国茶信息中包含了茶的名称、[5]饮用方式、医疗功效及其商业价值。相

1 此段文字主要参考黄时鉴:《茶传入欧洲及其欧文称谓》,《黄时鉴文集》第 2 册, 第 1 页。

2 ［阿拉伯］苏莱曼:《中国印度见闻录》, 穆根来等译, 第 17、76 页。笔者还在美国宾夕法尼亚大学图书馆查阅了《航海与旅行记》一书意大利原文。

3 Hafiz Abru, *A Persian Embassy to China: Being an Extract from Zubdatu't Tawarikh of Hafiz Abru*, trans., K. M. Maitra, New York: Paragon Book Reprint Corp., 1970, p. 119. 另可参见《沙哈鲁遣使中国记》, 何高济译, 中华书局, 2002 年, 第 143 页。

4 黄时鉴:《关于茶在北亚和西域的早期传播——兼说马可波罗未有记茶》,《历史研究》1993 年第 1 期。

5 意大利原文中 Chiai Catai（中国茶）系波斯语音拼写。黄时鉴:《茶传入欧洲及其欧文称谓》,《黄时鉴文集》第 2 册, 第 1 页。

比之下，克路士、拉达从海路获得有关中国茶的信息量要少得多，拉达甚至连茶的名字都还不能准确叫出来。有趣的是，门多萨却没有充分转载来自克路士和拉达有关中国茶的文化。门多萨只是在讲中国主人招待客人的时候，会请客人"喝好酒或一种全国普遍饮用的饮料。这种饮料是用草药制成的，对心脏有好处，饮前要加热"。[1]门多萨对茶的认识不仅没有超越他常常依赖的克路士，更别提超越赖麦锡。

15世纪末16世纪初的几次著名航海冒险，将世界历史驶入大航海时代。怀着马可波罗时代以来对东方乐园的向往，西方人通过海路积极探索来自中国的各种信息。伴随着地理空间的不断开拓，来自伊比利亚的葡萄牙人不仅在马六甲等区域获取有关中国饮食信息，还最早从中国南部沿海地区传回报道。"中食西传"的深度随着地理探索的扩展越发加深。

三、对中国宴会仪式的解读

门多萨主要利用拉达、克路士等人有关中国宴会的记载，对中国独特的进食方式和种类繁多的菜肴赞叹不已。当然，不仅拉达将停留在福建数月的出使见闻写成了报告，他的同伴米古额·德·洛阿卡、[2]哲罗尼莫·马任、伯多禄·萨尔密安托也留下了这次出使见闻的相关手稿，其中就包含他们在福州和泉州参加高规格宴会的经历。没有到过中国的门多萨，就是在这些资料的支撑下，更为详细地向欧洲读者

---

1 译注者称"门多萨时代欧洲人对茶还很陌生，以为是一种草药"的看法基本正确。但译注者认为"直到十七世纪初，茶叶才从中国传入欧洲"的看法容易使人造成误解。如果这里指的是茶叶本身到17世纪初才从中国传入欧洲，这样的看法是正确的。根据本节的考述，如果这里指的是茶叶信息，那么在16世纪中后期就有确证证明茶叶信息传入了欧洲。参见［西］门多萨：《中华大帝国史》，孙家堃译，第84页。

2 门多萨承认使用过洛阿卡《实录》（*Verdadera Relacion*），也从拉达的同伴修士哲罗尼莫·马任那里得到很多资料，他和马任曾在墨西哥相遇。参见《导言》，引自［英］C. R. 博克舍编著：《十六世纪中国南部行纪》，何高济译，第51页。

介绍中国。门多萨认为中国宴会仪式跟西方的大相径庭，有必要予以详细介绍和记述：

中国人比世界其他各国人民更喜欢宴请，因为他们更富有，更豪放，也没有天主之光的约束。尽管他们也承认并相信灵魂的永存，也承认一个人根据其在现世的所作所为，在去另一世界时会受到奖赏或惩罚，但他们仍尽一切可能寻欢作乐，以求片刻之满足。但在宴会上以及在与人的交际中他们却彬彬有礼，等级分明。

他们经常是邀请一百个客人，就准备一百张桌子，桌面华丽，金黄的底色上绘有飞禽走兽、森林美景以及其他各种赏心悦目的风景。餐桌上不铺桌布，桌前只放一块垂地的花缎或绸布。在桌角上放着用金银丝点缀的小花篮或小筐筐，里面摆放着鲜花和各种有意思的甜食，甜食状如动物，如涂上金色的小象、小狗、小鹿和其他很多飞禽走兽。桌子中心集中摆放食物，这些食物放在形制奇特的磁盘或银盘中。食物有美味多汁的禽类和烹调得当的鱼类。当然除巡抚家，很少有谁常用这种磁盘、银盘。他们不用桌布和餐巾纸，因为他们吃饭利落，不用手抓而用像叉子一样的小金棍或小银棍取食。使用这种小棍吃饭十分灵巧，食物再小也不会掉落。宴会常有风趣十足的女人唱歌、击乐、讲诙谐逗笑的故事，给食客助兴。还有不少乐手用他们特有的乐器演奏乐曲；还有人翻跟头，演生动活泼的滑稽剧。这样的宴请，一次下来需大半天的时间。根据客人的不同身份和主人的要求，有时宴会极为丰富，各种美食竟达一百多种。本书的第二部一开始，在叙述拉达神父一行的活动时，将叙述泉州巡抚和福州总督宴请他们时的热闹场面。

客人身份不同，在主桌前放的小桌数量也不同，小桌一字排开。每个客人的主桌上放有味美佳肴和饭后的杏仁饼等甜食，其他几张小桌即便有二十张也都放满各种生食，如阉鸡、鸭子、母鸡、雁、嫩牛肉、腌肉、火腿、肘子和其他很多食品。

宴会结束，客人起身告辞。此时，仆人包起小桌上的生食，走在客人前面一直把客人送到家，把生食庄重地放到屋里。如果宴请巡抚或使节，菜肴更为丰富，耗资更多，这样的宴会有时一次延续二十天，第一天和最后一天一样，异常盛大。所有的节日都集中在新月时分的晚上庆祝，那时有乐手演奏乐曲和表演其他让人赏心悦目的节目，这些都使节日变得非常热闹。新年的第一天庆祝更为隆重，按他们的算法，这一天是三月的第一天。当天，男男女女都穿上华贵的衣服，戴上所有的首饰在众人面前炫耀。家家房间和门口铺上地毯，住房用丝绸和各种金丝布料大加装饰。各处都摆放着国家在那个时节盛产的玫瑰和其他鲜花；大门口两边高大的树木上挂满彩灯。我们说过那里大街上有很多的牌楼，这时牌楼上都绕上枝条，枝条上也挂满彩灯，下面有用锦缎和其他丝织品制作的华盖。他们的教徒在精心打扮后也参加节日。在祭坛上，他们一边向上天和他们的偶像献祭，一边在口中念念有词。这是一个人们载歌载舞，弹奏乐器，尽情欢乐的时刻。乐器有各种各样。仅拉达等奥古斯丁神父看到的就有六弦琴、吉他、竖琴、三弦琴、号、翼琴、竖琴、笛子和其他我们也使用的乐器，只是在形制上稍有变化，但让我们一看就能辨认出那是些什么乐器。声乐和器乐十分和谐，听来令人惊叹。一般说他们人人都有一副好嗓音。

节日期间他们还上演令人愉快的滑稽剧，演员的演出十分自然，根据扮演的角色不同，服装打扮也很恰如其分。在那些天里，桌子上摆满了各种食物，有鱼有肉，有各色水果和陈年佳酿。美酒是用棕榈和其他东西混合酿制而成，味道纯厚。节日里包括教徒在内人们又吃又喝，直到酒足饭饱再也吃不下为止。他们认为如这一天过得痛快，一年都会快活；这一天郁闷，一年都不快。至于他们的婚礼庆典和其他良辰吉日还有很多，这里不再一一赘述，总之在节日中人们尽量远离忧伤。[1]

这条有关中国人宴会的长史料，是门多萨综合各种来源的材料后形成的。在阅读《中华大帝国史》（1998 年何高济译本）时发现该版本书中没有记录中国独特的进食工具——筷子，颇令人生疑。该书载中国人"进食很优雅，以致不能用手接触食物，而是用金或银制的小叉子，很清洁地吃，哪怕他们吃的东西再小，也不能让它掉下"。[2] 前文提到，16 世纪初，葡萄牙人皮雷斯和杜亚尔特·巴尔博扎就已经记录中国人使用两根小棍（即筷子）吃饭，葡萄牙人伯来拉和克路士，西班牙人拉达、平托也都有记载。伯来拉称中国人"用两根棍取食，不用手接触食物"；[3] 克路士称中国人"有两根精巧的、涂金的棍子，夹在手指间作取食之用，他们像使夹子那样使用它，不用手指接触桌上的食物。确实哪怕他们吃一碗饭，他们也用这两根棍子，不会把饭粒掉下来"；拉达说"因为他们不用手指接触任何吃的东西，而用两根细长的棍把东西夹起来。他们用棍很熟练，可以夹不管多小的东西，送进嘴里，哪怕圆的东西像李子及其他这类水果都行"。平托在《远游记》中则描述了中国人用筷子的乐趣："因为我们（平托等外国人）吃饭时，他们同其兄看到我们用手吃饭，乐的前仰后翻。因为在整个中华帝国，不习惯同我们一样用手进食，而是用两根梭子般的木棍吃饭。"[4]

1　［西］门多萨：《中华大帝国史》，孙家堃译，第 93—95 页。

2　［西］门多萨：《中华大帝国史》，何高济译，中华书局，1998 年，第 127 页。

3　［葡］伯来拉：《中国报道》，引自［英］C. R. 博克舍编著：《十六世纪中国南部行纪》，何高济译，第 8 页。

4　［葡］费尔南·门德斯·平托：《远游记》上册，金国平译，第 240 页。

对比发现，何高济中译本《中华大帝国史》有关中国人宴会的相关记述和克路士、拉达近乎一致，只是说中国人用的是"小叉子"进食而非"两根小棍（筷子）"。再查孙家堃2009年据西班牙原文翻译的《中华大帝国史》，疑惑大抵得到解释。孙家堃译本载："（中国人）不用手抓而用像叉子一样的小金棍或小银棍取食。使用这种小棍吃饭十分灵巧，食物再小也不会掉落。"[1] 何高济所据为1853年英译本。该英译本此处英文为"with little forkes of golden or silver"（用金或银的小叉子），[2] 可见是英译本的翻译出了问题。总而言之，门多萨正确沿用了克路士、拉达有关中国筷子的表述——两根小棍，孙家堃中译本以及2011年中译本中皆正确译出了中国人是通过"两根小棍"吃饭，而不是用叉子。1998年中译本却沿用了英译本的误译，造成了混淆。

门多萨提及的用棕榈和其他东西混合酿制而成的"棕榈酒"应是当时在东南亚地区流行的用棕榈科植物制成的酒（Tuak，他加禄语为Tuba），与我国南方地区早在唐宋时期就开始酿造的椰酒有所不同。明代李时珍对此已经作出清晰的区分。《本草纲目·果部》"椰子"条注引《一统志》称："缅甸在滇南，有株类棕，高五六丈，结实如椰子。土人以罐盛曲，悬于实下，划其实，汁流于罐中以成酒，名树头酒。"[3]

正如门多萨所说的，他还"叙述泉州巡抚和福州总督宴请他们时的热闹场面"。跟拉达在《记大明的中国事情》所录"中国宴会"的情况比起来，门多萨的信息转载更加丰富、具体，他对拉达和其他使团成员在泉州和福州的宴会情况分开记录，[4] 更加真实地反映了当时中国南方官场宴饮的情况。而门多萨也参考了米古额·德·洛阿卡等人

---

1 ［西］门多萨：《中华大帝国史》，孙家堃译，第93—94页。

2 Juan Gonzalez de Mendoza, *The History of the Great and Mighty Kingdom of China*, Vol.1, trans., R. Parke, London: Hakluyt Society, 1853, p.138.

3 刘衡如、刘山永校注：《〈本草纲目〉（下）新校注本》，第1231页。

4 ［西］门多萨：《中华大帝国史》，孙家堃译，第147—148、154—155页。

有关这些宴会更为详细的记载。门多萨的《中华大帝国史》汇编了大航海时代以来西方有关中国饮食知识的"新发现"，将其称为中国饮食文化在西方传播的分界点，亦不为过。

16世纪中后期，西方知识系统中既有来自克路士、拉达等人有关中国泉州、福州、广州等南方城市的亲历报道，也有门多萨这样虽然未曾亲历"中国宴会"，但却依靠丰富的他人材料，"裁剪"出一个非常系统而又准确的中国饮食文化形象。此外，还有一些未曾到过中国的伊比利亚文学家，也根据自己的想象和间接搜集到材料，不断在文学作品中创作一个"想象的异邦盛宴"。如16世纪葡萄牙文学家巴罗斯《亚洲十年（第3卷）》（1563）中的中国宴会：

> 中国人馔食丰富，费时耗力，几乎餐餐宴会，从早吃到晚。所以佛兰芒人和德意志人是不会到中国去的。宴席中，有各种音乐伴奏，有圆舞曲，还有喜剧、滑稽戏和各种助兴表演。餐具都是精细的陶瓷，也用金银器皿。用餐时使用中国式的刀叉，手不直接接触食品，无论菜肴多么细碎。不过，宴会与葡萄牙不同，两人为一小桌，并且每道菜都更换餐巾、盘子、刀叉和汤勺。丈夫对妻子防范甚严，禁止其与男人共席共饮，故宴席上侍者都是未婚女子。这些人以当侍者为业，她们是男人们取乐逗趣的对象，犹如餐桌上的器具。由于不能入席，妇女便在内室与自己的女友另开一席，除了弹唱的盲人，任何男人不得入内。[1]

巴罗斯的许多描述不尽准确。中国宴席中的娱乐有戏剧、滑稽戏等，但不会有圆舞曲这种西方舞曲；"用餐时使用的中国式刀叉"应该指的是筷子。也许正是因为巴罗斯没有到过中国，才不能准确指出

1　［葡］巴罗斯《亚洲十年（第3卷）》，引自澳门《文化杂志》编：《十六和十七世纪伊比利亚文学视野里的中国景观》，第67页。

中国人是用筷子吃饭的这个常识。

　　诚如前文提及的西班牙人在菲律宾的历程。1572 年西班牙人在菲律宾建立马尼拉城后，菲利普二世这样的国家统治者与西班牙臣民对中国丰富的物产资源产生了浓厚的兴趣。这跟 16 世纪中叶以来，欧洲出现经济衰退的大背景有关。"从美洲掠夺的贵金属大量流入欧洲，造成银价下跌和物价上涨，各类商品极端匮乏。与欧洲经济衰退的景象相反，在同一历史时期的明代中国，商品经济正处在蓬勃发展之中，当时只有中国才能为世界市场提供物美价廉的商品。于是欧洲国家又掀起一股争夺中国商品的竞争热。"[1]

　　可见，进一步了解中国的物产类别和商贸交通情况，符合西班牙社会发展的需要。第一批来到菲律宾定居的方济各修士罗耀拉（Martin Ignacio de Loyola）在《自西班牙至中华帝国的旅程及风物简志》（1585）中记录：

> 　　中国物产丰富，所有各省均通过河运而彼此沟通，货畅其流……而且由于这样做的成本很低，这些货物都十分价廉。[2]

　　罗耀拉为何强调中国运河上商贸流通的便捷与价廉？这正是为了西班牙能在中葡贸易交往中，通过搜集更多的情报以增加自身的竞争力。罗耀拉还说道"这个帝国到处都有鸡、鹅、鸭及其他家禽，不可胜数"，"无论是海鱼还是淡水鱼，十分丰富"，所有这些货物的售价都很低。罗耀拉神父以及其他到过中国的人都曾说起，"只要六个马拉维迪的价格，就可以四人一桌，好好地吃一顿有鱼有肉、有米饭有

1　张铠：《推荐序》，引自［西］门多萨：《中华大帝国史》，孙家堃译，第 6 页。

2　［西］罗耀拉：《自西班牙至中华帝国的旅程及风物简志》，引自澳门《文化杂志》编：《十六和十七世纪伊比利亚文学视野里的中国景观》，第 140 页。

水果的饭菜，并且喝这地方的美酒"。[1]罗耀拉于 1580 年自西班牙出发，1582 年抵达菲律宾，几个月后到了澳门。1584 年他回到了里斯本，并在同年前往罗马旅行。他在这里与门多萨多次会面、交谈，而这时候正是门多萨出版《中华大帝国史》的前一年。门多萨吸收和参考了罗耀拉的很多见闻。门多萨自己在《中华大帝国史》一书中也明确地指出他这本汇编图书的资料来源。门多萨《中华大帝国史》不仅汇编了新航路开辟以来葡萄牙、西班牙有关中国饮食的"新发现"，而且也将一个地大物博、物美价廉的贸易对象，以更为客观和平等的笔触，推介给了整个西方社会。

1　［西］罗耀拉：《自西班牙至中华帝国的旅程及风物简志》，引自澳门《文化杂志》编：《十六和十七世纪伊比利亚文学视野里的中国景观》，第 142 页。

第三章

早期来华耶稣会士的
饮食体验

　　早期来华耶稣会士的活动属于远东耶稣会传教活动的一部分。
1542 年 4 月，沙勿略（San Francisco Javier）受葡萄牙国王派遣，从
里斯本前往印度果阿，成为第一个在东方传教的耶稣会士。尽管他
本人并未成功登陆中国内地，[1] 但他在印度、马六甲、日本以及东南亚
各地传教的时候，有很多机会获取有关中国的信息。比如，有人就
告诉过沙勿略，"很多人在北京，很像中国人，但是不吃猪肉。这些
人吃其他各种肉，都是亲手宰牲"。[2] 耶稣会在远东传教区搜集到的
中国饮食信息，是远在欧洲的其他耶稣会管区了解中国的重要资讯
来源。在日耶稣会士陆若汉（Joao Rodrigues）搜集耶稣会士在日本
的传教信息，形成《日本教会史》，就特别把中日间相似的饮食风俗
和茶礼记录在内。[3] 而陆若汉以专章《中国人在宴会上招待客人的方

1　1552 年 12 月 3 日，沙勿略寻求登陆中国内地的时候，病逝于广东珠江口外的上川岛。

2　《一位先生向沙勿略神父提供有关中国的信息》，引自［葡］费尔南・门德斯・平托：《葡萄牙人在华
　　见闻录——十六世纪手稿》，王琐英译，第 6 页。

3　Michael Cooper ed., *Joao Rodrigues's Account of Sixteenth-century Japan*, London: The Hakluyt Society,
　　2001, pp. 253-260. 陆若汉《日本教会史》英译本译者迈克尔・库帕（Michael Cooper）特别指出：陆
　　若汉虽然该部分标题和内容是讲"日本人如何举办宴会以及如何娱乐宾客"，但前半部分主要讲的
　　是中国宴饮情况。笔者认为，有关该材料中哪些内容涉及中国饮食，哪些涉及日本饮食的记录，应
　　该作出区分。陆若汉生平及在中国的情况，可参见刘小珊：《明中后期中日葡外交使者陆若汉研究》，
　　暨南大学博士学位论文，2006 年，第 167—256 页。

图 3—1
早期葡萄牙人眼
的明代中国人开

式》《中国人和日本人如何备茶招待客人的方式》来论述中国饮食文化，无论从篇幅还是理论深度上，都超过之前相关文本对同类问题的有限论述。[1]

　　1618 年以前，中国教区属于日本教区，而当时日本教区由范礼安负责。他调整了传教策略，制定了规范，对来华传教士具有指导规范作用。他们在中国传教过程中，积极践行着罗耀拉提出的"适应当地习俗"之思想。[2]

　　巡察使范礼安到达日本，在了解当地特殊的生活习俗之后，制定了以"文化适应"为基本精神的《日本耶稣会士礼法指针》[3]，将适

1　据戚印平先生介绍，岩波书店出版的日译本《大航海时代丛书》第 1 期第 9、10 卷所收为《日本教会史》。该书第 29 章第 1 节、第 32 章第 2 节均有重点论述中国饮食，因注释规范，体例严谨，尤值研参。参见戚印平：《从〈大航海时代丛书〉看日译耶稣会史及东西关系史文献的基本特点》，引自复旦大学文史研究院编：《西方文献中的中国》，第 24 页。笔者需指出的是，该书主要介绍日本的情况，书中夹杂的中国饮食内容是否是真实情况，还需要进一步研究。
2　戚印平：《范礼安与中国——兼论中国教区的行政归属》，《世界宗教研究》2011 年第 2 期。
3　［日］矢沢利彦、筒井砂编译：《日本イエズス会士礼法指针》，东京キリシタン文化研究会，1970 年。

应日本生活方式的传教原则放在极为重要的位置。虽然饮食属于日常小事，但范礼安却清醒地意识到在日耶稣会士过去的饮食习惯与日本传统的饮食习惯的冲突，影响了耶稣会在日传教事业。范礼安在这本《日本耶稣会士礼法指针》中专门辟出相关章节，明确如何解决在日饮食礼仪规范方面的争议问题。该章节为全书第四章，以"推杯换盏的方法"为题，自第 93 条始至第 109 条止，共计 17 条。除去第 93、108、109 三条为补充说明性文字，共有 14 条是具体可操作性的规范。在第 94 条开头便指出："为了更好地使用具体的方法应对对方，首先必须了解对方是何方神圣，务必始终注意对方之社会地位是高于己、还是等于己，抑或是低于己。"将"注意对方身份"这一点放在饮食礼仪规范的首位，想必是以范礼安为首的耶稣会士对日本等级森严的阶层制度深有体会的结果。

在日本第一届传教协议会后（1580—1581 年间，分三次召开），范礼安就对在日耶稣会士是否食用日式料理的问题上做出了裁决：

> 为了克服日本人的非难，在日耶稣会士应该食用日式料理。但为达此目的，范礼安还有六条具体的指示。……
>
> 初来日本者，应该循序渐进地使其习惯日式料理。[1]

1582 年，范礼安为规范在日神学校和神学院学生的生活礼仪，在《神学校内规》中明确要求："饮食应是日本风味，必须保留优美的日本式进餐方式和饮食动作。通常的食物应有汤和鱼、其他菜肴以及米饭，周末和节日应加菜一盘。就餐时应该请人朗读拉丁语和日语的有益读物。"耶稣会士在远东开展传教工作时，耶稣会创始人罗耀拉提出的"适应当地习俗"策略被普遍践行，即与当地文化和平共处

---

[1]　[意]范礼安：《日本巡察记》，[日]松田毅一译，东京平凡社，1985 年，第 305 页。另可参见江彩芳：《范礼安与中日传教团（1578—1606）》，暨南大学硕士学位论文，2008 年，第 19 页。

的"文化适应"政策。戚印平通过研究利玛窦的易服问题以及耶稣会士在日本遵守当地饮茶礼仪，指出范礼安为远东耶稣会士在地传教遵循适应政策方面，起到了关键作用。[1]

范礼安还通过耶稣会在澳门的各种机构，对中国教区的传教步骤与方式进行严密掌控。[2]范礼安作为耶稣会远东教区最高上长，对日本传教区上述饮食适应策略的指示，无疑对当时隶属于日本传教区的中国传教区同样具有决定性的指导意义。罗明坚、利玛窦先在印度学习，随后被范礼安调入中国。根据范礼安的安排，他们先后在澳门学习汉语，了解中国文化。作为入华耶稣会士利玛窦等人的直接上级，范礼安在日本的传教策略自然会影响利玛窦等在华传教士的活动。

第一节　适应华味：利玛窦与中国饮食认知系统化

意大利耶稣会传教士利玛窦（Matteo Ricci），是天主教耶稣会在华传教士代表性人物。中西关系史研究专家方豪认为利玛窦"实为明季沟通中西文化之第一人"，[3]对其评价甚高。这跟利玛窦个人素质修养以及在华贡献密切相关。耶稣会认为在异国他乡传教，传教士既需要引起当地统治者的重视与兴趣，又要具备基督宗教知识以外的自然科学、艺术、地理乃至建筑等方面的知识。同时，还要尊重当地风俗、法律，减少冲突。利玛窦等入华耶稣会士在中国期间的生活、传教活动，基本上就是按此原则进行的。1576 年，罗马

---

[1]　戚印平、何先月：《再论利玛窦的易服与范礼安的"文化适应政策"》，《浙江大学学报（人文社会科学版）》2013 年第 3 期。戚印平：《远东耶稣会史研究》，第 227—239 页。

[2]　戚印平：《范礼安与中国——兼论中国教区的行政归属》，《世界宗教研究》2011 年第 2 期。

[3]　方豪：《中西交通史》第 4 册，第 3 页。

图 3—2
10 年绘利玛窦
画像

教皇下令在澳门建立传教区，负责远东地区的传教工作。1582 年利玛窦受范礼安指派往澳门学习当地语言并开展传教工作。他先后在韶州、南昌、南京修建教堂，直至 1610 年在北京逝世，在华传教 28 年。

利玛窦的晚年回忆录手稿原为意大利文。[1] 耶稣会士金尼阁（Nicolas Trigault）为便于向罗马教廷汇报在华传教工作，在返回欧洲途中，将该手稿翻译成拉丁文，并加入了自己在华的一些经历，

---

[1] 意大利文手稿名为《论耶稣会士及天主教进入中国》（*Della Entrata della Compagnia di Gesù e Christianita Nella Cina*），经德礼贤（Pasquale D'Elia）校注并以《天主教在华传播史》（*Storia dell' Introduzione del Cristianesimo in Cina*）为名收入其所编《利玛窦全集》（罗马，1949）。德礼贤所编《利玛窦全集》共计 3 卷，参见 Pasquale d'Elia ed., *Fonti Ricciane*, Vol. 1-3, Rome: La Libreria dello Stato, 1942-1949。有关《利玛窦中国札记》的版本演变问题，参见林金水：《利玛窦与中国》，中国社会科学出版社，1996 年，第 272—277 页。

于 1615 年在欧洲以《基督教远征中国史》为名出版。[1] 该译著一经出版，立刻在欧洲引起轰动，并很快被转译为其他欧洲语言。路易斯·加莱格尔（Louis Joseph Gallagher）将金尼阁拉丁文译本转译为英文，于 1942 年出版，1953 年重印。[2] 何高济等人根据英译本，将其中译为《利玛窦中国札记》（以下简称《札记》）。[3] 现又有学者据意大利文原本译成中文。[4] 目前，已经有一些研究者对《利玛窦中国札记》中的饮食议题开展过研究。[5] 还有一些学者研究利玛窦在中国的日常衣着、生活消费等问题的时，也涉及饮食议题的探讨。[6] 正是因为编译者的转译，不同语言版本在流传过程中出现的文本变异，一些与中国饮食（尤其是水果、动植物）相关的信息，难免发生误读和错漏的情况。[7]

《利玛窦中国札记》汇聚了利玛窦在华近三十年的生活经历和思考。他对中国饮食名物、宴饮礼仪、茶酒习俗乃至运河商贸流通等内

---

1 Nicholas Trigault, *De Christiana Expeditione apud Sinas Suscepta ab Societate Jesu*, Augsburg: Christoph Mang, 1615.

2 Matteo Ricci, *The China That W*as, trans., Louis Joseph Gallagher, New York: The Bruce Publishing Company, 1942, reprinted in 1953; Matteo Ricci, Nicholas Trigault, *China in the Sixteenth Century: the Journals of Mathew Ricci, 1583-1610*, New York: Random House, 1953.

3 本文在不特别说明的情况下，所引《札记》内容均出自何高济中译本。参见［意］利玛窦、［比］金尼阁：《利玛窦中国札记》，何高济等译，中华书局，2010 年。

4 台北光启出版社、辅仁大学出版社于 1986 年联合出版了由刘俊余、王玉川据意大利文本翻译的中译本《利玛窦全集》。2014 年，德礼贤据意大利原文编校的《利玛窦全集》（第 1、2 卷）被文铮译为中文。可参见［意］利玛窦：《耶稣会与天主教进入中国史》，文铮译、［意］梅欧金校，商务印书馆，2014 年。

5 刘朴兵：《利玛窦视野中的晚明饮食文化》，《西夏研究》2014 年第 1 期；周鸿承、计翔翔：《利玛窦与中西饮食文化交流研究》，《浙江学刊》2015 年第 6 期。

6 林金水、代国庆：《利玛窦研究三十年》，《世界宗教研究》2010 年第 6 期。利玛窦"易服"问题的研究，可参见计翔翔：《关于利玛窦衣儒服的研究》，《世界宗教研究》2001 年第 3 期；戚印平、何先月：《再论利玛窦的易服与范礼安的"文化适应政策"》，《浙江大学学报（人文社会科学版）》2013 年第 3 期。

7 谭世宝：《利玛窦〈中国传教史〉译本的几个问题》，《世界宗教研究》1999 年第 4 期；谭世宝：《利玛窦〈中国传教史〉译本的几个问题》，引自黄时鉴：《东西文化论谭（第二集）》，上海文艺出版社，2001 年，第 32—46 页；计翔翔、吴倩华：《明清之际入华传教士眼中的中国食物》，引自赵荣光等主编：《留住祖先餐桌的记忆：2011'杭州亚洲食学论坛学术论文集》，第 388—420 页。

容都有细致独到的记录与评价。就以中国饮食知识来说，《利玛窦中国札记》体现的是西方学者直接以汉文资料呈现、实地品鉴、长期考察的方式，向西方传递中国饮食的系统化知识。

利玛窦还通过中文著书立说，向中西方双向输出有关中西饮食的文化与知识。利玛窦通过撰写《天主实义》《斋旨》《畸人十篇》，用汉语向中国传播西方天主教斋素传统和宗教饮食知识。据最新研究发现，目前西班牙耶稣会托雷多教区历史档案馆所藏汉语和拉丁语双语手稿《拜客训示》，就是利玛窦等在华耶稣会士大致在1600—1610年初编。[1]利玛窦等人是为了新到中国的耶稣会教友能够尽快熟悉汉语、了解中国文化、礼仪诸事才编制此册子。《拜客训示》里有专门以"厨房的事""买办的事""茶房的事"为主题的系统讲解。目前对该书也已有较好的研究。[2]仅将书中"厨房的事"抄录如下，厨事分工的细化，说明该时期利玛窦等早期入华耶稣会士已较为详细地了解到中国饮食的方方面面。

厨房的事

某人，你今要管厨房的事。你会不会？老爷吩咐，小的依着就是。厨房里面事，件件都该用心。要洁净，要精致。这样就是一个好厨子。

头一件。大小磁器家伙，都要洗得干净。宁可多费几盆水。洗净了收放在厨柜里面，该要分别。老爷用的放在上层。你们用的放在下层。凡你们的，不该送到老爷面前用。老爷所用的碗，你们不该用。这个是家里的规矩。

---

1 彭强：《浅析〈拜客训示〉中的耶稣会士行迹考》，《关西大学东西学术研究所纪要》2020年第53期。

2 可参见华雨杉：《晚明传教士汉语教材〈拜客训示〉编写特点及研究价值》，北京外国语大学硕士学位论文，2021年；汪维辉、徐多懿：《新发现的传教士会话书〈拜客训示〉：研究价值及语言性质》，《古汉语研究》2020年第4期；汪维辉、徐多懿：《〈拜客训示〉点校》，《汉语语言学》2021年第1期。

　　第二件。吃肉的日子，或是牛肉，或是猪肉，或是鸡与各样的东西，都要煮得烂。宁可预先方便，不可到吃饭时节才下手。不但肉要烂，就是菜也要烂才好。吃斋的日子，该用鱼或用蛋。若用蛋，这个不难整制。若是用鱼，极要整制得好，或是煎，或是煮，或是烧，都要熟才好。大概饮食，不论鱼肉，都要熟。还该用些香料在里面更好。

　　第三件。每日清早起来，就要方便。老爷们洗脸的水，若相遇夏天，就是冷水也罢了。若是冬天时节，要热些才用得。这个水是天亮洗到晚，常常要洗手，宁可多些不可缺少。到了第二日，早起来该要倒去旧的水，要洗一洗那水壶，从新灌上新水。若烧柴火的时节，或煮粥或做饭，或整制肴馔菜蔬，这个自然该用。若不做东西，没有甚么做，就该打减它，退出来，不要空费柴火。若烧的时节，免不得有灰，不要炀过了，该取它放在坛子

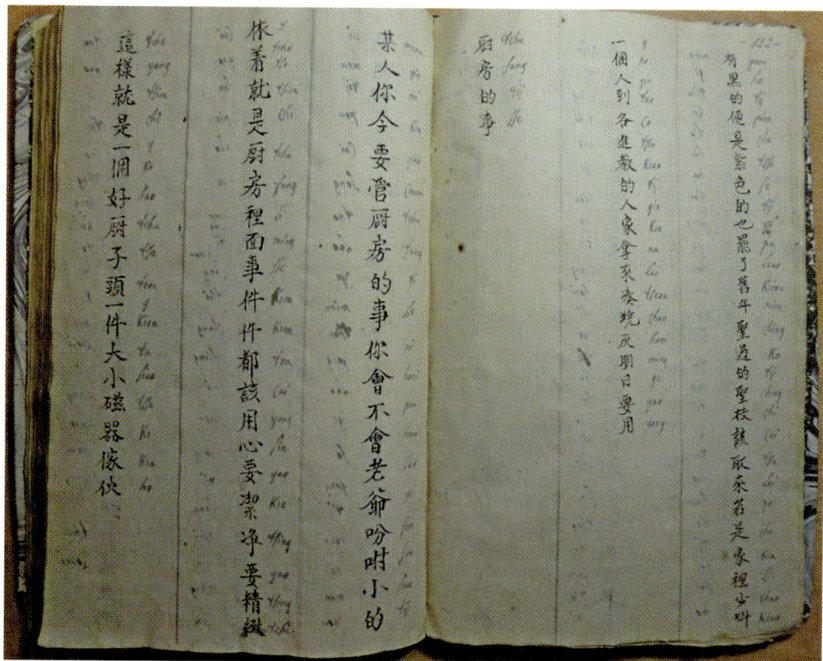

图 3—3
《拜客训示》

里，或要炊茶，或是烧点心的时节，就得用。吃完了饭的时节，你没有甚么事，该把厨房的地下打扫一打扫。该打柴劈些。**1**

与前人相比，西方古典时代那些虚无缥缈的"赛里斯""秦尼"传说故事，蒙元时代马可波罗等人走马观花式的鞑靼见闻和16世纪伊比利亚人在东南沿海的"一斑窥豹"，皆不及利玛窦传回欧洲的中国饮食认知。利玛窦是在深入中国内地，长时间学习汉语与中国文化知识，和耶稣会教友以及中国文人研讨中国问题之后，才向欧洲发回可靠而翔实的中国饮食知识。

一、明代中国宴会文化及其背后的礼仪规矩

宴会是中国人交流信息和情感的重要场合。利玛窦在号称礼仪之邦的中国长时间生活和交游，对中国宴会的仪程次序、座次、宴席与宴食、宴乐表演等均有充分了解。他认为中国人把许多时间都放在了宴会上，以至于每次社交或重要活动之后，总是免不了举行宴饮，发出"（中国）宴会是表示友谊的最高形式"的感慨。**2**

（一）宾客延请与请帖

宾客延请礼仪是明代正式宴会仪程的重要环节。请帖本意是一种用于邀请客人赴宴、聚会或完成某一事项的礼仪性书帖。但在中国传统宴饮生活实践中，请帖这个日常生活中的小物件却大有深意。利玛窦写道：

（请帖）约一个半手掌的长度，呈长方形，在封面的正中有

---

1 利玛窦等编：《拜客训示》，编号：Lg.1042.14，第119—122页，西班牙耶稣会托雷多教区历史档案馆藏。

2 ［意］利玛窦、［比］金尼阁：《利玛窦中国札记》，何高济等译，第68页。

一条两英寸宽的红纸。……

上面写有适当的头衔。……

客人的地位越高贵，访帖上的姓名也就写得越大。[1]

请帖上客人的尊称和署名大小，反映出客人的地位高低。长期在华生活的利玛窦已经十分了解此中道理。结合已有研究成果，赵荣光先生已将利玛窦书中描绘的请帖样式，制作如图3—4。[2]1799年日本刊印的《清俗纪闻》收录有大量关于清朝乾隆年间饮食制度的内容，其中绘制有在日清朝商人审定过的中式请帖样式，亦可资参考（**图3—5**）。[3]

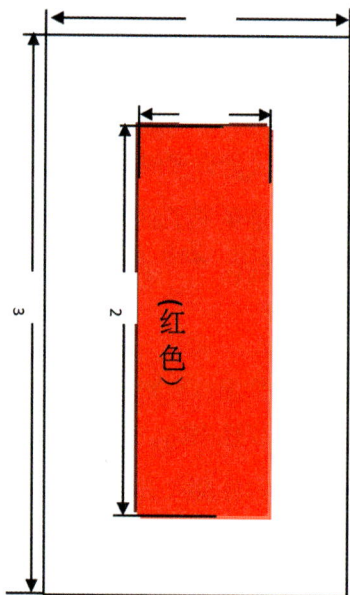

图3—4　利玛窦书中明代宴会请帖样式

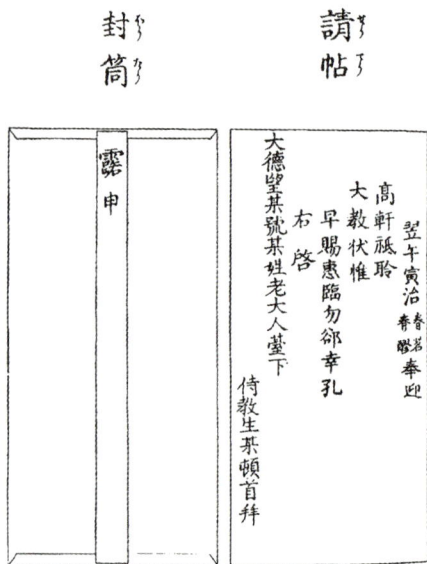

图3—5　《清俗纪闻》所见中式请帖样式

---

1 ［意］利玛窦、［比］金尼阁：《利玛窦中国札记》，何高济等译，第65—66页。

2 赵荣光：《中国饮食文化史》，上海人民出版社，2006年，第408页。

3 ［日］中川忠英：《清俗纪闻》，方克、孙玄龄译，中华书局，2006年，第5页。

　　利玛窦有关明代中国请帖背后的礼仪认知和实践，对于西方了解中国传统饮食文化具有重要意义。请帖的规制、书写格式、投送礼节，都在传递中国尊卑、亲疏、长幼之等级与礼仪观念。利玛窦所记明代中国中上层群体的正式宴饮延请，需要发出三道请帖：

　　　　第一道：在举行隆重宴会数天前呈上。第一道请帖用语较为正式，写有宴会主人、用餐时间和地点，表明正式邀请赴宴之意；

　　　　第二道：宴会的当天早上，递上第二道请帖。第二道格式简短，催促务必赴宴；

　　　　第三道：约开宴前一个时辰（两个小时）前再送上第三道请帖。[1]

　　古代中国社会交通不便，官宦或者书香门第延请客人，尤其常见的是正式延请，需提前至少三日发出拜帖。主人家投下拜帖后，需"托门者通进"，待对方示意后方能入谒、送下请帖。请帖由主人差下人投送后，客人需在帖上打个"知"字，表示接受。如不能赴宴，则打个"谢"字，婉言谢绝。再将请帖交给来人，由其复命。主人看过打"知"字或"谢"字的请帖后，根据受邀客人的数量、年龄、尊卑等级，预备好当日所需的场所、食物、座次以及其他需要注意的事项。在宴会当天的早晨，主人再次向接受邀请的所有客人送出一张简易请帖，书"某某拜上，幸赐早临"或"某某拜上，早临为幸"等，提醒客人准时赴会。大约宴会开始前半个时辰，若还有客人没有到场就座、吃茶，主人便送出第三份请帖，寓意在半路上迎接尊贵的客人。而第三道帖子的发出，实际上是为了合理安

1　［意］利玛窦、［比］金尼阁：《利玛窦中国札记》，何高济等译，第69页。

图 3—6
20 世纪初时任杭
济医院院长、英国
人梅滕更医生与中
国小患者互相行
揖礼

排迎客礼仪。如果宾客身份地位与主人相当或高于主人，那么主人则要在大门外或者半路上迎接客人。否则，主人只会在大门内迎接宾客。上述中国古代宾客宴请的习俗，与利玛窦记载的三道请帖惯例几乎一致。他还注意到，迎客喝茶时，中国人最常见的动作就是作揖，尊人抑己，以表敬意。

（二）座次礼仪与等级观念

迎客喝茶之后，主人会先来到餐厅，然后用酒进行祭天。在这项仪式结束后，主人会邀请所有宾客前往餐厅落座。座次安排体现出强烈的等级尊卑色彩。在《明会典》中，还有关于"大宴、中宴、常宴及小宴"[1] 礼仪的严格规范。明代宫廷里的正式宴饮甚至有专门安排纠仪御史来纠察争执座次等失仪之举。[2]

---

1 申时行：《明会典》卷 72《宴礼》，中华书局，1989 年，第 420—421 页。
2 王维琼：《明代的"赐宴"和"赐食"》，东北师范大学硕士学位论文，2010 年，第 33—34 页。

上行下效之下，明代社会对于座次礼仪的规定就在潜移默化中成为一种无形的约束。最终，明代社会的座次礼仪基本范式是：最尊贵的主宾坐在正位，地位稍低的客人坐在主位的右侧，地位再次的客人坐在主位的左侧，以此类推。利玛窦在华生活近三十年，对明代中国宴会座次礼仪与范式也有类似记载。最尊贵的客人居中就座，坐北朝南。主宾入座后，"把第二位安置在最重要客人的右边，第三位在他的左边"，[1]以此类推。同样是依据尊人抑己原则，主人的餐位会被放在餐厅里的下首处。这样的安排，使得主人会背向房门和南方。利玛窦还特别记载了一次由大理寺卿李汝祯主办的正式宴会，[2]目的在于解决与雪浪洪恩（亦称三淮和尚）关于"耶佛"争辩之事。利玛窦虽然没有完全提及这次宴会的座次安排，但是基本可以推断出：利玛窦和雪浪洪恩将被作为最尊贵的主宾，安排在坐北朝南的主座，主人李汝祯则会坐在下首，面对两位主宾。瞿汝夔、李贽、焦竑等数十位知名文人雅士则会分别坐在左右两侧。

（三）分餐与合餐并存

因高足桌椅的出现，明代中国正式宴饮场合已经比较流行合餐，即所有人围坐在一起进食。当然如汉唐以前的席地而坐、分餐制传统，亦与合餐围食并存。宴饮文化的发展变迁是一个缓慢的历史过程。分餐与合餐的制度性变化，亦是如此。《利玛窦中国札记》中就有这样的记载："每个人都有一张单独的桌子，有时在单独一个客人面前把两张桌子并在一起。"[3]同为耶稣会教友的曾德昭也印证了利玛窦的说法。[4]明代中国的正式宴会还会以餐桌数量的多寡来判断宴会规格的高低。而宾客能够使用多少张餐桌，也是身份和地位的象征。

1　［意］利玛窦、［比］金尼阁：《利玛窦中国札记》，何高济等译，第70—72页。

2　利玛窦在华期间，结交上百位中国文人，频繁参与各种宴事。林金水作有"利玛窦与中国士大夫交游一览表"，可供检索。参见林金水：《利玛窦与中国》，第286—316页。

3　［意］利玛窦、［比］金尼阁：《利玛窦中国札记》，何高济等译，第70页。

4　［葡］曾德昭：《大中国志》，何高济译，第99—100页。

图 3—7
19 世纪中国人
晚宴，图中有
人座次、用筷
菜等细节

尊贵的主宾可能一人一桌甚至一人占两桌，分别用来进食和摆放其他杯盘佳肴。而地位和身份低的宾客，一般是一桌四人或者一桌两人。

（四）筷子及其文化意义

用筷子吃饭是中国饮食文化的鲜明特征。利玛窦十分赞赏中国人灵活使用筷子取食的能力。[1]他说："中国人用筷子很容易地把任何种类的食物放入口内，而不必借助手指。食物送到桌上时已切成小块，除非是很软的东西，例如煮鸡蛋或鱼等等，那是用筷子很容易夹开

1　意大利原文中将筷子拼写为"Bacchhette sottili"，德礼贤注为"Bastoncelli"，即现代英文 Chopstick。参见 Pasquale d'Elia ed., *Fonti Ricciane,* Vol. 1, 1942, p.76.

的。"[1]可以想象，利玛窦一开始在中国学习用筷吃饭的时候，肯定会感受到这种取食方式的独特，西方人使用起来并不容易。

利玛窦在比较西方刀叉文化与中国筷子文化的时候，他说中国人"吃东西不用刀、叉或匙"，这是西方知识传统导致的片面之语，并不正确。但他只不过是在表达中国筷子文化的独特性时，为凸显两种文化的差异而忽视了此问题。利玛窦长期生活在明代中国，他在就餐时肯定用过刀、叉、匙等助食器具。中国汉代画像砖、出土饮食器具文物以及唐宋以来的大量文献中，都有许多使用各种形制的刀、叉、匙进食的史料。汉代墓葬出土的箸匙、匕箸、箸勺还是配套使用的。[2]唐宋时期，勺与箸也是宴会不可或缺的食具。[3]宋高宗"每进膳，必置匙箸两副，食前多品，择取欲食者，以别箸取置一器中，食之必尽，饭则以别匙减而后食"。[4]这则材料指出了匙和箸在宋时的并用情况，而且指出此时箸主要用来食羹菜，而匙用于食饭。宋元时期，北方民族与中原汉族交流频繁，进食工具也从单一的刀匙发展为箸刀匙并用。[5]

利玛窦有记录明代中国筷子的形制、质料以及加工工艺等信息。他说中国常见的筷子是乌木箸和象牙箸。"接触食物的一头通常用金或银包头"，[6]实际上指的就是明代镶箸工艺，有"（单）镶""两镶""三镶"之区别。[7]研究者指出，明代中国社会中上层最常使用名贵的乌木和檀木等木料制作筷子，而象牙则是极品箸料。[8]珍贵木料，因其珍贵，又往往与金、银、玉、牙等贵重金属、石料、骨料等

1　［意］利玛窦、［比］金尼阁：《利玛窦中国札记》，何高济等译，第69页。
2　刘云、赵荣光等：《中国箸文化史》，中华书局，2006年，第132页。
3　王仁湘：《往古的滋味：中国饮食的历史与文化》，山东画报出版社，2006年，第46页。
4　田汝成：《西湖游览志余》，东方出版社，2012年，第12页。
5　刘云、赵荣光等：《中国箸文化史》，第278页。
6　［意］利玛窦、［比］金尼阁：《利玛窦中国札记》，何高济等译，第70页。
7　刘云、赵荣光等：《中国箸文化史》，第312页。
8　刘云、赵荣光等：《中国箸文化史》，第306、309页。

镶制为合成料箸，而明代又正是镶箸工艺流行的时代，清代则更胜于明代。明代权臣严嵩倒台时，其家产被判籍没，其籍产簿上有乌木箸 6896 双。[1] 象牙箸多达 2691 双，[2] 其中金镶牙箸 1110 双、银镶牙箸 1009 双，共 2119 双。[3]

如何正确使用筷子，是入华耶稣会士需要学习的一门学问。筷子可以起到协调宴会就餐节奏的作用。

第一是摆筷之礼。主人通过摆筷之礼可以表达对宾客的敬意以及嘉宾入座的信号。当仆人递给主人一双筷子，主人小心翼翼地为主客摆好，以示请其入座。而遵照礼尚往来的礼仪，主客也会十分客气地为主人摆筷。[4] 主客还会与主人客套一番，推辞上座之请，十分优雅地作揖表示感谢。

第二是举筷之礼。宴会开始时，为表示对主人地位的尊重，所有与宴者都会跟随着主人的模样举起筷子，然后慢慢放下，所有人几乎同时夹菜进食。所有人都会注意到不要把筷子放回桌上，而是要等最尊贵的主客停下筷子后，大家才将筷子停在桌上。[5] 在正式宴饮场合，来宾是为了某种目的的社交，而不仅是来这场宴席上吃饱饭，故而万万不可失礼于人前。其实，主客停下筷子，就是给仆人们的信号，提醒仆人用酒壶逐一给主客的酒杯斟酒。正是因为有繁复的礼仪过程，明代的正式宴才往往会持续很长时间，其间还会安排歌舞、杂耍等表演以及互动性更强的酒令游戏等活动。

16 世纪初，来自葡萄牙和西班牙的皮雷斯、克路士和拉达等人了解甚至见过中国人用筷子吃饭，但仅仅知道这是中国餐桌上最不同于西方刀叉文化的一种助食方式。通过上面细致的分析可以看出，只

---

[1] 佚名：《天水冰山录》（三），引自王云五：《丛书集成初编》1504 册，商务印书馆，1936 年，第 306 页。

[2] 佚名：《天水冰山录》（二），引自王云五：《丛书集成初编》1503 册，第 120 页。

[3] 佚名：《天水冰山录》（一），引自王云五：《丛书集成初编》1502 册，第 112 页。

[4] ［意］利玛窦、［比］金尼阁：《利玛窦中国札记》，何高济等译，第 70—71 页。

[5] ［意］利玛窦、［比］金尼阁：《利玛窦中国札记》，何高济等译，第 71 页。

有如利玛窦这般深入了解中国文化的入华耶稣会士，才有可能发现这"两根小棍"背后丰富的中国礼仪规矩以及中国人的人情世故。与既往西方观察者不同的是，利玛窦意识到中国人在宴会场合赋予了筷子独特的文化意义。细细的两根小棍不仅是具有助食功能的餐具，更是中国人优雅内敛的生活礼仪在餐桌上具体展现。

二、中国饮食名物考辨

利玛窦对中国主食、禽畜、果蔬、油料、调味品、饮料和饮食器都有较为全面的记录，笔者已有专门探讨。[1]由于日常生活中的食品名目繁多，利玛窦对常见的瓜果蔬菜等饮食名物并没有细致研究，而是以罗列为主，可参见表3—1。本节择其要点，对利玛窦有关中国饮食名物在西传过程中发生的一些变异或错漏，予以考察。

表3—1　利玛窦所见中国主要饮食名物

主食类	大米、黍、稷（小米）、冬小麦
禽畜类	猪、羔羊、山羊、鸡、鸭、鹅、马、骡、驴、狗、鹿、野兔
鲜干果类	荔枝、龙眼、中国无花果（柿子）、芭蕉、凤眼果、橘子、柑橘类水果、槟榔、葡萄、坚果
油料、调味品类	芝麻、芝麻油、盐、糖、蜂蜜、肉桂、鲜姜／生姜、胡椒
饮料类	热水、米酒、茶、牛奶
食器具类	陶器、筷子（乌木、象牙等不同材质）、盘子、碟、碗、酒杯、托盘、银匙

黍和稷。利玛窦所记的黍、稷在加莱格尔英译本中为 Barley 和 Millet。[2]何高济译本据此转译为大麦和小米。[3]意大利文本中写作"Miglio Panico"，德礼贤译注为"黍，稷"。[4]利玛窦自己的记述很抽

1　周鸿承、计翔翔:《利玛窦与中西饮食文化交流研究》,《浙江学刊》2015 年第 6 期。

2　Matteo Ricci, *The China That Was*, trans., Louis Joseph Gallagher, p.16.

3　[意] 利玛窦、[比] 金尼阁:《利玛窦中国札记》,何高济等译, 第 10 页。

4　Pasquale d' Elia ed., *Fonti Ricciane*, Vol. 1, 1942, p.17.

象简略。黍和稷在中国农业史上是指何物，一直是有争议的。当今主流观点是：黍指的就是糜子、黄米，稷指的是小米、粟米。

柿子。16世纪初，在中国东南沿海活动的葡萄牙人最早发现了一种他们未曾见过的食品——柿子。葡萄牙人克路士称之"中国无花果"，[1] 葡萄牙人叫它"Sucusina""Sucu"或"Suzu"，是汉语"柿子"的对音，而"Sina"意为"中国的"。

利玛窦在回忆录中，明确表示自己是从葡萄牙人那里知道了"中国无花果"这种水果。[2] 利玛窦对柿子的记载十分简单。克路士认为制成干脯的柿子（即柿饼）才好吃。正是因为柿子十分好吃，且柿饼还可以长时间储存，克路士才提及这种食品会被转卖至印度。有研究者认为《利玛窦中国札记》中所载"这种特殊的水果（柿子）只有制成干果后才能吃"[3]，但与前人克路士的说法比起来，是一种后退。[4] 通过查证，《利玛窦中国札记》意大利文手稿原文中并没有这句话，[5] 而何高济中译本的确是有这句话。该中译本是根据加莱格尔英译本转译而来，而英译本又根据的是金尼阁删改

图3—8　卜弥格《中国植物志》所绘柿子

1　［葡］克路士：《中国志》，引自［英］C. R. 博克舍编著：《十六世纪中国南部行纪》，何高济译，第94页。

2　Matteo Ricci, *The China That Was*, trans., Louis Joseph Gallagher, p.16.

3　［意］利玛窦、［比］金尼阁：《利玛窦中国札记》，何高济等译，第11页。

4　计翔翔、吴倩华：《明清之际入华传教士眼中的中国食物》，引自赵荣光等主编：《留住祖先餐桌的记忆：2011'杭州亚洲食学论坛学术论文集》，第417页。

5　［意］利玛窦：《耶稣会与天主教进入中国史》，文铮译、［意］梅欧金校，第10页。

后的拉丁文译本。可见，这句话极有可能是金尼阁根据自己的口味偏好，认为柿饼更加好吃，才加到了拉丁文译本之中。曾德昭准确分辨了鲜柿子和柿饼之间的区别，而植物学家、入华耶稣会士卜弥格在《中国植物志》（维也纳，1656 年）中虽然绘制了准确的鲜柿子图像，但却错误地将其用汉语备注为"柿饼"。[1] 曾德昭准确地区分了柿子与无花果之间的区别，也知道鲜柿子和柿饼的区别。他认为在河南、山西、陕西和山东产的柿子质量最好，产量还大，这些地方的柿子会被制成柿饼，销往全国。[2] 曾德昭的确是第一位比较详细且准确向西方介绍柿子这种美味水果的欧洲人。17 世纪后期，"国王数学家"也从科考的视角，在曾德昭等人的基础上进一步介绍了中国柿子以及柿饼的制作手艺。[3]

橄榄。《利玛窦中国札记》中认为中国不产橄榄和杏仁。[4] 经查原文以及上下文比较，中译本径直将"Olive"译为橄榄，在此处语境下，是不正确的。利玛窦回忆录意大利文原手稿（*Fonti Ricciane*, Vol.1, 1942, p. 17）中，此处写作"Mandorle et olive"，加莱格尔英译本（1942, p. 16）据拉丁文译本英译成"Olives and almonds"，何高济据此译作"橄榄和杏仁"。文铮所译《耶稣会与天主教进入中国史》一书虽根据意大利原文本翻译"利玛窦回忆录"，但其译作"橄榄和扁桃仁"仍然不正确。正确的译法应该是将此处的"Olive"译为油橄榄。利玛窦说中国不产油橄榄是正确的。

橄榄是中国南方植物，有上千年的种植史。明人徐光启《农政

1　参见［波］卜弥格：《中国植物志》，《卜弥格文集》，张振辉、张西平译，华东师范大学出版社，2013 年，第 324 页。

2　［葡］曾德昭：《大中国志》，何高济译，第 6—7 页。

3　［法］李明：《中国近事报道（1687—1692）》，郭强、龙云、李伟译，大象出版社，2004 年，第 103—104 页

4　［意］利玛窦、［比］金尼阁：《利玛窦中国札记》，何高济等译，第 10 页。

全书》载，橄榄"生岭南及闽、广诸郡。性畏寒，江浙难种"。[1] 李时珍《本草纲目·橄榄》中，有关于中国橄榄分布、种类与功效的详细记载。[2] 既如此，长期活动在江浙区域的利玛窦怎么会说中国不产橄榄呢？经现代学者研究，中译者把"油橄榄"（Olive）径直译作"橄榄"，于是两种不同的果树被混为一谈。[3] 从《札记》随后的记述中，也可以内证利玛窦此处所指橄榄为欧洲的油橄榄。利玛窦提及中国人榨油时说："中国人有好几种东西可以代替我们食用和点灯用的橄榄油。其中主要的一种是从芝麻榨取带香味的油。"[4] 橄榄油是意大利以及其他地中海国家常用的食用油，在西方食物烹饪中，具有重要作用。1687 年入华的法国"国王数学家"李明在《中国近事报道》一书中对中国橄榄和欧洲油橄榄进行了非常明确的区分。[5]

此外，有研究者认为："中译者把原本是'坚果'改译为'杏仁'，以致让人产生利玛窦认为中国没有杏仁的误解。利玛窦意大利原文中所指'坚果'应该另有所指，由于背景资料有限，不清楚利玛窦所指为何物。但是，利玛窦在这里所指的坚果应该是一种欧洲有的而中国没有的坚果。"[6] 最近，又有中译者把此暂不能确定的"坚果"翻译为"扁桃仁"，[7] 尚缺乏充足证据。

葡萄酒。利玛窦认为中国"葡萄不大常见，即使有，质量也不

1 徐光启：《农政全书》卷 30《树艺·果部下·橄榄》，引自《四库全书》，上海古籍出版社，1987 年，第 429 页。

2 刘衡如、刘山永校注：《〈本草纲目〉（下）新校注本》，第 1222 页。

3 油橄榄，Olive，学名 Olea europaea，也叫"齐墩果"。核果椭圆形或卵形，可生食，亦可榨油（橄榄油）。原产地中海一带，适宜温暖干燥气候。橄榄，Chinese olive，学名 Canarium album，橄榄科，常绿乔木。成熟后，显淡黄色，可食用和药用。参见计翔翔、吴倩华：《明清之际入华传教士眼中的中国食物》，引自赵荣光等主编：《留住祖先餐桌的记忆：2011'杭州亚洲食学论坛学术论文集》，第 388—420 页。

4 ［意］利玛窦、［比］金尼阁：《利玛窦中国札记》，何高济等译，第 12 页。

5 ［法］李明：《中国近事报道（1687—1692）》，郭强、龙云、李伟译，第 102 页。

6 谭世宝：《利玛窦〈中国传教史〉译本的几个问题》，《世界宗教研究》1999 年第 4 期。

7 ［意］利玛窦：《耶稣会与天主教进入中国史》，文铮译，［意］梅欧金校，第 9 页。

很好"，而且中国人喜欢喝米酒。**1** 早在 13 世纪，鲁布鲁克出访蒙古的时候就说过类似观点："契丹国……饮料皆制自米。现今其人虽亦种植葡萄，然不以制酒也。"14 世纪约翰·柯拉（John de Cora）所著《大可汗国记》中也有类似的说法。他说："（契丹）国中不产油橄榄及葡萄酒。"**2** 马可波罗却说山西太原地区有不少葡萄园，酿葡萄酒甚多。16 世纪末访问过中国的拉达发现中国有"黑白葡萄"，但是"没有见葡萄酿的酒"，于是他断言，"我不信他们知道怎样用它酿酒"。**3** 这么多西方人（基本上都是基督徒）关心中国是否有葡萄以及是否酿造葡萄酒，很大一部分原因是与宗教信仰有关。对于基督徒来说，葡萄酒是圣餐中象征耶稣血液的圣食，面包象征基督的肉体。有关中国是否有葡萄酒，是否有面包及其类似物的文字于西人的个人日记或考察报告中记录不绝。而早期入华西人多只能在中国南部沿海地区以及北京周边区域活动，很多人实际上并没有机会去到盛产葡萄的内陆省份。因此，受观察范围以及生活空间的局限，利玛窦对于中国是否生产葡萄以及葡萄酒的认识就与实际情况不符。

实际情况是，中国有悠久的葡萄栽培史，并用于酿制葡萄果酒。李时珍说葡萄有紫、白二色，白者名水晶葡萄，黑者名紫葡萄。有圆如珠者名草龙珠，有长似马乳者名马乳葡萄，还有无核者，取汁可酿酒；太原、平阳皆作葡萄干，货之四方。**4** 晚于利玛窦入华的曾德昭大约在 1640 年完成其名著《大中国志》。书中记载"中国葡萄非常少，但是在陕西很多，还制成葡萄干"；曾德昭也说山西有用葡萄酿酒。**5** 曾德昭的说法部分印证了利玛窦的记录，更符合实际情况。不

---

1 ［意］利玛窦、［比］金尼阁：《利玛窦中国札记》，何高济等译，第 12 页。

2 张星烺编注：《中西交通史料汇编》第 1 册，中华书局，1977 年，第 273 页。

3 ［西］拉达：《记大明的中国事情》，引自［英］C. R. 博克舍编著：《十六世纪中国南部行纪》，何高济译，第 206 页。

4 刘衡如、刘山永校注：《〈本草纲目〉（下）新校注本》，第 1265 页。

5 ［葡］曾德昭：《大中国志》，何高济译，第 7、23 页。

可否认的是，中国古代的葡萄酒更多是一种微发酵的果饮，其制作工艺与品质无法与西方葡萄酒相比。古代中国人把更多的智慧和热情花在制作各类米酒上，尤其是用稻米酿制的黄酒。所以，利玛窦有关中国是否种植葡萄以及制作葡萄酒的判断，仅是其个人依据在华生活经历和考察范围而得出的看法，也不算是太大的错误。从整个明代来看，中国人饮用葡萄酒的确相对少见，而饮用米酒（尤其是黄酒）则比较常见。

利玛窦在回忆录中，时常感慨中国物产的富饶，对上述几种中国人的主粮、水果和牲畜，也其实并没有专门性研究，属于实录性质居多。此外，《利玛窦中国札记》中译本还未译出意大利手稿中利玛窦所见的芭蕉（Paziao）和凤眼果。[1] 而意大利手稿中所录 Boi o bufari，[2] 则在现在根据意大利文翻译的中译本中正确地译作"黄牛和水牛"。[3] 加莱格尔把其英译为 Oxen and gazelles 是错误的。[4] 中西文明交流互鉴过程中，经常因为异国人士知识背景、语言差异等因素，造成一些认知讹误。尤其是关于各种动植物名称和性状，经常会发生误解或误读，这是十分正常的现象。因此，我们不能苛责利玛窦以及对他回忆录进行转译的金尼阁等其他西文译者。

三、亲历明代茶风之变

利玛窦有关中国饮茶习俗的记录反映了明中后期中国饮茶风俗从末茶到叶茶的演变。大航海开始以前，欧洲人通过与陆路上的阿拉伯

---

1 Pasquale d' Elia ed., *Fonti Ricciane,* Vol. 1, 1942, p. 18. 2010 年再版的《札记》页下注中已经提及了意文手稿本中原有芭蕉。参见［意］利玛窦、［比］金尼阁：《利玛窦中国札记》，何高济等译，第 11 页注 1；谭世宝：《利玛窦〈中国传教史〉译本的几个问题》，《世界宗教研究》1999 年第 4 期。

2 Pasquale d' Elia ed., *Fonti Ricciane,* Vol.1, 1942, p. 19.

3 ［意］利玛窦：《耶稣会与天主教进入中国史》，文铮译、［意］梅欧金校，第 10 页；谭世宝：《利玛窦〈中国传教史〉译本的几个问题》，《世界宗教研究》1999 年第 4 期。

4 Matteo Ricci, *The China That Was,* trans., Louis Joseph Gallagher, p. 18.

人的接触，已经间接了解中国茶的信息，但是对中国人饮茶风俗并不十分了解。等到利玛窦入华，他不仅经常喝中国茶，还敏锐地感受到明代社会饮茶风俗的变异。

利玛窦说，日本人把茶叶"磨成粉末，然后放两三汤匙的粉末到一壶滚开的水里，喝这样冲出来的饮料"。这里展示的是日本人使用末茶之法（即煮茶法或点茶法），而明代中国人已经开始流行使用叶茶之法（冲泡茶叶后品尝茶水的方法）。唐代陆羽所著《茶经·六之饮》："饮有粗茶、散茶、末茶、饼茶者"，[1] 其中末茶指的是鲜茶叶经蒸青、捣碎、烘干后的碎末茶。但饮用末茶时，要先把茶叶焙烤极干后碾成细末。如果是饼茶（蒸青而成的饼茶），则要先碾成碎末。然后把细末投入瓶中，注入开水烹煮，方可饮用。明人丘濬所著《大学衍义补·制国用·山泽之利下》亦载："茶有末茶，有叶茶……唐宋用茶，皆为细末，制为饼片，临用而辗之。……《元志》犹有末茶之说，今世惟闽广间用末茶。而叶茶之用，遍于中国，而外夷亦然，世不复知有末茶。"[2] 利玛窦所记当时日本流行末茶之法，是日本人在唐代从中国习得，进而成为日本一以贯之的饮茶之法。

与日本饮茶法不同的是，利玛窦记载明代"中国人则把干叶子放入一壶滚水，当叶子里精华被泡出来以后，就把叶子滤出，喝剩下的水"。这是叶茶之法，也称之为瀹饮法。叶茶之法采用的是冲泡而非烹煮，即将茶叶投入沸水中，人饮其水。1575 年访问过福建的拉达在其《记大明的中国事情》中记有饮茶之法。他说"这种饮料是一种略带苦味的草煮的，留一点末在水里，他们吃末喝热水"，[3] 这还是末茶之法。作为外国人的拉达和利玛窦，他们对中国饮茶法从烹煮到冲

---

1 陆羽：《茶经译注》，宋一明译注，上海古籍出版社，2009 年，第 39 页。

2 丘濬：《大学衍义补》上册，京华出版社，1999 年，第 270 页。

3 ［西］拉达：《记大明的中国事情》，引自［英］C. R. 博克舍编著：《十六世纪中国南部行纪》，何高济译，第 204 页。

泡的不同记载，正是明中后期饮茶风俗转变的确证。万历时期沈德符《万历野获编》认为当时明人饮茶从煎点法到瀹饮法的转变，是"开千古茗饮之宗"。而闽广地区变化较缓，这也是为何拉达还可以在福建品尝到末茶，而利玛窦却只能发现日本人还是在使用煎点末茶之法的原因。利玛窦之后，曾德昭在《大中国志》中也述及"将烘干的茶叶放入热水中，显出颜色、香味"，[1] 再次印证了利玛窦所载晚明中国人已经普遍采用冲泡饮茶法的正确性。

利玛窦对中国宴会文化中的延请、迎客、座次、执筷、娱乐等内容进行了详细的记述，揭示了中国传统宴饮生活所蕴藏的礼仪规矩和人情世故。在利玛窦之前访华，乃至之后访华的许多西方人，都没有像利玛窦一般具有对中国宴会文化的系统认知。利玛窦有关中国饮食名物的许多见解，一方面是来自于葡萄牙人，这跟他从葡萄牙来华有关，葡萄牙国王十分支持天主教耶稣会士在远东的传教活动。另一方面，也跟利玛窦自身良好的科学素养以及长时间的在华生活经历有关，他可以长期分析和比较中国的物产情况以及食物背后所代表的文化意义。当然，利玛窦对中国饮食名物认知的一些小小疏误，体现的正是"中食西传"过程中信息发生的偏失与变异。

利玛窦是早期入华耶稣会士中向西方传回有关中国饮食文化的杰出代表，也是中西饮食文化交流史上的极大贡献者和开拓者。利玛窦通过易服成儒生形象与明代万历年间的诸多文人士大夫交往，践行了范礼安在远东传教区积极推行的文化适应政策。利玛窦不仅在服饰上适应了中国风格，也在饮食上适应了中国口味，还喜欢和明代文人品尝热茶。他既是深入中国本土的传教士，也是中国人宴会上的座上宾，更是深谙中国茶道的"老外"。在华饮食生活近三十年的经历，让他品味出中国饮食文化的别样滋味。利玛窦有关中国饮食的认知，

1　［葡］曾德昭：《大中国志》，何高济译，第 34 页。

伴随着他的个人回忆录，传回了西方世界。可以说，通过利玛窦的介绍，西方人有关中国饮食的知识已经不亚于很多中国人了。

四、利玛窦与中西饮食文化双向交流

利玛窦通过《札记》向西方传播中国饮食知识的同时，他还通过其中文著述把西方的基督教斋素思想传播到了中国。为区分天主教徒和佛教徒在斋素教义方面的不同，利玛窦专门撰述《天主实义》《斋旨》[1]《畸人十篇》等中文书稿来进行解释。

《天主实义》全书采取晚明时期盛行的语录体，全部以中士和西士问答的形式构成。在书中，利玛窦主要是利用佛教斋素戒杀理论和佛教六道轮回理论之间的矛盾以及天主教教义理论来告诉中国人佛教轮回六道、戒杀生之谬误，进而重点阐述了天主教斋素的宗旨在于正志。《天主实义》载斋素正志有三：

> 一则通过"贬食减餐、取其淡素"以深悔赎罪；二则通过"节制私欲、淡饮薄食"以清心寡欲；三则通过斋素可以助人积善修德，而和善之乐胜于丰膳之乐。[2]

利玛窦在《天主实义》中初步形成了有关天主教斋素三旨的观念。经过《斋旨》一稿对《天主实义》部分内容的修订，利玛窦不仅在《畸人十篇》中延续了《天主实义》有关基督教斋素理论的基本观点，还取得了进一步的发展。利玛窦所著《天主实义》和《畸人

---

1 《斋旨》很短，八百余字，没有著作年月。《斋旨》全文参见［比］钟鸣旦等编：《徐家汇藏书楼明清天主教文献》第1册，台北辅仁大学神学院，1996年，第1—8页。

2 ［意］利玛窦：《天主实义》，引自朱维铮主编：《利玛窦中文译著集》，复旦大学出版社，2001年，第55—57页。

十篇》均收入李之藻编印的大型丛书《天学初函》，极大地促进了利玛窦有关西方天主教有关斋戒的宗教饮食思想在中国知识群体间的传播。

　　利玛窦将中国物产、饮食风俗、宴饮礼仪、饮茶风俗知识通过《札记》传回欧洲。这些知识都是经过利玛窦长时间检验后的经验总

图 3—9　利玛窦与徐光启

结。利玛窦之记载可信度高，满足了当时欧洲对中国知识的渴望，引起了欧洲知识阶层的热烈讨论。利玛窦对中国粮食作物、物产情况的记录，具有一定的普查性质。他对柿子等动植物名称、宴饮礼仪等极具中国特色的信息进行了比较和思考，带有明显的研究性质。利玛窦在华所见不同宗教的饮食禁忌，跟他身为耶稣会传教士身份有关。他有责任向罗马发回中国的宗教信仰情况。《札记》作为利玛窦晚年的回忆记录，一则被修改成传教报告以便向罗马耶稣会长上报告，同会修士金尼阁在这一方面起到了关键作用；二则客观上满足了西方人对中国"有趣又有益"的知识需求。利玛窦《天主实义》《斋旨》《畸人十篇》等中文著作很好地体现了他在华传教时所采取的宗教饮食文化适应政策。

明万历时期入华的利玛窦是大航海时代以来中西饮食文化交流史上的开拓者。利玛窦发回欧洲的个人回忆录及其所著中文书稿是中西食物知识交流的重要载体与文本证据。利玛窦有关中国食物信息传回欧洲后，引起了欧洲知识群体的讨论，激发了更多欧洲人进一步探索中国的欲望。利玛窦所著《天主实义》《斋旨》和《畸人十篇》，以中文的方式向中国传播了西方天主教斋素教义。利玛窦通过文化适应策略，顺利地使得西方天主教饮食知识纳入了中国知识历史的演变过程中。利玛窦传回欧洲的中国饮食知识及其传到中国的西方天主教饮食知识，奠定了其个人在中西饮食文化交流历史上的开拓者地位。

第二节　北麦南稻：曾德昭所记晚明饮食区域差异

葡萄牙人曾德昭（Alvaro Semedo）是晚于利玛窦入来华的天主教耶稣会传教士，曾用汉名谢务禄。他于 1613 年到达南京，1636 年离开中国。他先后居浙江杭州、嘉定和上海，在华时间长达 22 年。所著《大中国志》大约在 1640 年全部完成，原稿为葡萄牙文。[1]1642 年，该书被译为西班牙文出版，题为《中华帝国》（*Imperio de la China*）。1643 年，从葡萄牙文原稿译为意大利文，题为《中华大帝国记事》（*Relatione della Grande Monarchia della Cina*），意大利版的

《中华大帝国记事》被视为最权威版本。高济中译本《大中国志》则是主要依据 1655 年在伦敦出版的英译本《伟大和著名的中国史》[2]转译而来，在国内流传最广。[3]

　　该书是一部描述晚明中国社会和文化的百科全书式综合著作，记录了中国宴会、南北饮食差异以及特色物产。目前学界对书中所录葡萄、柿子、橄榄等西方人较为感兴趣的特色物产有所研究，[4]但对曾德昭如何传承和接续自罗明坚、利玛窦以来的在华传教事业，尤其是对中国传统文化的融合与适应，关注较少。曾德昭在利玛窦等耶稣会士的基础上，结合自己在中国各地的调查研究，向西方发回了更多有关中国饮食的知识。

P. Aluaro Semedo Portughese, della Compⁱ di Giesu, Venuto a R
Procurator delle Proū del Giapone et̄ della China, nell'an. 1642

图 3—10　1642 年曾德昭画像

1　葡萄牙文原稿标题为《中国及其邻近地区的传教报告》（*Relacao de Propagacao de se Regno da China e Outro Adjacentes*）。1645 年，巴黎出版法译本。1653 年，罗马出版拉丁文译本。1667 年 5 月，法国里昂和巴黎又出了一个新的法语译本，题名《中国通史》（*Histoire Vniverselle de la Chine*），该法译本由英译本转译。1956 年，澳门出版了一个新的葡语本《中华大帝国纪事》（*Relacao da Grande Monarquia da China*），仍分两卷，由 Luls Gonzaga Gomes 译自意大利语本，有关术语被稍加考证，并用汉语标出。

2　F. Alvarez Semedo, *The History of that Great and Renowned Monarchy of China*, London: E. Tyler for Iohn Crook, 1655.

3　有关曾德昭《大中国志》的版本情况，参见计翔翔：《十七世纪中期汉学著作研究——以曾德昭〈大中国志〉和安文思〈中国新志〉为中心》，上海古籍出版社，2002 年，第 76—82 页（该书下文简称《十七世纪中期汉学著作研究》）。

4　计翔翔：《十七世纪中期汉学著作研究》，第 107—129 页。

一、晚明中国各省物产种植与商贸流通

罗明坚的《中国地图集》手稿中的分省图、利玛窦《坤舆万国全图》及艾儒略《职方外纪》均对中国地理和省份情况有较详细的描述。曾德昭结合亲身经历，向欧洲介绍了更丰富的中国地理知识。曾德昭认为晚明中国北方有六省，南方有九省，合计有十五省。[1] 他将中国分成南北两大区域，进而论述中国南北之异同，有首创之功。[2] 正是通过对南北中国的比较，他才发现了中国南稻北麦粮食分布特征。据此，他评价："南方各省吃稻米，小麦只是用以改变口味并被有节制地食用"，而"北方各省主要吃各种麦，跟欧洲一样很少吃米"。[3] 中国南稻北麦的典型粮食分布特征，连利玛窦都没有这样去分析过。曾德昭还认为湖广"产米之丰居全国之首"，[4] 所以有"湖广熟、天下足"的说法。他甚至略带夸张地评论湖广粮食产量对于明代中国社会稳定的重要性："与湖广相比，全国的米只能供应一顿早饭，但湖广可以供应全年。"[5] 曾德昭从中国区域性角度认识中国的物产特征和文化差异，的确是非常具有创见性的思考。

曾德昭介绍中国各省地理信息的时候，总是免不了记录当地的特产，尤其那些是他觉得西方会感兴趣且具有商业价值的物产。遗憾的是，曾德昭没有记录四川、贵州、山东等地的物产情况。

表3—2　《大中国志》所记中国南北各省物产表

南方	广东	大米、菠萝、芒果、香蕉、菠萝蜜、香波、荔枝、龙眼、橘子
	福建	糖
	江西	稻米、鲟鱼

1　计翔翔：《十七世纪中期汉学著作研究》，第152—156页。
2　Donald F. Lach, Edvin J. Kley, *Asia in the Making of Europe*, p.1572.
3　［葡］曾德昭：《大中国志》，何高济译，第13页。
4　［葡］曾德昭：《大中国志》，何高济译，第25页。
5　［葡］曾德昭：《大中国志》，何高济译，第26页。

续表

南方	湖广	稻米、鱼、油料
	浙江	杨梅
	南京	贡米 [1]
北方	河南	杏、各种水果、菜豆
	陕西	葡萄、小麦、大麦、禾本科植物（Maiz）[2]、羊、麝香鹿肉、茶
	山西	禾本科植物、葡萄、大桃
	北京	禾本科植物、小麦、（少量）稻米
	辽东 [3]	人参

　　曾德昭对中国各地水果等物产的认知比利玛窦要丰富和详细。曾德昭笔下记载了中国各省常见的樱桃、桑葚、西瓜等水果，也记载了极具地域特征的"地标物产"，如广东的荔枝、龙眼、菠萝、芒果、香蕉、菠萝蜜和香波等，山西的葡萄、大桃，杭州的杨梅，辽东的人参。曾德昭对中国柿子的生产分布以及柿子与无花果的植物形状区别等认知比利玛窦还要深，计翔翔认为曾德昭是"欧洲人中第一个完整正确地向西方介绍柿子的人"。[4]

　　曾德昭《大中国志》第一章"中国总述"有关中国水果的记录，明显与《利玛窦中国札记》第三章"中华帝国的富饶及其物产"相关记载对应。与《利玛窦中国札记》比起来，《大中国志》还提及了樱桃、桑葚、杭州杨梅、山西大桃、西瓜以及广东盛产的各种热带水

---

[1] 曾德昭并未明确使用"贡米"一词，他只是在书中非常明确地描述了南京种植贡米，"南京专为皇帝种植特殊的稻米，质量很好，用水煮熟，不食别的菜肴，也是美味食品"。见［葡］曾德昭：《大中国志》，何高济译，第36页。

[2] 曾德昭在书中多次提及中国（如陕西、山西和北京）盛产 Maiz，中译者译为玉米。据计翔翔考证，曾德昭看到的可能是形似玉米的高粱，而不可能在当时看到种植如此普遍的玉米。本文采用计翔翔的译法——Maiz 为乔本科植物。参见计翔翔：《十七世纪中期汉学著作研究》，第117—122页。

[3] 辽东并非明代十三个布政使司，仅为都指挥使司，属于山东等处承宣布政使司。安文思在《中国新史》中就纠正了利玛窦、金尼阁和曾德昭等人把辽东作为一个省的错误看法。他正确地指出，辽东地区因其地域广大，也值得被称为一个省，但是中国人把它包含在山东省内。十五个省中并无辽东之名，但曾德昭所说辽东地区盛产人参，当无疑义。

[4] 计翔翔：《十七世纪中期汉学著作研究》，第127页。

果，如菠萝、芒果、香蕉、菠萝蜜和香波。**1**《利玛窦中国札记》特别记录并研究了广东盛产的荔枝、龙眼、中国无花果（柿子），而《大中国志》对以这三种水果亦有类似记录，并且着重对中国无花果（柿子）颜色、味道、形状和产地进行介绍。

曾德昭在欧洲出版其著作，使得更多有关中国的准确食物知识得以传入欧洲社会。不仅如此，曾德昭《大中国志》还修正了此前一些西方人著作（包括《利玛窦中国札记》）的讹误。以葡萄为例，拉达说他发现中国有黑白葡萄，但是"没见过用葡萄酿酒"，所以"不相信中国人知道怎样用葡萄酿酒"。**2**利玛窦认为："（中国）葡萄不太常见，即使有，质量也不是很好，因此他们不是用葡萄酿酒。"曾德昭以前，有关中国是否有葡萄并用葡萄酿酒的信息并不十分准确。曾德昭则明确记录了他的考察结果：中国的"葡萄非常稀少，只长在棚架上或封闭的种植园中，例外的是陕西省，那里生产很多，大量制成干果。他们不用葡萄酿酒"。**3**陕西不用葡萄酿酒，不代表中国其他省的情况，"山西也盛产葡萄，供应全国葡萄干，而且至少在本省用来酿酒。我们在那里有个驻地（绛州），成功地生产酒，所以我们不仅做弥撒时使用，还大量送给邻近的驻地。"**4**曾德昭的记载充分利用了利玛窦的记录并对其错误的看法进行了修正，但同时曾德昭又增补进了许多自己的调查成果。

曾德昭特别调查研究了中国饮茶文化与茶叶贸易问题。1628—1630年间，曾德昭与汤若望在陕西考察大秦景教碑的过程中，调查了当地的茶叶，对茶叶的制作、价格，茶礼以及医疗功效都有所涉

---

1 ［葡］曾德昭：《大中国志》，何高济译，第14—16页。
2 ［西］拉达：《记大明的中国事情》，引自［英］C. R.博克舍编著：《十六世纪中国南部行纪》，何高济译，第206页。
3 ［葡］曾德昭：《大中国志》，何高济译，第16页。
4 ［葡］曾德昭：《大中国志》，何高济译，第35页。

略。**1** 利玛窦和汤若望等人都认为"饮茶有助于减少患结石病的风险"，**2** "茶能健胃，促进消化，清爽头脑，和与人康健之睡眠，更能清洁膀胱，以及防阻肢体痛风"。**3** 曾德昭对茶叶带来的保健和药用价值的认知，受到同在中国的耶稣会教友群体的影响颇大。

　　茶叶是中国和中亚地区朝贡贸易的大宗货物之一，引起了曾在陕西调查的曾德昭的注意。他在《大中国志》第三章"北方诸省"介绍中国和中亚使团间的朝贡贸易时，对茶叶进行了专门记录：

> 　　茶是一种树叶，大若山桃，在别的省，大若罗勒，有的则若小石榴。他们把它放在铁筛上烘烤，使它变硬或收卷。茶有好多种，既因植物不同，也因上等的叶子比别的精细——所有的植物差不多都有这一特性。按质量一磅的价钱从一克朗到四法丁，有若干差别。这种烘干的茶叶放入热水，显出颜色、香味，初尝不好喝，但习惯后就能接受它。中国和日本大量饮茶，不仅通常代替饮料，也用以招待访客，像北方用酒一样，那些国家一般都认为，接待来客，即使生客，只说些客气话，太寒碜小气，至少必须请茶；如访问时间长，还必须招待水果甜品；有时为此铺上一块桌布，如不铺，则把果品放在一张小茶几上的两个盘内。据说这种茶叶很有功效，可以肯定它有益健康，无论在中国还是在日本，没有人患结石病，也没听说此病的名字，可以由此推测，喝这种饮料对这种病是有效的防治；还可以确定，如有人因工作游乐关系，想要熬通宵，那么它有消除困倦之力，因为它浓厚的味道容易使头脑清醒；最后，它对学生是有益的。其余功效我不敢

---

1 ［葡］曾德昭：《大中国志》，何高济译，第 23、34 页。

2 ［意］利玛窦、［比］金尼阁：《利玛窦中国札记》，何高济等译，第 69 页。

3 转引自计翔翔：《十七世纪中期汉学著作研究》，第 117 页。

十分肯定，所以不去谈它。[1]

《在华耶稣会士列传及书目》一书认为"关于茶叶的制法和用法，欧罗巴人中是他（曾德昭）首先在此书中作了具体描述"。[2]这一看法已经被黄时鉴、计翔翔的研究成果改正。[3]事实上，利玛窦已经完成了向西方社会介绍茶叶知识的基本任务。《利玛窦中国札记》已对中国茶的名称、简单制法、饮法以及独特的社交礼仪功能进行了专门介绍，还对茶的延年益寿以及减少患结石病的保健功能进行说明。而曾德昭《大中国志》对茶叶知识的介绍，有新的特点。一是曾德昭注意到茶作为中国北部地区与中亚使团间朝贡贸易的大宗，在贸易地位上，与丝绸和瓷器相当。他在介绍陕西的时候，提到有"一支来自中亚地区的商队从陕西携带各种物品，特别是丝料、瓷和茶，前往强大的吐蕃国"，[4]进而详细展开对茶的介绍。二是曾德昭正确认识到请茶已经超越了解渴的基本用途，而是一种茶礼——社交礼仪，茶较普遍地成为替代其他饮料的社交饮品。三是曾德昭融合自己接受的最新信息，对利玛窦"经常饮茶有益健康"，"饮茶有助于减少患结石病的风险"的认知有了进一步的发展。他说"据说这种茶叶很有功效"，经常饮茶的东方国家如中国和日本没人患结石病，推测"喝这种饮料对这种病是可以有效防治的"。曾德昭在文本中使用"据说"的知识，"推测"茶叶的医疗功效，可见他对此问题是非常谨慎的。他自己并没有专业的植物学和医学知识来证明茶叶治疗功效，对茶叶有益健康的认识显然是间接获得的。曾德昭间接获取饮茶有益健康诸功效的途径大致有三。一方面是从利玛窦著作中获得。第二方面，计翔翔认为

1　［葡］曾德昭：《大中国志》，何高济译，第34页。

2　［法］费赖之：《在华耶稣会士列传及书目》，冯承钧译，中华书局，1995年，第151页。

3　黄时鉴：《茶传入欧洲及其欧文称谓》，《黄时鉴文集》第2册，第1—16页；计翔翔：《十七世纪中期汉学著作研究》，第109—117页。

4　［葡］曾德昭：《大中国志》，何高济译，第34页。

曾德昭"对茶的保健、药用知识得之儒生而非中医药物学家"。[1] 从曾德昭在华经历和交往情况来判断，这个看法是合理的。第三方面，我们认为曾德昭对茶叶功效的认识是从其他教友处获得。曾德昭《大中国志》有关茶叶的记录与汤若望传教报告中有关茶叶的报道具有较为明显的相似性。1628 年 7 月 31 日，汤若望在陕西发愿时，曾德昭为监誓人员。1628—1630 年间（曾德昭《大中国志》出版以前），他们同在陕西西安调查"基督教遗迹"——大秦景教碑。他们之间沟通新的发现与新的知识是最平常不过的事情。另外，汤若望曾对丝绸之路上运输的物品进行调查，并写成传教报告发往欧洲，其中就描述了他所调查得到的茶叶制作方法与医疗功效。汤若望说道："茶能健胃，促进消化，清爽头脑，和与人康健之睡眠，更能清洁膀胱，以及防阻肢体痛风。"相较之，汤若望有关茶叶知识的调查显然超过了曾德昭。

曾德昭还记载"中国和日本大量饮茶，不仅通常代替饮料，也用以招待访客，像北方用酒一样"，这说明曾德昭非常关注当时天主教徒在日本传教区的情况。曾德昭也像利玛窦、金尼阁一样介绍了中国人拜帖的形制及其文化意涵，但是他却记载了一个利玛窦未曾记录的细节："宴会后的一天，客人都向邀请者送一份帖，其中一面表示他们对宴会的赞扬及他们的感受，一面向主人设宴表达谢意。"但是，这并不是说曾德昭《大中国志》中所载中国饮食知识在内容和价值上远胜《利玛窦中国札记》。利玛窦注意并记录了正式宴饮前的中国醉觞礼以及宴会座次的重要性，这些都是曾德昭未曾记录和阐发的内容。而再用被利玛窦和曾德昭都记录过的筷子为例，可以发现利玛窦著作中对筷子的细节记录远多于曾德昭《大中国志》。利玛窦不仅对筷子长度、材质以及用筷礼仪进行了报道，还特别指出他所见到的筷子在"接触食物的一头通常用金或银包头"。显然，普通民众通常不

1　计翔翔：《十七世纪中期汉学著作研究》，第 116—117 页。

会将进食具筷子头用金银包头。曾德昭在介绍筷子的时候，却短短地以一句"（中国人）没有叉子，而是用两根筷子熟练地取食"作结。

曾德昭对广东、陕西的物产记载比较多，这跟他在华旅居行经路线有关。曾德昭等耶稣会士对商贸情报亦非常感兴趣，对陕西的茶叶贸易，山西的葡萄干产业以及葡萄酒制作等问题特别留心。曾德昭修正了在西方人认为中国没有葡萄酒，甚至是不太相信中国人知道如何酿制葡萄酒的认知。曾德昭通过实地调查，回应了这个问题。他特别指出陕西大量生产葡萄，制作葡萄干，但不酿制葡萄酒。而在山西，这里不仅大量生产葡萄，制作葡萄干并向全国售卖，还酿制葡萄酒。驻绛州的耶稣会会制作葡萄酒，以供教堂传教士日常及做弥撒时使用。**1**

二、中国南北宴饮文化差异

曾德昭不仅从行政区域角度分省论饮食，研究中国食材与物产，还从自然地理的角度，"首次将中国分为南、北两大区域"**2**论述中国南北饮食的差异。《利玛窦中国札记》中只是概述："中国盛产大米和各种麦类，蔬菜，特别是豆类，不仅用来作为人食而且还作为牲口的饲料，生长的种类无限繁多。"而《大中国志》则表述："他们生产各种豆类，接济穷人，同时作为普通牲口饲料以代替大麦。他们种植许多蔬菜，供百姓常年食用。"这里，我们看到曾德昭对《利玛窦中国札记》文字记录的延续与发展。更为重要的是，曾德昭在《大中国志》对中国"北麦南稻"的主食分布特征进行了专门研究。这一点，则是《利玛窦中国札记》所没有的。曾德昭在介绍完中国的主食小麦和稻米后，进一步说："南方各省吃稻米，小麦只是用以改变口味并

---

1 ［葡］曾德昭：《大中国志》，何高济译，第 16、35 页。
2 Donald F. Lach, Edvin J. Kley, *Asia in the Making of Europe*, p. 1572.

被有节制地食用"，而"北方各省主要吃各种麦，跟欧洲一样很少吃米"。

而在餐桌上的南北差异，曾德昭更是进行了细节刻画。他说"南方人很认真，哪怕宴会上微小的细节都会注意到，他们认为自己比别的人更讲究友谊与礼貌，确实也是这样。筵席上他们讲究口味，烹调美食，而不在乎菜肴的数量，席间彼此交谈，胜于吃喝，尽管他们能够很好地把二者结合起来。他们在宴会一开始就饮酒，不断地吃喝，没有面食和米饭，知道客人说酒够了，这时才送上米饭，酒杯就被放在一边，不再使用。"而北方几省的习惯则是不同："（北方）礼节不多，充分上菜，盘碟大而丰盛，行过全国通行的常礼后，开始吃菜。每人都选择他爱吃的，尽量地吃，同时没有酒水消渴，这时不喝什么。最后上米饭。当收去盘碟后，他们交谈个把钟头，然后再上别的食物，如咸肉、腊腿、舌头等，他们称之为下酒物，随即开始喝酒。"曾德昭所见南食注重食礼及菜肴的精细烹饪。相对而言，南食更为精细，而北食注重菜肴数量而不讲太多礼节，比较粗放。饮食习惯尤其是宴饮习俗的改变是非常缓慢地。时至今日，中国南北方菜品制作和宴饮文化跟曾德昭的描述页大体相似。

曾德昭指出，中国人会因为聚会、辞行、洗尘、节庆等各种社交而举行宴会。宴饮聚会是中国人日常生活中的重要内容，甚至有时候一天有七八场宴会邀请。曾德昭记述了中国人延请宾客、请帖、筷子、餐厅装饰等文化事项。但与利玛窦相比，曾德昭观察和分析中国宴会背后所代表的礼仪规矩以及文化意义则简略的多。

利玛窦在明代中国官员和文人之间的名气颇大，参加高规格宴会也比较多，所以看到的更多是宴会上一个人使用一张桌子，甚至一个人使用两张桌子。利玛窦也会仔细地观察他见到的筷子还有包金包银的情况，这是有经济实力的家庭才会使用的精美筷子。而曾德昭记录的宾客是四个人使用一张桌子或者两个人使用一张桌子。中国人用两根筷子吃饭，他要么没见过，要么忽视了中国筷子上的镶箸工艺。宾客的餐桌数量以及餐饮具的档次是宴会规格的重要指标。他们不同的记述表现出来的就是两人在华生活待遇的不同。利玛窦在中国交友广泛，与官员和知名士大夫频繁走动，他在自己传教报告和回忆录中也多次表达对这些频繁的"推杯换盏"聚会十分苦恼。而曾德昭记录的视角，则更多地体现中国中下层人群的日常饮食。

曾德昭《大中国志》第十二章"中国人的礼节仪式"和第十三章"中国人的宴会"与《利玛窦中国札记》第七章"关于中国的某些习俗"相对应。不同于利玛窦的是，曾德昭将中国人的宴饮问题作为单独章节进行论述，一则说明在西方人眼中中国人的宴饮礼仪问题更为重要，二则说明曾德昭获得了更多的中国宴饮知识，足以支撑其用一章节来阐述中国的宴饮文化。事实上，曾德昭的确在利玛窦的基础上增补了很多新的中国宴饮知识，并且个人关注点也有所不同。这是他和利玛窦在知识构成、口味偏好和在华生活圈不同造成的。

> 有身份的人家举行宴会很讲排场，因为他们在城内或附近有专门摆宴席的大厅，厅内有许多名贵书画和其他珍异做装饰；如果邀请的客人是一位大官，或是要人，尽管中国很少使用挂毯，但为了款待这类客人，他们在厅内仍挂上华丽的挂毯，使人产生快感。
>
> 他们用餐桌的数量去显示宴会的盛大。一般一桌四人，或一桌两人。但对于大人物来说，他们安排一人一张桌子，有时两张，一张供吃饭用，另一张用来摆杯盘。这类宴会的桌子都有一块桌帘，即一匹亚麻布，从桌沿往下垂，但没有桌布和餐巾，桌子只用他们的漆，即一种清洁和光亮的涂料涂刷。
>
> 他们不用刀子，肉食在厨房里已经切割好；也没有叉子，而是用两根筷子熟练地取食。

他们不摆盐、胡椒，也不摆醋，不过有芥末和其他作料。这些东西他们有很多，质量也很好。他们的宴席上有肉有鱼，煮的和烧的都有；还有炸的肉、肉汤和白肉汤，以及他们特制的其他几种食物，味道鲜美。他们有很多种汤，但其中必定有肉有鱼，或是有一种糊，像意大利人称为通心粉的食物。

他们的宴会延续很久，花很多时间交谈，并按照习惯有音乐和戏剧，由客人点节目演唱。最后在客人的坚请下结束宴席，而主人则表示拒绝。

——节选自曾德昭《大中国志》

对比上一节利玛窦有关中国宴饮的记载，可以清晰地发现曾德昭吸收了利玛窦有关中国宴会礼仪的知识。曾德昭不仅记载了宴会上令人印象深刻的菜肴，还特别对中国人从席地而坐到坐在椅子上就餐的坐具变化进行了记录。他所指的"有一种糊，像意大利人称为通心粉的食物"，其实指的是燕窝。其他几品特别的菜肴，限于曾德昭的知识积累，他并未明确指出其名称。

值得一提的是，曾德昭关注到南方有而北方鲜有的"船宴"。曾德昭认为杭州西湖是"世界奇景之一"，杭州西湖上的船宴让他记忆犹新。他说道："（湖里）备有小艇，供休歇宴乐之用，船舱或头舱设有厨房，中间地方作厅室用。上层是妇女的居所，四周有格子窗，避免有人窥见她们。这类船，其色彩和镀金形式，奇特而多样化，航行设备很完善，不致遭受水淹，但未能有效防止被风打沉。曾发生过许多事故，也常有沉船之事，在全国，有钱之人几乎都为这些游乐而花费巨资，或者部分，或者全部，有时超过他整个家当的价值。"[1]

中国人还可以在这样的湖上"金殿"里宴饮娱乐，实在是令西

---

[1] ［葡］曾德昭：《大中国志》，何高济译，第26页。

方人向往。西湖船宴这样大规模的江南饮食生活场景在当时非常引人注目。曾德昭有关杭州西湖船宴的详细介绍，应该也是西方人中最早的。此后，直到 1655 年有"西方中国地理学之父"之称的意大利耶稣会传教士卫匡国在阿姆斯特丹出版的《中国新地图集》中，才再次对西湖船宴进行了描述。从时间上来说，曾德昭的记载早于卫匡国，卫匡国可能读到过曾德昭的记录。

三、鹿肉与米酒：曾德昭眼中的丰饶之岛台湾

曾德昭介绍福建省情况的时候，把台湾岛作为附录予以介绍（如同介绍广东省的时候，附而介绍海南岛一样）。计翔翔认为："早在十七世纪中叶，在郑成功收复台湾以前，曾德昭在其公开出版的著作中，最早承认台湾是中国一部分，具有非同寻常的意义。"[1]曾德昭《大中国志》为当时的欧洲人提供了有关台湾地区的详细而又最新的信息，其中涉及台湾地区的衣食住行。

曾德昭所述台湾饮食风俗与当时仅有的有关台湾的中文文献（陈第《东番记》和周婴《东番记》）记载基本相符。曾德昭把台湾饮食状况作为中国的一个饮食区域来介绍，从这个意义上来说，他是欧洲第一个在公开出版的著作中正确介绍中国台湾饮食区域性特点的欧洲人。

曾德昭指出台湾岛上"出产几种香料，但是数量不多，如树中的胡椒，山上的肉桂及樟脑大树"，其中胡椒和肉桂都是东西方航海贸易的优良货品，当时欧洲人的餐桌上亦可寻找到它们的踪迹。曾德昭还指出台湾"鹿很多，若非目睹，断难相信"。为了证明台湾的鹿群很多，他引用到过台湾的阿贝托·米萨歇神父（Albertus Miceschi）

---

[1]　计翔翔：《十七世纪中期汉学著作研究》，第 166 页。

看见的事实——"（阿贝托神父）到附近树林采集一些草药的时候，中途看见大批的鹿，他判断认为这些鹿群是属于当地人的畜群，等到他走近，他才发现并非如此。"曾德昭记载：台湾人"他们通常的食物是肥如猪肉的鹿肉及大米，并且还用米酿造烈酒"；台湾人"身材高大，敏捷，奔走迅速，能够在狩猎中追上一头鹿"。[1]

　　曾德昭以上的记载与中文文献的记载基本一致。明末陈第《东番记》载台湾"山最宜鹿……千百成群"，"常年捕鹿，鹿亦不绝"，当地人宴饮文化中，"社社无不饱鹿者。取其余肉，离而腊之。鹿舌、鹿鞭、鹿筋亦腊"。[2]随后明人周婴亦参考陈第《东番记》中的食鹿内容，在其《远游篇》中再次对台湾早期居民食鹿文化进行记载："执豕捕鹿，则置菆而登俎"，"其肴刳鹿不腊，生鱼不燔。视其腥血流杂，诧为鲜肉甘美"。[3]台湾方志中亦有台湾多鹿而台湾人善捕鹿、喜食鹿之记载："山多鹿，冬时合围捕之，获若丘陵"，[4]"捕鹿，名曰'出草'。或镖、或箭，带犬追寻；获鹿即剥割，群聚而饮。脏腑腌藏瓮中，名曰'膏蚌鲑'"。[5]以上中外文献均对台湾食鹿风俗进行了类似记载。

　　曾德昭关于台湾居民食米饭并饮米酒的内容同样在中文文献中有对应的记载，"饭凡二种，一占米煮食，一箧桶贮糯米置釜上蒸熟"。而在方志中，我们可以发现佐食鹿肉等禽畜菜肴时的佳酿美酒之名及其制法。捕鹿之后，佐饮之酒叫"姑待"，其制法是："一舂秫米使碎，嚼米为曲，置地上，隔夜发气，拌和藏瓮中。数日发变，其味甘酸。婚娶、筑舍、捕鹿，出此酒沃以水，群坐地上，用木瓢或椰碗汲

1　［葡］曾德昭：《大中国志》，何高济译，第22—23页。

2　陈第《东番记》，载沈有容辑：《闽海赠言》，沈云龙主编：《近代中国史料丛刊续编》第51辑，文海出版社，1978年，第35页。

3　李祖基：《周婴〈东番记〉》，《台湾研究集刊》2003年第1期，第76页。

4　刘良璧：《重修福建台湾府志》，《台湾文献史料丛刊》第2辑，大通书局，人民日报出版社，2009年，第101页。

5　许木柱等：《重修台湾省通志》卷三，台湾省文献委员会，1995年，第1295页；黄叔璥：《台海使槎录》卷五，商务印书馆，1936年，第90页。

饮之；酒酣歌舞，夜深乃散。"[1]台湾地区传统喜饮米酒，主要是以秫米和糯米等粮食作物为原料酿造。当地居民甚至夸张到将日常生活所余之米粮均用以酿酒，可见该地区嗜酒之风。《番社采风图考》载："番嗜饮，通计所余之悉以酿酒。"所有余粮悉用于酿酒而未曾发生较大饥荒，想必跟该地区多禽兽动物有关。

曾德昭对台湾岛饮食风貌有较为全面的记载和描述。这对于全面了解台湾地区历史发展具有重要意义。曾德昭广阔的研究视野，首次在欧洲公开出版的著作中介绍了"美丽之岛"台湾独特的区域饮食文化，对中西饮食文化交流历史同样具有重要意义。曾德昭在郑成功收复台湾以前，即17世纪中期就在西方公开出版的著作中认为台湾是中国的一部分，意义巨大。曾德昭《大中国志》中有关台湾饮食风俗的记载与陈第《东番记》和周婴《东番记》所述内容基本一致。同样是基于远东商贸的兴趣，曾德昭特别记载了台湾出产胡椒、肉桂等优良调味品，这些调味品是欧洲餐桌上的奢侈品，是身份和地位的象征。大航海时代的到来，西方人主要就是为了亚洲的香料贸易。台湾人大量食用鹿肉，还会通过腌腊和风干技术制作鹿舌、鹿鞭、鹿筋。明人周婴在其《远游篇》中记载："执豕捕鹿，则置葅而登俎"，"其肴刳鹿不腊，生鱼不燔。视其腥血流杂，诧为鲜肉甘美"。中文文献也印证了曾德昭所记早期台湾原住民食鹿的传统。

四、曾德昭对中国饮食文化的书写与表达

曾德昭比利玛窦关于中国宴会记载较有新意的部分是关注到中国宴席上的一些特色佳肴以及中国南北宴席之间的差异。曾德昭明确记载了中国人宴席上会吃咸肉、腊腿、舌头等腊脯类下酒菜，以及通过

---

1 范咸等：《重修台湾府志》卷十四《番社风俗》，中华书局，1985年；另见蒋毓英等：《台湾府志三种》，中华书局，1985年，第2100—2101页；黄叔璥《台海使槎录》卷五，第90页。

煮、烧、炒、炖等烹饪方法制成的各类肉食特色菜肴。不过曾德昭无法完全地叫出这些中式特色菜肴的名称，比如他所述类似意大利空心粉的汤糊，实际上就是中国高档宴席中的燕窝。曾德昭笔下的中国南方和北方宴饮有所差异。他说南方人宴会礼节备至，更在乎菜肴的精美质量而非数量，宴席上交谈的意义大于吃本身。南方宴席是先酒后饭，吃过米饭后就不再饮酒。而北方人则相对粗犷豪迈，没那么多礼节，盘碟比南方的大，菜肴数量多。北方人先菜后饭，最后再上酒席所需的下酒菜，以助兴交谈。曾德昭有关中国南北宴饮差异的论述，是基于自身生活经验。根据他的记录，可以发现他所描绘的都是晚明中国南北汉人的宴饮聚会，并不包括北方蒙古等游牧民族的宴饮特征，这一点需要注意。

由于中国传教区和日本传教区的特殊关系，曾德昭也十分关注在日耶稣会士的生活情况以及日本的饮食习惯。曾德昭发回欧洲的报告中，自然而然地将中日两国的饮食习惯进行比较。他指出日本等中国周边邻国，依旧保留着席地而坐的传统，但是中国已经习惯在桌椅上就餐。这说明曾德昭对中国就餐方式的历史演变有过专门的考察，涉及垂足桌椅在中国社会的应用与流行；也表明他注意到日本等周边国家向古代中国饮食方式的学习和借鉴。中日茶礼也大有相似之处。曾德昭认为中日都喜欢用茶迎客，日常生活中也大量饮茶。[1]

曾德昭常用西方的饮食传统对比中国的宴会文化。他认为中国人不会使用刀叉取食，没有桌布和餐巾，餐桌上不摆盐、胡椒、醋；吃一种有点像意大利空心粉的食品；除非是宴会中有极为尊贵的大官前来，否则宴会厅很少使用壁毯。曾德昭所说的这些中国宴饮文化中没有的内容，往往是西方餐桌文化中常见之物，以此显示中国饮食文化的独特之处。

1　［葡］曾德昭：《大中国志》，何高济译，第34页。

　　曾德昭《大中国志》是早期入华耶稣会士在欧洲介绍中国的代表性著作，影响巨大。曾德昭有关中国食物知识的记录与研究，既延续了利玛窦等人的报道，又有自己的最新调查成果。由于在华游历范围广，曾德昭因而能够注意到中国各省物产的具体差异以及南北饮食的巨大差异，他甚至对台湾的物产情况都有所记录。不过曾德昭并不能像利玛窦那般有更多机会参与中上阶层主办的宴会，所以他笔下的中国人餐桌的丰盛程度不如利玛窦。

　　曾德昭有关中国饮食的认知是对利玛窦等前辈入华耶稣会士所见中国饮食知识的传承和接续。基于在广东的生活和在陕西调查的经历，曾德昭对中国南方水果物产以及陕西丝路上的茶叶贸易等问题，发表有很多独特观察结论和研究见解。他曾往返于中国、葡萄牙和意大利，他的葡萄牙文手稿在欧洲以多国文字出版。中国饮食文化的最新情况，伴随着他的著作传播到西方社会各个层面。

第三节　间接传递：从周边国家发回欧洲的中国饮食报道

　　1590 年，澳门印刷出版了旅行记《日本天正遣欧使节团》，该书受时任耶稣会监堂神甫范礼安委托，由澳门学院孟三德神甫（Duarte de Sande）负责编撰，记录了 4 名日本年轻贵族组成的使欧代表团途经澳门、果阿、里斯本、马德里和罗马，然后返回日本的旅行见闻。该书通过日本人的视角和口吻，向欧洲介绍了中国的土特产以及农粮贸易信息。如"中国土地不宜种植而在欧洲十分重视的产品是谷物（可能指的是面包）、葡萄和橄榄"，"中国人甚至不知道橄榄这个名称（从橄榄可以榨出橄榄油），也不知道葡萄这个名称。北京省倒是有些葡萄酒，但究竟是外地运来的还是当地酿造的，我说不准。不过，别的酒类则十分丰富，味道也不错，可以代替葡萄酒”，"至于讲到谷物，（中国）所有各个省份都种小麦，虽然大米用得多得多而且比小麦更受欢迎"，等等。[1]年轻的日本使节了解到地中海地区对面包、葡萄酒和橄榄油需求较大，进而介绍中国对这三种食物的供应情况，对欧洲人来说，具有一定的参考价值。当然这位日本使节也说很多情况他自己也说不准。比如中国没有地中海地区的特有物产油橄榄，而很早就有橄榄；中国食用葡萄以及用来酿制果酒的传统早已有之，年轻的日本使节在华经历短，没有见过并不奇怪。可见，经由异域他乡间接传回欧洲的中国饮食知识，时常发生偏差与错误。

1519—1521 年麦哲伦开辟了另外一条新亚洲航线，越来越多的西班牙人亲自来到亚洲，并有机会登上中国的土地。1565 年，米盖尔·佩洛斯·德·勒加斯比（Miguel Lopez de Legaspi）率领一支船队从墨西哥来到菲律宾群岛。1571 年，西班牙占领了吕宋岛并建立起了以马尼拉为中心的西属菲律宾殖民据点。随着西班牙人的到来，中国南部的闽南漳泉等地商人被吸引到菲律宾与西班牙人进行贸易。

西班牙耶稣会士阿德里亚诺·德·拉斯·科尔特斯（Adriano de las Cortes）于 1605 年到达菲律宾，1625 年离开马尼拉前往葡萄牙属地澳门的途中遭遇风暴，在广东潮州海岸搁浅并被俘，随后在广东漂泊 11 个月之久，1626 年 2 月返回马尼拉。返回马尼拉后，科尔特斯根据这段时间在潮州府及周边地区的生活经历，撰写了《中国旅行记》（*Viagem da China，1626-1628*）。1629 年，科尔特斯在菲律宾去世，留下了未出版的手稿。

科尔特斯对中国都堂在广东肇庆府宴请"澳门代表团"时的见

1　孟三德：《日本天正遣欧使节团》（*De Missione Legatorum Iaponensium*），引自澳门《文化杂志》编：《十六和十七世纪伊比利亚文学视野里的中国景观》，第 156 页。

闻记载内容翔实。这种高规格的"外交宴"在宴会仪程、菜肴内容等方面都特别讲究，比较真实地反映了广东地区官场正式宴会情形。首先，宴会的规格极高。每位客人拥有 5 种冷餐具柜，每个橱柜中放着 16—20 个小瓷碗，里边是各种肉块和水果。科尔特斯无法准确描述这些菜肴的名字，但却可以判定其基本食物原料，分别是母鸡、公鸡、山鹑、火鸡、鸭子、乳猪和其他肉食。跟利玛窦、曾德昭所揭示的中国宴会礼仪文化一致，每位客人占有餐桌的数量多寡，寓意着宴会规格的高低。科尔特斯也发现中国人习惯用乌木或象牙筷子吃饭，有的筷子还会镀金。中国人的餐桌上也没有桌布、餐巾、汤匙和盐瓶之类西方餐桌上常见之物。这些西班牙外交代表团成员体验了中国式的就餐方式，还欣赏了中式宴会中常见的喜剧、杂耍或乐舞表演。科尔特斯这次在广东肇庆所体验的官方"外交宴"并非晚明中国平民宴饮的常态。他还记录了广州平民的饮食生活，从中能够看到晚明中国社会饮食的层次性和差异性。他对平民饮食更多的是白描式实录，虽然不能说足以代表整个广州地区平民饮食生活现状，但是的确是来自他的所见所闻。在他笔下，广州府民众的日常饮食生活过得很凄惨。他们省吃俭用，如果有一些食品，如小小的糕饼，也会考虑卖到澳门或者出售给在华贸易的菲律宾人。他们的家庭厨房也很简单，在一个铁锅里煮饭，主要吃茄子、苦瓜、芥菜等蔬菜。他们对鱼类的烹饪加工也很粗糙，甚至不会去除内脏。[1]

　　科尔特斯久居马尼拉，他视野中的中国饮食文化还包括中国跟菲律宾之间的食品贸易以及中国人特别偏好的进口食品——燕窝。他记录的广东畅销食品种类有糖、火腿、桃子、荔枝等。虽然科尔特斯不了解中国人为何对燕窝情有独钟，但是这一贸易现象仍被记

---

1 耿昇：《明末西班牙传教士笔下的广东口岸（下）》，《华侨大学学报（哲学社会科学版）》2012 年第 1 期。

录下来。**1**

　　遗憾的是，科尔特斯的手稿流通面窄，鲜为 17 世纪的欧洲人知悉。在现代译本出版前，一直保存在西班牙档案馆。**2** 不过从中西文化交流史视角来看，科尔特斯中国饮食生活的亲历见闻传播，不同于经由葡萄牙前往中国的早期耶稣会士传教群体著作的流传路径，而是经由菲律宾、墨西哥传回西班牙。科尔特斯笔下的中西饮食交流，尤其是中菲、中日之间的饮食贸易情况，是早期入华耶稣会士报告中缺少的内容，也是中国饮食文化经由周边国家和地区传至西方的重要证据。

　　西班牙有关远东群岛的文学作品中，散见有中国食品贸易以及食俗见闻的内容。1609 年在西班牙马德里出版的《征服马鲁古群岛》一书中，著者巴托洛梅·莱昂纳多·德·阿亨索拉（Bartolomé Leonardo de Argensola）大量引用塞维利亚档案馆保存的葡萄牙文献，介绍这个现位于印度尼西亚东方群岛的地理和风俗，为西班牙王室和葡萄牙王室争夺这个群岛提供支持。在介绍这个深受中国、印度和阿拉伯商人喜爱的"香料群岛"时，巴托洛梅也不可避免地描述了中国的食品贸易与饮食风俗，"（中国）河流可供大船航行，河中有鲜美的鱼；港口船来船往，人们需要的东西应有尽有"，"平地种稻米、燕麦、小麦和其他粮食"，"他们饮用一种叫'Cha'泡出来的很好的热饮料"，"有的地区没有橄榄，但那里的人们绝不缺油类"。**3** 在 17 世纪初期西班牙有关"香料群岛"马鲁古的文学作品留存的中国食品贸易及物产的信息，更多是来自早期葡萄牙人的报道。

1 耿昇：《明末西班牙传教士笔下的广东口岸（下）》，《华侨大学学报（哲学社会科学版）》2012 年第 1 期。

2 ［西］阿德里亚诺·德·拉斯·科尔特斯：《中国旅行记》，引自澳门《文化杂志》编：《十六和十七世纪伊比利亚文学视野里的中国景观》，第 203 页。

3 ［西］巴托洛梅·莱昂纳多·德·阿亨索拉：《征服马鲁古群岛》（*Conquista das Ilhas Molucas*），引自澳门《文化杂志》编：《十六和十七世纪伊比利亚文学视野里的中国景观》，第 173 页。

第四章

17 世纪欧洲学者的中国
饮食科考

　　文艺复兴时期欧洲手工业和商品经济快速发展。16 世纪西方有关世界的新知识、东西方贸易新航道的探索依旧不能满足西方社会经济和人文艺术领域的发展需要。大航海时代以来葡萄牙人、西班牙人从中国东南沿海发回欧洲的报道，进一步刺激了东西方海上贸易通道的开辟。以利玛窦为代表的早期入华耶稣会士是西方获取中国饮食和物产商贸信息的主要群体。耶稣会士采用文化适应政策，长时间的在华旅居生活，通过中文资料、实地考察向西方发回可靠和翔实的中国报道。从中西饮食文化交流来说，入华耶稣会士是西方中国饮食认知的开拓群体。17 世纪中后期，耶稣会士依然在葡萄牙皇室的支持下，与其他葡萄牙商人、使节一样，从里斯本出发，沿着非洲西部海岸，绕过非洲好望角，再沿着非洲东海岸，抵达印度果阿，在此补给和休整完备后，再乘着葡萄牙商船穿过马六甲海峡，前往日本传教区或中国澳门传教区。

　　16—17 世纪，入华耶稣会士普遍通过上述路线往返中西之间，他们的传教报告、个人书信乃至著作手稿等经此路线传回西方，中国饮食文化的西传路径也与这条路线基本重合。17 世纪中后期，耶稣会士卫匡国、卜弥格发回欧洲的中国地理、植物学方面知识，是当时西方社会获取中国最新知识的代表性成果。[1] 卫匡国《中国新地图集》，卜弥格《中国植物志》《中国地图集》以可视化的地图和植物形象向西方介绍中国新知识。17 世纪荷兰阿姆斯特丹是欧洲出版印刷业高度发达的地方，卫匡国 1655 年在此出版了《中国新地图集》，在社会上产生广泛影响。该书虽然是有关中国的最新地图学著作，但是却包含有许多百科全书式的中国物产、矿产、风情介绍，激发了欧洲商人进一步开拓中西贸易的热情。

同时期的欧洲本土学者如基歇尔等人也十分关注中国报道。他们深知欧洲各国大有关心中国传教情况以及商贸物产等方面的读者，于是利用卫匡国、卜弥格乃至更早之前的马可波罗等人的记载，先后出版了欧洲多种语言版本的《中国图说》。书中奇异的中国人物和动植物插图，更是深受欧洲读者喜爱。书籍一经出版，在欧洲引发强烈反响，流传甚广。17 世纪后期，安文思手稿《中国新史》在西方出版，他对清朝初期中国宫廷饮食制度、运河商贸以及中国物产等信息的研究，进一步深化了西方有关中国饮食的认知。

第一节　地图百科：卫匡国与古地图上的中国物产知识

意大利籍天主教耶稣会传教士卫匡国（Martino Martini），1640年 3 月乘船从葡萄牙里斯本出发，1642 年 8 月到达澳门，1643 年 10月到达杭州。1643—1650 年之间游历江南诸多地方，并亲历明清交替之战事。1650 年被任命为杭州地区耶稣会会长，1653 年作为天主教耶稣会中国副教省代理人回到欧洲，前往罗马教廷为中国礼仪辩

---

1 周鸿承：《十七世纪中期西方人眼中的中国食物原料研究——以卜弥格、卫匡国和基歇尔为中心》，《中国农史》2018 年第 1 期。

图4—1　卫匡国油画像

护。1657年4月再次从里斯本出发，同行的还有南怀仁等16名耶稣会传教士，于1659年重返杭州，1661年6月6日在杭州因病去世。

返回欧洲这段时间里，卫匡国出版了拉丁文《中国新地图集》（阿姆斯特丹，1655年）。《中国新地图集》被认为是"自1615年利玛窦的著作《基督教远征中国史》问世之后，及17世纪晚期有关中国的较多作品出版以前，欧洲读者所可能见到的关于中国最新最全面的报导和评论"。[1] 该书正文主体部分除了地图以外，还有大量的文字，其中涉及中国饮食的内容不少。

一、《中国新地图集》所见中国食物原料

卫匡国《中国新地图集》正文主体有17幅图，其中1幅中国总图，15幅分省地图，1幅朝鲜半岛、日本、辽东合图，文字介绍171页。《中国新地图集》内知识的来源主要是中国文献、个人亲身考察以及耶稣会教友群体提供的信息。罗明坚、曾德昭已经对中国进行分省考察，曾德昭更是将各省物产情况进行了研究。卫匡国对中国各省的图说更为详细、丰富，涉及中国食物原料颇多。参见下表。[2]

---

1 沈定平：《论卫匡国在中西文化交流史上的地位与作用》，《中国社会科学》1995年第3期。

2 Martino Martini, "Novus Atlas Sinensis, a Cura di Giuliano Bertuccioli," *Opera Omnia*, Vol. III, edizione diretta da Franco Demarchi, Trento: Università degli Studi di Trento, 2002.

表 4—1　卫匡国《中国新地图集》所见中国食物原料

地区		饮食内容
北京		茶、苹果、梨、杏、核桃、栗子、柿子、葡萄
	真定	河虾、菱角
	`	菱角
	永平	人参、菱角、河虾
	延庆	葡萄
山西	太原	人参
	汾州	羊酒
陕西		小麦、小米、大黄、麋肉
	西安	鹿、野兔、蝙蝠肉、鬼草
	汉中	蜂蜜、熊掌
	临洮	绵羊、梨、苹果
	庆阳	青粱米、大豆
河南	汝宁	茶
四川	叙州	荔枝
	重庆	荔枝
	雅州	茶
湖广		茶
	黄州	黄梅
	常德	橘子
江南		鲥鱼
	庐州	茶
	徽州	松萝茶
浙江	杭州	天目山蘑菇
	嘉兴	荸荠、黄雀、米酒、螃蟹
	湖州	芥茶
	金华	酒、核桃
	衢州	开化白虾
	处州	竹笋
	宁波	牡蛎、大虾、海蟹、鲻鱼、黄鱼
	温州	牡蛎

续表

地区		饮食内容
福建	福州	荔枝
广东		荔枝、龙眼、柚子、鸭子、鸭蛋
	惠州	黄雀鱼
广西	庆远	荔枝
贵州	平越	茶
云南	大理	无花果、茶
	曲靖	盐
	元江	槟榔、蒌叶
辽东		人参

卫匡国《中国新地图集》已经能够准确描述常德佛手柑、黄花梨、麻姑酒、青粱米、皮蛋、三白酒、金华火腿、东阳酒等中国知名地方特产，但是却无法准确叫出这些饮食名物的中文名称或者对应的西文译名。比如卫匡国实际上未能记录下金华火腿、东阳酒这样准确的中文名称，但是他已准确描述了这两样金华特产。因早期火腿制作都有烟熏这道程序，故民间称之为熏蹄，最好的称"兰熏"。[1]

二、卫匡国对浙江土特产的特别关注

卫匡国在杭州生活过很长时间，最后也安息在杭州。与其他城市相比，卫匡国对杭州城市饮食记载较多。在他笔下，杭州城每天要宰杀上千头猪以及牛、羊、狗、鸡、鸭，城市里每天还要消耗许多大米、活鱼。他特别记载了天目山蘑菇，尤其是蘑菇干货十分受市场欢

---

[1] Martino Martini, "Novus Atlas Sinensis, a Cura di Giuliano Bertuccioli," *Opera Omnia*, Vol. III, edizione diretta da Franco Demarchi, pp. 535, 655；俞为洁：《义乌耕织文化》，上海人民出版社，2013年，第218—219页。

迎，泡水后就会恢复原样，跟鲜蘑菇没有什么区别。[1] 卫匡国有关杭州市场商贸的信息，跟马可波罗的记载相差不大。杭州是京杭大运河上商贸十分繁华繁忙的中转站，其食品贸易更是兴盛。

卫匡国关于"西湖船宴"的描述与曾德昭的记载类似。他同样认为这是杭州人极为独特的宴饮活动。西湖上飘着的"金殿"表明这些迎客的游船被涂饰了金粉。船舱里可以品尝美食，可以欣赏歌舞等娱乐表演。他认为把杭州和西湖比喻为"人间天堂"一点也不过分，足见他对这个城市的热爱与夸耀。

> 尽管没有水路进出，人们还是在西湖上建造了不少船只。这些船只颜色鲜艳，往往还涂有金粉，煞是金碧辉煌，即使把它们称为"金殿"也不过分。船上是欢宴、表演和娱乐的理想场所，对于那些美食家、酒徒和寻欢作乐的人们来说，那里要什么有什么，再没有什么比在西湖游船上享乐更为美妙的事了！而且这些船上的设施齐备，在平静的西湖上穿行丝毫不必担心安全问题，没有暴风雨，只是有时有客人酗酒和放纵过度，难免产生一些摩擦，但也无伤大雅。可以肯定的是，中国人把西湖和杭州这座城市比喻为"人间天堂"，真是一点都不过分。[2]

再往前追述，马可波罗同样对西湖上的游船，以及这些湖上画舫给人带来的快乐有所记载。因此，我们也可以认为这是卫匡国等17世纪的西方人对数百年前马可波罗中国报道的印证。

卫匡国还关注对杭州周边城市的地理和物产情况。他记载嘉兴盛产螃蟹、荸荠，嘉兴人喜欢打黄雀。湖州产芥茶。处州产竹笋。宁波

---

1 ［意］卫匡国：《第十省——浙江》（摘录本3），选自［意］弗朗科·德马尔奇主编：《卫匡国全集》第3卷《中国新地图集》，第7—8页。

2 ［意］卫匡国：《第十省——浙江》（摘录本3），选自［意］弗朗科·德马尔奇主编：《卫匡国全集》第3卷《中国新地图集》，第9页。

产牡蛎、大虾、海蟹、鲻鱼、黄鱼。宁波"海产品丰富，鲜货干货皆有，种类繁多，牡蛎、大虾和海蟹等供应全国。这里全年都能捕到鲻鱼。到了夏初的时候，黄鱼则成为渔民的主要捕捞对象。这种黄色的鱼非常娇嫩，出海后搁不到一个小时就不新鲜了。但新鲜的黄鱼美味可口，很受欢迎。渔民们经常把打上来的黄鱼冰冻起来，留到冬天卖个好价钱"。**1**

温州产牡蛎。温州"将牡蛎捣碎后均匀地撒在水塘里养殖，个头很小，味道十分鲜美"。**2**

卫匡国记载："秋天是打黄雀的季节。把捕来的黄雀去毛开膛洗净，然后加上调料并浸泡在米酒中。到一定时候就可以出售，全部都有供货。此外质量上乘的丝绸和味道鲜美的螃蟹也是这里的特产。"**3**

摘录本 3（注解 53，第 32 页）解释湖州芥茶在当时是名茶。此外，生长在长兴县境内山上的茶被认为是质量最好的茶。冒襄《芥茶汇抄》中亦有介绍芥茶。

关于宁波黄鱼。摘录本 3（注释 103，第 40 页）解释道：黄鱼分为大黄鱼和小黄鱼两种。《辞海》上说大黄鱼的拉丁文名称为 Pseudoscianena crocca，小黄鱼的拉丁语为 Pseudosciaena polyactis。第 24 页第 139 条上则认为这两种黄鱼的拉丁文名称分别是 Pseudosciaena emplyceps 和 Pseudosciaena undovittata。21 世纪初，L. Richard 在他的书中第 233 页上证实了卫匡国的说法，即"在宁波，冰冻起来的黄鱼是

1　［意］卫匡国：《第十省——浙江》（摘录本 3），选自［意］弗朗科·德马尔奇主编：《卫匡国全集》第 3 卷《中国新地图集》，第 19 页。

2　摘录本 3，注解 117 说道："牡蛎很受中国人喜爱，通常在蛎田和蛎塘中养殖。最常用的养殖方法是在投苗时将竹竿插进田中，或将烧热的石头扔进田里，过了一段时间后将它们取出，牡蛎就都附在竹竿或石头上。"另参阅李调元：《南越笔记》，《小方壶斋舆地丛钞》第九帙，1891 年，第 269 页背面和第 272 页正面。

3　摘录本 3，注解 47 和 48 对该条文献解释：这种鸟的拉丁文名称为 Carduelis Spinus。根据《大明一统志》第 39 章第 7 页背面（第 2762 页）上的解释，这种鸟常见于崇德县境内。用来浸泡的酒是黄酒，是一种用大米和其他谷物酿成的黄色的酒。对螃蟹注解：《大明一统志》第 39 章第 7 页背面（第 2762 页）上说，质量最好的丝绸和味道最鲜美的螃蟹都产自嘉兴。

很赚钱的商品"。

特别地，卫匡国还对"荸荠化铜"的真实性进行了验证。他相信荸荠可以化铜的。

> 在嘉兴地区的水塘里生长着一种圆形的果实，大小似我们这里的栗子，中国人称之为荸荠。荸荠的果皮颜色稍黑，极薄，果肉很白，味美多汁，比苹果略硬而微酸，可食用。如果将一枚铜钱与荸荠同时放在嘴里，只需要用咀嚼荸荠的力量，就能很容易地用牙齿将铜钱咬断。我自己曾经尝试过多次，亲自证实了这种大自然的神奇。[1]

1675 年来华的米列斯库在《中国漫记》中直接抄录了卫匡国的记载。他还更加夸张了"荸荠化铜"的效果。[2]17 世纪晚期访华的"国王数学家"李明不同意卫匡国的看法。[3]周燕《法国耶稣会士兼"国王数学家"李明及其〈中国近事报道〉研究》一文，通过详细的分析和比较研究，认为卫匡国关于"荸荠化铜"的看法是来自中国典籍或其他中国人告诉他的，荸荠作为弱酸是不可能化铜的。[4]

第二节　植物图像：卜弥格与中国饮食知识的可视化

明清之际，波兰入华耶稣会士卜弥格（Michael Boym）于 1644

---

1 ［意］卫匡国：《第十省——浙江》（摘录本 3），选自［意］弗朗科·德马尔奇主编：《卫匡国全集》第 3 卷《中国新地图集》，第 11 页。

2 ［罗］尼·斯·米列斯库：《中国漫记》，蒋本良、柳凤运译，中华书局，1989 年，第 141 页。

3 ［法］李明：《中国近事报道（1687—1692）》，郭强、龙云、李伟译，第 106—107 页。

4 周燕：《法国耶稣会士兼"国王数学家"李明及其〈中国近事报道〉研究》，浙江大学博士学位论文，2008 年，第 73—76 页。

年来到澳门，后前往中国海南岛等地传教。关于卜弥格生平及其相关成果，可以参考已有研究。[1]

　　卜弥格所著《中国植物志》扩大了西方对中国乃至世界植物性状的了解，也是西方首次出版中国植物的专业性著作。[2] 书中绘有珍贵的中国可食性植物果实。他的另一部著作《中国地图集》（*Atlas Imperii Sinarum*）手稿绘制于 1652 年左右，藏于梵蒂冈图书馆（Biblioteca Apostolica Vaticana）。由于《中国地图集》未能正式刊行，

图 4—2
弥格《中国植物志》书影

1　卜弥格生平及著作介绍，可参见［法］费赖之：《在华耶稣会士列传及书目》上，冯承钧译，第 274—281 页；［波］爱德华·卡伊丹斯基：《中国的使臣：卜弥格》，张振辉译，大象出版社，2001 年；Boleslaw Szczesniak, "The Writing of Michael Boym," *Monumenta Serica,* Vol. 14, 1949-1955, pp.481-538；［波］卜弥格：《卜弥格文集》，张振辉、张西平译。

2　本文所用卜弥格《中国植物志》拉丁文本系德国奥格斯堡州立及市立图书馆（Augsburg State and City Library）彩色藏本，该文本在 2002 年由德国哈拉尔德·菲舍尔出版社（Harald Fischer Verlag）出版。参见 Michael Boym, *Flora Sinensis*, Erlangen: Harald Fischer Verlag, 2002.

其后世影响不及同时代的卫匡国《中国新地图集》。[1] 但在卜弥格《中国地图集》中，除地图以及许多注释文字外，还有许多中国动植物信息。[2] 此外，在贵州省图中，附录有手绘的《中国宴饮图》。这些欧洲古地图上的中国饮食知识极具研究价值。

卜弥格的论著图文并茂，深受西方人喜欢。永历四年（1650）十月，卜弥格作为南明永历皇帝的使者与南明官员陈安德一起出使罗马教廷和西欧列国，争取西方天主教支持南明政权，但是未能取得任何结果。卜弥格在罗马期间，应见过基歇尔并为其提供有关中国的资料。基歇尔1667年出版的《中国图说》中大量援引了卜弥格的相关成果。

一、卜弥格对中国食物图像的绘制

卜弥格出身医生家庭，父亲是波兰国王御医，使得他受到植物学和医学方面很好的训练，并且从小对动植物感兴趣。卜弥格在中国期间，记录下许多中国的可食性水果和坚果，比如椰子、香蕉、芒果、菠萝、葡萄、无花果、栗子、核桃、蜜桃、梨子等。他跟利玛窦等耶稣会教友一样，对于中国的地大物博、物产丰饶多有赞誉。[3]

卜弥格在《中国植物志》中对中国和东南亚地区三十多种动植物和物产品种进行了深入研究。他还对23个可食性动植物标注了汉语和对音，以便西方学习和了解。在书中，他对椰子（Xay-çu）和槟榔（Pin-lam）留下了详细说明，但却未画出图像，故卜弥格《中国植物志》所绘可食性动植物表未收录这两种果实。

1 王永杰：《卜弥格〈中国地图册〉研究》，浙江大学博士学位论文，2014年，第2页。
2 汪前进：《卜弥格〈中国地图集〉研究》，选自张西平主编：《国际汉学》，大象出版社，2016年。
3 ［波］卜弥格：《卜弥格文集》，张振辉、张西平译，第299页。

表4—2　卜弥格《中国植物志》所绘可食性动植物表

中文名	注音	现代中文名	拉丁文学名
反椰果子	Fan-yay-ko-çu	番木瓜	Carica Papaya
芭蕉果子	Pa-cyao-ko-çu	芭蕉	Musa Basjoo
檟如果子	Kia-giu-ko-çu	腰果	Anacardium Occidentale
荔枝	Li-ci	荔枝	Litchi Chinensis Sonn
龙眼	Lum-yen	龙眼	Nephelium Longana
攘波果子	Giam-po-ko-çu	蒲桃	Syzyjium Jamlos
反菠萝蜜果子	Fan-po-lo-mie-ko-çu	菠萝	Ananassa Sativa L.
芒果子	Man-ko-çu	芒果	Mangifera Indica L.
枇杷果子	Pi-pa-ko-çu	枇杷	Eriobotrya Japonica Lindl.
臭果子	Ciev-ko-çu	番石榴 / 臭果	Psidium Guajava Linn
菠萝蜜果子	Po-lo-mie-ko-çu	菠萝蜜 / 木菠萝	Artocarpus Heterophyllus
柿饼	Su-pim	柿子	Diospyros Kaki L.
亚大果子	Ya-ta	释迦果	Anona Squamosa L.
土利按树果子	Du-ri-ain-xu-ko-çu	榴梿	Durio Zibethinus
无名水果	Fructus innominatus	喃喃果	Cynometra Cauliflora L.
胡椒	Hu-cyao	胡椒	Piper
桂皮树	Quey-pi-xu	桂皮	Cinnamomum
大黄	Tay-huam	大黄	Rheum Palmatum L.
茯苓树根	Fo-lim-xu-ken	白茯苓	Smilax China L.
生姜	Sem-kiam	生姜	Zingiber Officinale Roscoe
野鸡	Ye-ki	野鸡	Huhn
麝	Hian	麝鹿	Moschustier
蚺毒	Gen-to	蚺毒蛇	Boa

　　在卜弥格的书中，他绘制有一副名为无名水果的图像，也许是编撰图书时间过久，卜弥格自称已忘记这个水果的名称。[1] 有研究者根据卜弥格对"无名水果"的绘画作为线索，考证出这个"无名水果"就是我们现在称之为喃喃果（Nam-nam）的果实，其拉丁学名为

1　［波］卜弥格:《卜弥格文集》，张振辉、张西平译，第330页。

图4—3　卜弥格《中国植物志》
所绘无名水果

Cynometra Cauliflora L.。[1]

　　《中国植物志》所绘中国反菠萝蜜果
子，即中国人常称的菠萝，有时候也称之
为凤梨，两者经常混称。"反"是"番"
的通假字，意为"外国的"。卜弥格对菠
萝的美味赞不绝口，他可能还是第一位提
议将菠萝制作成菠萝罐头的在华传教士。[2]
卜弥格在《中国植物志》中不仅绘制有菠
萝图像，还有比较可信的文字介绍。卜弥
格指出由于纬度不同，光照条件不一样，

图4—4　卜弥格《中国植物志》
所绘亚大果子、荔枝

1　Michael Boym, *Flora Sinensi*, p. 25.
2　［波］卜弥格：《中国植物志》，《卜弥格文集》，张振辉、张
　　西平译，第315页。

图4—5　卜弥格《中国植物志》所绘榢如果子、攘波果子

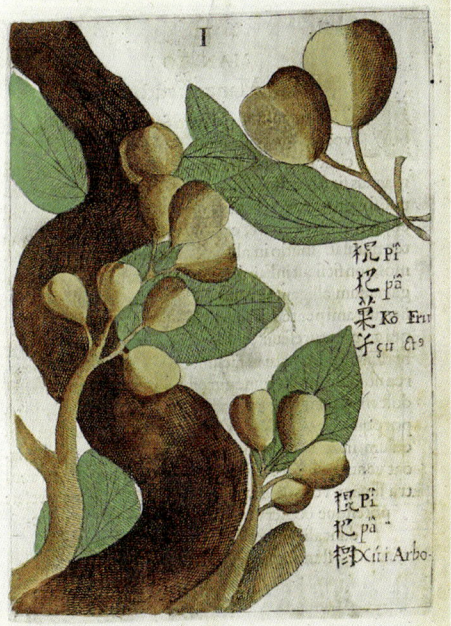

图4—6　卜弥格《中国植物志》所绘芒果子、枇杷果子

图 4—7　卜弥格《中国植物志》所绘臭果子、反椰树果子

中国、印度和卡弗尔产的菠萝成熟期各有不同。印度和卡弗尔菠萝在
2—3 月即可成熟。中国菠萝则是在 7—8 月的夏季成熟。《中国植物
志》书中所绘菠萝，是 1644 年卜弥格在印度果阿时所绘。[1] 当然，中
国和印度等亚洲国家，都有种植菠萝。

　　此外，卜弥格所撰《单味药》拉丁文全名是 *Medicamenta. Simplicial
quaed Chinensibus ad Usum Medicum Adhibentur*。它是卜弥格著《中医处
方大全》的第二部分，曾于 1682 年被安德烈亚斯·克莱耶尔发表在他
的《中医指南》一书中。出版时为便于印刷，出版者将所有单味药的
中文名称都删除了。[2] 爱德华·卡伊丹斯基所译《卜弥格文集》声称卜

---

[1]　卜弥格所绘印度菠萝彩色图像今保存在罗马耶稣会档案馆，经波兰学者爱德华·卡伊丹斯基影印，
　　发表在中译本《卜弥格文集》中，参见［波］卜弥格：《卜弥格文集》，张振辉、张西平译，第256—
　　257 页。
[2]　［波］卜弥格：《卜弥格文集》，张振辉、张西平，第391—482 页。

弥格书中罗列了289种单味药。经作者查核后，发现这个说法不准确。在第184味药"海桐皮"和第185味药之间，整理者漏记了山楂。人参、大黄、土茯苓、白茯苓、桂皮、生姜比较受西方人关注。卜弥格《单味药》中的荞麦、薏苡仁、白果、山楂、槟榔、乌梅、枳实、橘红、桃仁、荔枝、龙眼、藕节、川椒、生姜、牡蛎、沙参、当归、桔梗、枸杞子、山药、石莲子（莲米）、百合、肉桂、枣仁、儿茶、青皮、陈皮等依然在中国人的菜谱上。他们既是药材，也是食材。

二、地图上的农耕知识

作为作者的卫匡国以及作为其出版商的地图印刷者，他们还通过在地图上绘制带有中国风土人情的农业耕作画以装饰地图。在其湖广图图名四周，画上了几株稻穗，两个农民分立左右，一个农民挥着一个小树枝，一手扶着犁，是在犁地的样子；另一个农民则在撒谷播种（图4—8）。这幅图形象表达了"湖广熟，天下足"这句谚语，实际上也是卫匡国在著作中通过文字介绍湖广的中心内容。在卫匡国入华以前，曾德昭在《大中国志》中也记录了"湖广熟、天下足"的现象，认为湖广"产米之丰居全国之首"，但是曾德昭却没有如卫匡国般在著作中通过图画来艺术性地展示中国湖广当地的风土人情。这一点，当为卫匡国《中国新地图集》印刷出版的一大创新。当然，我们可以合理推测，这一创新并非卫匡国个人完成，而是跟当时卫匡国合作的荷兰地图出版商直接相关。早在《中国新地图集》出版之前，西方地图已有在图名周围绘以各种彩带作为装饰的传统。《中国新地图集》在图名附近绘制反映当地风土人情的图饰，既富有艺术性，又能烘托出当地地理环境的特点，颇引人注目。[1]实际上也的确引起了其他人

---

1 高泳源：《卫匡国（马尔蒂尼）的〈中国新图志〉》，《自然科学史研究》1982年第4期。

图 4—8　基歇尔《中国图说》
中的湖广图图名装饰画

图 4—9　基歇尔《中国图说》
中的播种插图

的"注目"。基歇尔《中国图说》中的播种插图（**图4—9**）就与卫匡国
著作中的类似。

　　通过以上两例，我们既可以看到卫匡国和基歇尔书中所用饮食图
像之间存在关联性，又说明他们都在通过图像的形象化来进一步展示
中国的饮食知识。但是这种关联还不能够证明基歇尔书中所用插图就
是来自卫匡国，也有可能是引用了其他作者绘的中国图像。

　　从传递的载体来看，卫匡国笔下的中国饮食知识通过地图学著作
《中国新地图集》传入西方。他传播的主要内容是中国地理知识，兼
及饮食相关内容，即通过地理学著作，传递中国区域性食物原料的分
布情况。

三、《中国地图集》中的物产与中国宴会

　　卜弥格《中国地图集》手稿分藏欧洲各处，[1] 目前以梵蒂冈图书

1　《中国地图集》由美国学者什钦希尼亚克（Boleslaw Szczesniak）命名，是卜弥格所著有关中国总图、
　　分省图及其他相关文本材料的统称。相关研究参见 Boleslaw Szczesniak, "The Atlas and Geographic
　　Description of China: A Manuscript of Michael Boym," *Journal of American Orient Society*, Vol. 73, 1953,
　　pp. 65-77; Fuchs, Walter, "A Note on Father M. Boym's Atlas of China," *Imago Mundi*, Vol. 9, 1952, pp. 71-
　　72。

馆藏本最为完整，包含 1 张中国全图和 17 张中国各个行省和地区的地图。**1**

从中西文化交流角度看，卜弥格《中国地图集》既承载了马可波罗、罗明坚、利玛窦、卫匡国等人有关中国知识的报道，特别是中国的地理知识，又为当时未曾到过中国的欧洲人（如基歇尔）提供了中国各方面情况的最新见闻与信息，可以说是一手的珍贵调查报告。目前所能见到的《中国地图集》只保存了 18 张地图及一些简单的文字说明，有关它们的详细说明却没能像卫匡国《中国新地图集》一样留存下来，更别提能够像其著作一样在当时就通过审查并得以发表。卜弥格返欧期间，带回的这些手稿未能在欧洲正式刊行流通，长期搁置在档案馆里，致使该书在西方的影响力远不如同时代的卫匡国的《中国新地图集》。但是，从留下的图书目录中，可知卜弥格在《中国地图集》中实际上记录了他对中国食物（主要是一些水果）的实地考察。卜弥格在《中国地图集》目录上写着，他将在第六章介绍中国的幅员、土地的肥力、土地上的果实、贸易和礼仪等问题。**2**

卜弥格在《中国地图集》第六章中"既用拉丁文又用中文"介绍了一些"中国有而欧洲也有的果树"，**3** 以及与之相关的令人诧异的饮食方式和行为。卜弥格在地图集上记录有云南椰子、广西人面子、陕西大黄、浙江梅子、福建生姜、广东莲米和藕节、四川野

---

1 卜弥格未刊地图册手稿（即什钦希尼亚克命名的《中国地图集》）原拉丁文书名是《大契丹就是丝国和中华帝国，十五个王国，十八张地图》(*Magni Catay, Quod olim Serica, et modo Sinarum est Monarchina, Quindecim Regnorum, Octodecim Gegraphica*)，目前保存在罗马梵蒂冈图书馆，编号 Fondo Borgia Cinese 531。该手稿第一次以黑白影印件和临摹彩图的方式在中国出版，但由于未使用梵蒂冈图书馆所藏的原真彩图，因而未能精确地展示卜弥格透过图像所反映的中国文化信息和知识。本节将会举例论及因"色彩"和"临摹"造成的一些问题。参见《卜弥格文集》，张振辉、张西平译，第 194—243 页。

2 ［波］卜弥格：《中国地图集》，《卜弥格文集》，张振辉、张西平译，第 195 页。

3 ［波］卜弥格：《中国地图集》，《卜弥格文集》，张振辉、张西平译，第 176—178 页。

鸡、贵州茯苓、山东水牛等物产。比如他说云南椰子的"体型很大，它成熟后果瓤呈面粉状，可以做饮料，这种饮料用蒸馏的方法来酿酒"。[1] 广西的人面子（Gin-mien-cu，拉丁学名为 Dracontomelon duperreanum Pierre），这是一种形状像人面，有甜味但也酸中带涩的水果。多数水果或植物配有精美绘图。而在作为《中国地图集》说明文字的《中华帝国简录》里，卜弥格发现并记录了各种奇异的中国动植物名称。遗憾的是，他手稿中关于这部分内容的详细说明已经遗失。

卜弥格把考察到的中国物产知识及其他中国风俗，作为图饰绘在 17 张分图中，既提升了地图的艺术性，又直观地表现出该地区典型的土特产与风俗特征。在山东（Xan Tvm）图中，卜弥格绘制了中国牛的图像并注解："中国有驼峰的水牛和印度的一样。农民在它的鼻子里套上环扣，骑在它身上行走。在印度，不仅老百姓骑牛，所有受到过教育的人都骑牛。"[2] 在山西（Xan Sy）图中，卜弥格画上了麝香兽（Xe-hiam-xeu）的图像，其著作中也有记载该动物会被中国人食用。在陕西（Xen Sy）图中，卜弥格画有大黄（Tay-huam）的图像。浙江（Cie Kiam）图中，卜弥格画出了梅花，特别指出它的果实叫梅（Muy）。[3] 福建（Fo Kiem）图中，卜弥格画上了生姜（Zingiber，Sem-kiam）。湖广（Hu Quam）图中，卜弥格画上了雉鸡（Chi-ki）。[4] 四川（Sv Civen）图中，卜弥格画上了野鸡（Ye-ki）。贵州（Kvey Ciev）图中，反映了茯苓（Fo-lim）的植物图像以及一幅中国宴饮图。[5] 广西（Qvam Sy）图中，画上了桂皮树（Quey-pi-xu）图像，即为我们现在所指的肉桂树。广东（Quam Tum）图中，绘以莲

1　[波] 卜弥格：《中国地图集》，《卜弥格文集》，张振辉、张西平译，第 176—177 页。

2　[波] 卜弥格：《中国地图集》，《卜弥格文集》，张振辉、张西平译，第 198—199 页。

3　[波] 卜弥格：《中国地图集》，《卜弥格文集》，张振辉、张西平译，第 213 页。

4　[波] 卜弥格：《中国地图集》，《卜弥格文集》，张振辉、张西平译，第 222—223 页。

5　[波] 卜弥格：《中国地图集》，《卜弥格文集》，张振辉、张西平译，第 230—231 页。

花（Lien）图像，展示了中国的莲米以及藕节。在《单味药》中，卜弥格专门介绍了中国莲米和藕节的使用情况，并把它们作为可以食用的中医本草介绍给了西方。海南（Hay Nan）图中，卜弥格介绍了一种海蟹，并把这种海蟹煮熟前后的图像画在了地图上，注释说这种海蟹壳在煮熟前有一个白色的十字架，煮熟后壳呈红色，但是白色十字架还是在那里。[1] 相对于其他中国物产来说，卜弥格显然更加重视这种可食用海蟹的神圣意义。在其中国全图上，他再次在地图上画上了这种"背负十字架的海蟹"。卜弥格通过此宗教"奇迹"的寓意，无非是想诱导并告诉欧洲的读者：圣十字架出现在中国南方，而此刻南明永历皇帝作为中国的法定继承人，也在南方举起了圣十字大旗，欧洲支持明王朝对抗清军是天主的旨意。

　　《中华帝国简录》《中国事务概述》系《中国地图集》中国总图文字说明的不同版本，均为拉丁文手稿。《中华帝国简录》一再提及卜弥格非常感兴趣的可以使人恢复元气的人参、用于治疗眼疾的黄连。[2] 此外，在中国全图中，卜弥格反映了中国的大黄、茯苓、生姜和麝，以及背上呈现十字架的螃蟹图像。中译者注释称，中国全图中所指中国根为人参。[3] 卜弥格在《中国事务概述》（即为中国全图的说明文字）中，明确提到只产于中国并且欧洲人称之为"Sina"的中国根是茯苓，葡萄牙人又称之为"中国面包或中国粮食（Pao da China）"。他还说在云南省曾见到过，还给茯苓画了一张图。[4] 我们在《中国地图集》中的云南图中并未看到这幅画，倒是在贵州图中发现了卜弥格画的茯苓图以及他标注的中文拼音 Fo Lim 以及拉丁名 Rodix Sinica。[5] 可见，卜弥格所称中国根为茯苓。

1　［波］卜弥格：《中国地图集》，《卜弥格文集》，张振辉、张西平译，第 241 页。

2　［波］卜弥格：《中国地图集》，《卜弥格文集》，张振辉、张西平译，第 176—177 页。

3　［波］卜弥格：《卜弥格文集》，张振辉、张西平译，第 243 页。

4　［波］卜弥格：《卜弥格文集》，张振辉、张西平译，第 190 页。

5　［波］卜弥格：《卜弥格文集》，张振辉、张西平译，第 230—231 页。

文艺复兴至启蒙运动前的欧洲地理学著作具有百科全书式的性质，反映的还是近代以前的传统地理知识，包括欧洲以外其他国家的地理概况。而在地图上绘有装饰功能的动植物图文信息，有助于引起读者关注。从实用角度来说，这些图像和文字解说可以使读者了解当地风土人情。这种百科全书式的地图集著作，或极具装饰性的单幅地图，在欧洲的创作历史十分悠久。

卫匡国《中国新地图集》采用了上述做法并获得巨大成功。卜弥格也是如此，在《中国地图集》第 15 图贵州图右侧，附录了一幅完整《中国宴会图》（*Convivia Sinarum*）。[1] 这是目前所见欧洲古地图上最为明确反映晚明中国宴会的图像资料。该图的拉丁文注释经爱德华·卡伊丹斯基译为波兰文后，被《卜弥格文集》中译本译者郑振辉转译为中文如下：

> 中国的宴席，有许多人参加，都坐在一张张的桌子旁。他们不用叉子，而用筷子。筷子有几个手指长，是用树上砍下的木头或者象牙做的。吃饭的时候和瓷碗一起使用。他们喝温热的酒和茶（Cha），在宴席开始的时候，入席的人坐在桌边先喝茶，他们问候主人，还带来了甜食和各种各样的用具，甚至还有金汤勺，都送给主人。[2]

拉丁文注释提及了中国餐桌、筷子、酒、茶等宴会名物。卜弥格特别指出筷子是通过木头或象牙制成。卜弥格跟利玛窦、曾德昭一样犯了错误，也认为中国人不用叉子。中国人用刀、叉、勺匙等助食器的历史悠久。《中国宴饮图》还反映了宴会上喝茶、交流的场景。为

---

1 〔波〕卜弥格：《卜弥格文集》，张振辉、张西平译，第 231 页。有关该图的解读，多有接受东北师范大学历史文化学院王永杰博士指点。

2 〔波〕卜弥格：《卜弥格文集》，张振辉、张西平译，第 231 页。

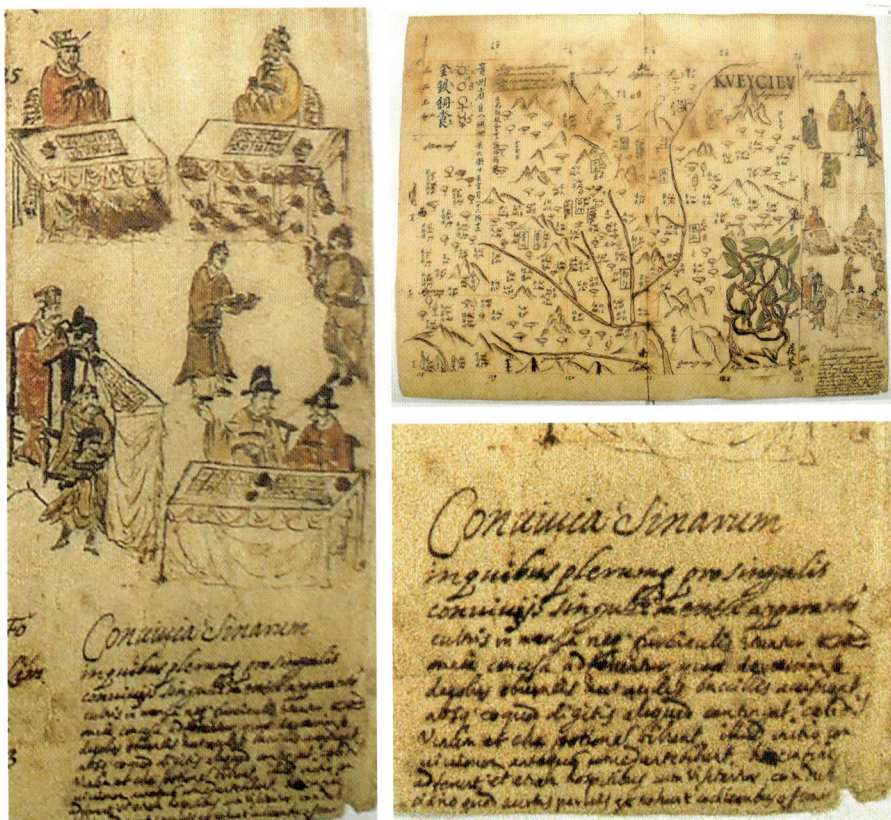

图4—10 卜弥格《中国地图集》所附《中国宴会图》(局部放大)

了表示对主人筹办宴会的感谢,客人们还会主动向主人表示问候。

卜弥格《中国地图集》所附《中国宴会图》形象生动,宾客服饰符合明代官服形制,反映的是晚明中国高规格正式宴会场景。根据利玛窦、曾德昭对中国宴会礼仪的记载,我们可以确定局部图中一人享用一桌者以及坐北朝南者为主宾,享以尊位。右上角的人物帽式形似翼善冠,为明朝皇室成员方可佩戴。考虑到其座次,应为本次宴会最为尊贵的人物。在其右手边的人员应该为第二尊贵的人物。左下角二人共用一桌,居左就座的人员头戴明代士人的方巾帽。该人物帽式与服饰皆与其他人不同,其所戴"四方平定巾"为儒士帽，所服亦为明代士人之"斜领大襟宽袖衫，宽边直身"。其他陪客的服饰皆为官宦常服，"头戴乌纱帽，身穿团领衫"。考虑到早期入华耶稣会士几乎都遵守文化适应的传教策略，他们通常以中国士人形象参加各种社会交际活动。如利玛窦留下的个人画像，也是头戴类似方巾，以儒生形象出席各种宴会。类似的传教士"华化"形象也出现在基歇尔《中国图说》中。[1]由此推测其身份可能是入华易服后的耶稣会传教士。

从不太严格的座次和朝向来看，局部图并不是卜弥格对参加某次中国人举办的宴会的实景描绘，而是对中国宴会形象的综合刻画。加之撰写《中国地图集》时已经在返欧途中，卜弥格在贵州省图附上的《中国宴会图》极有可能参考了随身携带的中国典籍。

爱德华·卡伊丹斯基临摹贵州省图和这幅《中国宴会图》（**图4—11**）。由临摹图我们可以发现，图中漏画了左下角的一位宴会陪客，使得原本有9个人物形象的宴饮图只剩下8人。更为严重的是，他改变了原卜弥格所绘图像中人物的服色。梵蒂冈图书馆所藏卜弥格《中国地图集》中附录的中国宴会局部图中，右上角的人物（主客）所服明黄色绫罗，为一般平民所禁用，其服饰样式亦是圆领常服，图画上的人物帽式不是很清晰，但是基本与翼善冠形似，显然该人物是属于皇亲国戚级别的贵宾，这也是为何在图画中，此人居于宴会主宾席，坐北朝南并且一人享有一张食桌。而爱德华·卡伊丹斯基临摹并在中译本《卜弥格文集》中发表的《中国宴会图》中，该人物服色为土黄色，其他与宴者、带刀侍卫和两位侍从的服色也被改变了。这里不加说明的话，会让读者误以为卜弥格所绘原图中人物服色就是如此，从而影响对卜弥格所传递的真实文化含义的解读。临摹图也没有将铺在桌子上的桌帘画上，让《卜弥格文集》中译本中的这幅图像价值大打

1　［德］基歇尔：《中国图说》，张西平等译，大象出版社，2010年，第219页。

图4—11 《卜弥格文集》所收爱德华·卡伊丹斯基临摹的《中国宴会图》

折扣。爱德华·卡伊丹斯基临摹图让深藏档案馆里的卜弥格手稿图更为清晰多彩，从现代出版角度，更加便于读者阅读和流通传播，有一定积极意义。但是，临摹图是"二手"的，加上临摹者的原因，未能真实且完整反映卜弥格所绘原图的诸多重要细节。

卜弥格《中国地图集》毕竟是一部历史地图性质的文献，况且其有关各分省地图的详细文字说明稿已经遗失，我们并不能得知卜弥格对中国饮食文化和各地饮食行为方面还有哪些具体的记录与研究。卜弥格对中国宴饮的简短文字介绍表明其相关知识并未超越利玛窦、金

尼阁、曾德昭等早期来华传教士。利玛窦、金尼阁、曾德昭等向西方
发回的报告，已经介绍过中国人宴会上饮热茶、热酒，使用筷子进食
以及筷子的材质与大小等情况。他们的著作也已经告诉西方读者中国
人正式宴会上的座次与等级关系。目前卜弥格地图及其说明文字部分
的手稿对地方饮食物产的记述实际上信息量非常少，远不及卫匡国
的多。

但是，卜弥格有关中国饮食的独特性是通过植物学著作和地图上
的大量图像来传递一种可见化的知识。从中国传统食疗角度来说，他
的《中国植物志》所见各种植物，原则上都是可以吃的。这些植物信
息与中国饮食信息关系密切。再者，卜弥格地图资料上有关茶等饮食
信息的记载，延续了西方地图学著作带有百科全书性质的传统。1606
年罗明坚编绘的《中国地图集》中就已经提到过中国人饮茶。1655
年得以正式出版的卫匡国《中国新地图集》更是多次提到中国茶及其
代表性品种。在此意义上，我们可以看到一条中国饮食文化通过欧洲
古代地图向西方传播的独特路径。

第三节　饮食汇通：基歇尔对中国饮食知识的转述剪裁

17 世纪德国著名的耶稣会士基歇尔（Athanasius Kircher）是一位
百科全书式的人物。他一生兴趣广泛，著书四十多部，涉及历史学、
物理学、天文学、数学、医学等，被称为"最后的一个文艺复兴文化
人物"。[1]

1667 年，基歇尔《中国图说》（*China Illustrata*）拉丁文版在阿

---

[1]《简明大不列颠百科全书》第 4 卷，中国大百科全书出版社，1988 年，第 173—174 页。

姆斯特丹出版。《中国图说》为
该书原名简称。1668 出版了荷兰
文版，1670 年出版了法文版。张
西平等译《中国图说》主要根据
1986 年英译本转译。1986 年英文
版译者查尔斯·范图尔指出基歇
尔"引用耶稣会资料和返回欧洲
的传教士的谈话记录"，[1] 是这部著
作重要的知识来源。法国学者艾
田蒲认为《中国图说》在欧洲出
版后，当时的影响比《利玛窦中
国札记》还要大。[2]

图 4—12　基歇尔个人画像

　　基歇尔本人并未到过中国。他有关中国的知识来源，很大一部分
是来自同会教友。基歇尔是入华耶稣会士卫匡国的数学老师，与许多
到东方传教的传教士都有着密切的关系，如卜弥格、白乃心等。卫匡
国、卜弥格因"礼仪之争"返回欧洲时都曾与他见过面，并提供了许
多有关中国和亚洲的第一手材料。基歇尔正是凭借自己过硬的科学研
究素养与丰富的想象力，依托入华耶稣会士们提供的一手资料，写就
了《中国图说》。

一、《中国图说》所见中国独特饮食

　　基歇尔对中国物产的认知基本上和利玛窦、曾德昭、卫匡国等入
华耶稣会士一致，然而他用更加诗化的语言，向欧洲社会介绍了中国
的异域风情。

1　［德］基歇尔：《中国图说》，张西平等译，第 18 页。

2　［法］艾田蒲：《中国之欧洲》，许钧、钱林森译，河南人民出版社，1992 年，第 269 页

来自世界上每个地区与气候带的所有品种的水果、香料、木材、坚果与动物，都可以在这一帝国某一处集中见到。无论夏天，还是在其他季节，君王都可以在一张饭桌上品尝到苹果和梨、李子等各种水果，既有国内的，也有国外的。动物也是如此，不管是用作食物，还是供君王享乐，抑或用作装饰。国王享受到巨大帝国的一切物产，奇珍异兽、山珍海味等。[1]

基歇尔认为中国君王在餐桌上可以吃到国内外的各种水果和肉食，可以享受帝国的一切物产，各种山珍海味。他与曾德昭、卫匡国和卜弥格等人的关注点一样，对中国独特的水果和茶叶特别感兴趣。基歇尔重点介绍了菠萝蜜、木瓜、天堂果、反菠萝蜜（菠萝）。基歇尔觉得荔枝、桂圆、芒果这些水果，西方人已经非常了解，再介绍的话不会带来惊喜，于是向西方读者介绍了一个关于如何嫁接芒果的有趣知识，进而吸引他的读者。

当芒果嫁接到有柠檬味的苹果树上时，使用的方法与欧洲很不相同，不在树干上割口，也不作任何的改变，而是把芒果的枝条绑在有柠檬味的苹果树枝上，在它周围糊上湿泥浆。用这一方法来完成所期望的两种树的嫁接，它们结出有浓烈芒果与柠檬两种味道的水果。[2]

通过《中国图说》所见中国代表性饮食名物表，我们可以清晰地看到基歇尔非常有目的性地选取那些能够让欧洲读者感兴趣的奇异动植物故事。

---

1 ［德］基歇尔:《中国图说》，张西平等译，第308页。

2 ［德］基歇尔:《中国图说》，张西平等译，第338页。

表4—3　《中国图说》所见中国代表性饮食名物

类型	内容	所在地
水果	菠萝蜜	热带地区
	木瓜	热带地区
	天堂果	海南岛、广西、福建、广东
	反菠萝蜜	广东、广西、福建
水果	芒果	中国
	荔枝	中国
	桂圆	中国
肉类	鸭子	广东
	蝙蝠	陕西
	蛇	广西、广东、浙江、海南岛
饮料	茶	各地

　　基歇尔通过图文并茂的方式，重点介绍了菠萝蜜、木瓜、天堂果、反菠萝蜜（菠萝）。

　　菠萝蜜和木瓜。基歇尔明确提到菠萝蜜的资料源自卜弥格。

　　虽然"中国菠萝蜜树"有很大的叶子，却不长任何果实，也不开花，但在树干上有一个膨胀的果实，它大到一个人才能把它带走，比欧洲最大的葫芦还大。它仿佛一个钱包，把许多小水果装在其中。多刺而疙疙瘩瘩的果皮里，有像蜂蜜一样的果浆。卜弥格神父在他的《中国植物》一书中说，这种水果果肉的味道有点像栗子。它是如此之大，一个就可以让一二十个人饱吃一顿。中国人恰当地称它为"一袋蜜果"，它的味道甚至比欧洲的瓜还好。因为一般的树枝承受不了这么大果实的重量，因而只能生长在树干上，这是大自然的智慧。印度人把与此类似的树称作"木瓜树"（Papaya），而中国人叫做"反椰树"（Fan-yay-xu）。这种树没有分支，它像块茎似的果实长在树干的或高或低处。它比欧洲西瓜个大，果肉呈红色，几乎全是汁液，用汤匙就可挖出它。它全年都开花，花很香，像欧洲金黄色和有柠檬味道的苹果的花的香味。**1**

　　基歇尔说根据卜弥格神父的记载，"中国人恰当地称它为'一袋蜜果'"，更用独特的优美语言形容菠萝蜜这种食物，"多刺而疙疙瘩瘩的果皮里，有像蜂蜜一样的果浆"。基歇尔同时介绍了中国人叫做"反椰树"的果树，即木瓜树。基歇尔形容木瓜"肉呈红色，几乎全是汁液，用汤匙就可挖出它"。而在《中国植物志》中，卜弥格说木瓜"果中的瓤呈淡红色，味道很甜……可以用勺子把它从果皮里掏出来"。**2**基歇尔虽然没有明说反椰树的知识来源是卜弥格《中国植物志》，但是我们通过图文比照，很容易发现他们之间知识的传递情况。此外，基歇尔《中国图说》中的菠萝蜜树和反椰树图像（**图4—13**）也是

图4—13
基歇尔《中国图说》中的菠萝蜜
反椰树

1　［德］基歇尔：《中国图说》，张西平等译，第334—335页。
2　［波］卜弥格：《卜弥格文集》，张振辉、张西平译，第305页。

图4—14　卜弥格《中国植物志》中的菠萝蜜树和反椰树

参考了卜弥格《中国植物志》中的图像资料（**图4—14**）。可见基歇尔有关菠萝蜜和木瓜的记述主要来自卜弥格。

　　天堂果。基歇尔关于天堂果的记载，也参考了卜弥格的相关描述。基歇尔书中称天堂果很像无花果，并将其拉丁文名称写作Ficus Indica Arbor Paradisi。[1] 他还认为天堂果树就是阿拉伯人称作"Moux"和拉丁美洲人称作"Musa"的那种树。以下是基歇尔对天堂果的文字说明：

　　　　在中国的海南岛和广西、福建、广东等省，还有一种多枝节的矮树，它在六个月内长成有六七个叶片，并且结类似无花果的

1　Athanasius Kircher, *China Monumentis Illustrata*, Amstelodami, 1667, p. 188.

甜浆果。这种植物的叶子大得能够把一个人包在里面。我对这种植物及其果实生长的环境进行了研究，认为它就是阿拉伯人称作"Moux"和拉丁美洲人称作"Musa"的那种树。这种树生长在意大利卡拉布星亚（Cslabrla）的Reggio，靠近墨西拿海峡。它的叶子很宽阔，无任何分支，果实与无花果的外形和味道相似，因而有人把它称作"天堂果"。我们的第一代祖先在失去纯真之后，曾用它的叶子遮盖身体。[1]

图4—15　基歇尔《中国图说》中的天堂果树

通过对比可以发现，基歇尔《中国图说》中的天堂果插图与卜弥格《中国植物志》中的芭蕉树接近，但文字描述出入比较大。[2] 卜弥格书中芭蕉的拉丁文名字是Arbor Ficus Indica & Sinica，该拉丁名直译为"印度和中国的无花果"。卜弥格特别提到，这种果实"在大马士革叫芭蕉（Musaceas）"。[3] Musaceas是西班牙语，而芭蕉的现代拉丁语学名又是Musa Basjoo Sieb。[4]

图4—16　卜弥格《中国植物志》中的芭蕉树

1　［德］基歇尔：《中国图说》，张西平等译，第336页。

2　［波］卜弥格：《中国植物志》，《卜弥格文集》，张振辉、张西平译，第306页。

3　［波］卜弥格：《中国植物志》，《卜弥格文集》，张振辉、张西平译，第307页。

4　张育英、陈三阳：《热带亚热带果树分类学——现代果树科学论集》，上海科学技术出版社，1992年，第207页。

基歇尔对天堂果的热情远高于其他植物果实。基歇尔如果只是简单转述卜弥格的记录，完全可以照抄卜弥格提供的拉丁语名称，而他又为何把这种果实和天堂（Paradisi）牵扯上关系呢？基歇尔甚至还信誓旦旦地称："我们的第一代祖先在失去纯真之后，曾用它的叶子遮盖身体。"芭蕉叶的确很大。按照基歇尔的说法，天堂果树的叶子可以把一个人包起来。此外，基歇尔认为天堂果在中国也许还受到中世纪旅行家的影响。如马可波罗称："此平原在一极热沙漠之中，首至之州名曰别斡巴儿勒（Beobarles，今鲁巴尔地区），此地出产海枣、天堂果及其他寒带所无之种种果实。"[1] 有研究者称此天堂果为 Pommes de Paradis，乃枸橼（Citron）之一种。[2] 枸橼又名香橼，属于芸香科。跟香蕉比起来，芸香科下的各种植物果实外形与基歇尔描述的无花果般的甜浆果更为相似。我们还知道橄榄也有天堂果之称。关于天堂果到底是什么植物果实是有很大争议的，但天堂果应该在伊甸园。中世纪晚期以来很长时间里，欧洲人的世界地理知识深受基督教影响。根据《圣经》的记载，上帝创造出最早的男人亚当后，在东方建立了地上天国伊甸园。由于《圣经》明确地说伊甸园在东方，中世纪的人们也就确信伊甸园就在东方。13 世纪常见的 T-O 地图中以上为东方。有的 T-O 地图上的天堂在赛里斯即中国附近（图 4—17）。[3] 作为深受基督教神学影响的耶稣会士，基歇尔也在不停思考这个问题。正是在这样的神学知识背景下，基歇尔才把卜弥格记述的来自中国和印度的芭蕉知识杂糅到他想象中的天堂果身上。

槚如果和反菠萝蜜。基歇尔将槚如果（腰果）和反菠萝蜜（菠萝）这两种水果搞混淆了。

---

1 ［意］马可波罗：《马可波罗行纪》，冯承钧译，第 53 页。

2 ［意］马可波罗：《马可波罗行纪》，冯承钧译，第 53 页。

3 龚缨晏、邬银兰：《T-O 地图中的东方》，《地图》2003 年第 3 期。

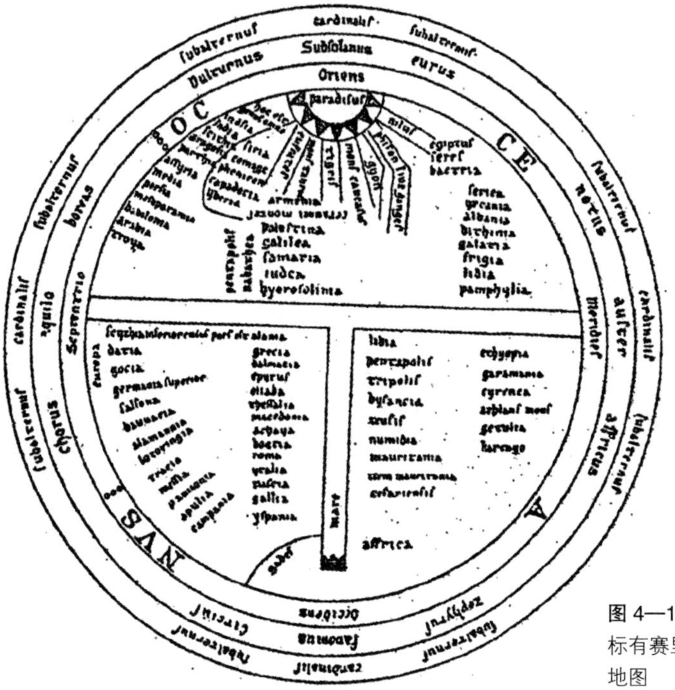

图 4—17
标有赛里斯的 T-O
地图

中国有一种被称作"Kagiu"的树，一年结两次果。它的果实不是长在枝条的中部，而是在它的顶端。它非同寻常，在美洲也能见到它，印度人把它叫作"菠萝"（Ananas）。中国人称它为"反菠萝蜜"（Fam-po-lo-nie），广东、广西和福建大量出产。据说它最早是从秘鲁传到中国的，这种果实不是长在枝条上。如下图所示，它的果实长在茎上。这就像被称作"Cartciofoli"的蓟（其紫色花为苏格兰的国花）。后来它被带到欧洲。我认为是由于气候的原因使它退化为蓟。菠萝味道特佳，使得中国和印度的贵族喜欢它胜过一切。不仅种子，甚至它的嫩枝和叶子也能种植，生出新的植物与果实。这一点对其他很多植物也是可能的。[1]

---

1 ［德］基歇尔:《中国图说》，张西平等译，第337页。

图4—18　基歇尔《中国图说》
中的反菠萝蜜树

卜弥格在《中国植物志》中就明确将樏如果（Kagiu）的汉语名字和对音写在了图像边上。樏如果就是腰果。卜弥格说的反菠萝蜜则是指的菠萝。

> 在中国叫反菠萝蜜的水果在印度叫菠萝（Ananas），它盛产于中国南方的广东、广西、云南、福建和海南岛。
> 如果把这种（菠萝）叶子摘下来，埋在土里，进行培育，又会长出新的果实。[1]

基歇尔却说在中国称作"Kagiu"的樏如果（腰果），印度人把它叫作"菠萝"，中国人称它为"反菠萝蜜"。[2]由于基歇尔没有到亚洲实地见识过菠萝到底为何物，偶有混淆也在所难免。一些形似名异或名似形同的物产，的确很难让人分辨清楚。通过《中国图说》和《中国植物志》两书图像的比较，我们可以更容易确定基歇尔关于樏如果和反菠萝蜜的知识来源是卜弥格。

胡椒和喃喃果。基歇尔对胡椒树

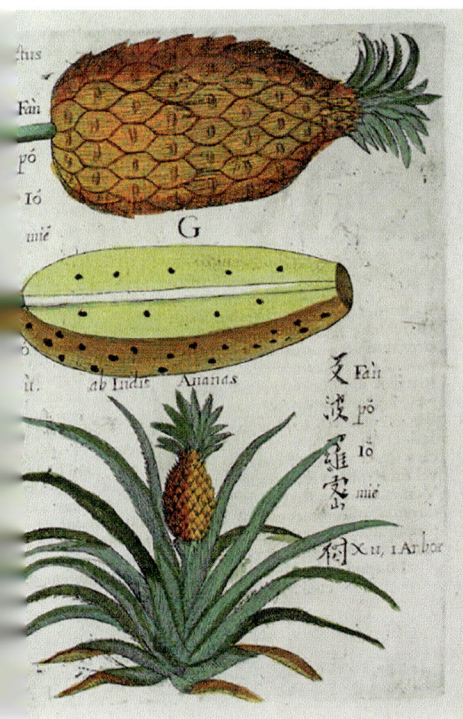

图4—19　卜弥格《中国植物志》
中的反菠萝蜜树

1　［波］卜弥格：《卜弥格文集》，张振辉、张西平译，第314—315页。

2　［德］基歇尔：《中国图说》，张西平等译，第337页。

（Piper）和"无名植物"（Fructus Innominatus）的描述令人费解："我们在这里要补充的是关于胡椒树，它的果实生在树根周围。某些方面类似欧洲的无花果树。"[1] 从基歇尔的描述来看，他认为这两种植物都是胡椒树。但是，卜弥格还对该无名植物有形象描述：

> 我记不得它的中文名称了。我早先在中国的海南岛见到过它，后来又在广东省见到过它。
>
> 这种树的根须之间，贴着地面好像有一个赘生物。
>
> 树上长出的果实像欧洲的无花果。[2]

通过前文我们对卜弥格所指的"无名植物"进行考证，已经知道这种果实叫喃喃果，而基歇尔却将胡椒和喃喃果混在一起了。有趣的是，基歇尔"无心"之举，却向西方传播了喃喃果树的实物形象，尽管这一形象被错误地强加在了胡椒树的形象上。

图 4-20
基歇尔《中国图说》中
的胡椒树和无名植物

---

1 ［德］基歇尔：《中国图说》，张西平等译，第 339 页。
2 ［波］卜弥格：《卜弥格文集》，张振辉、张西平译，第 330—331 页。

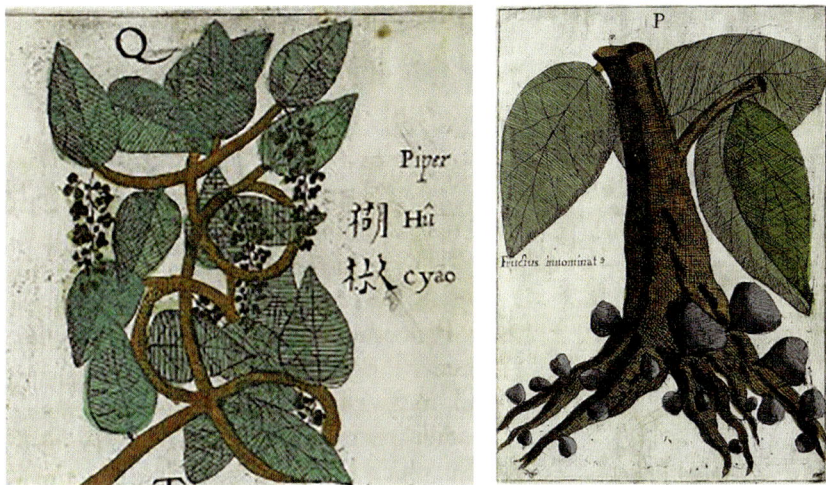

图 4—21
弥格《中国植物
》中的胡椒和无
名果树

除了对中国各种水果感兴趣，基歇尔对茶叶也十分关注。他有关茶叶的信息来源主要是卫匡国。基歇尔对茶的饮法、命名法、医疗和商业价值以及礼仪功能记述较多。

第一，基歇尔把中国茶和当时欧洲流行的土耳其咖啡、墨西哥巧克力并列在一起，认为饮中国茶更加有利身心健康。他说道：

> 当天气炎热时，巧克力使人感到它给的热力过多；咖啡则使人容易上火。茶永远无害，它的奇异效果不止一种，甚至每天可饮上百次。[1]

第二，基歇尔说道，中国人是"把茶的叶子用热水浸泡后饮用"，即以沸水直接冲泡叶茶的方法，我们称之为"瀹饮法"。"当茶叶放到刚开的水中时，不一会，它们就恢复原状，叶片伸展开，使水有颜色和茶味，它们的味道并不难喝。颜色呈绿色。"[2] 唐宋时期的煎

1　［德］基歇尔:《中国图说》，张西平等译，第 327 页。
2　［德］基歇尔:《中国图说》，张西平等译，第 328 页。

茶法、点茶法（先将茶末置于茶碗中，然后将沸水不断注入茶盏中冲茶，也是宋时流行的"斗茶"）在明中叶后，已经不再流行。明中叶以后，中国主流饮茶法就是沸水冲泡，而无需经过传统的炙茶、碾茶、罗茶等工序。基歇尔所载符合明中叶入华耶稣会士所能够体验到的中式饮茶法。

第三，基歇尔特别强调中国用地名来给茶叶命名。基歇尔提及最好的茶是松萝茶（Sunglocha）。[1] 松萝茶是以安徽歙县松萝山所产茶而得名。"松萝"是广东话读音 Song lo 的音译。[2] 安徽、浙江、江苏等地的茶叶很多都先运送到广东，再外销至海外。故出现了采用广东读音的 Song lo 茶，实际上此茶并非广东所产，只是在广东转销而已。

第四，基歇尔和其他西方人一样，看到了饮茶可以提神醒脑、利尿、排毒和消食等"良药"价值。他说道："中国人之所得痛风和结石症的较少，主要得益于饮茶。饭后饮茶，可消除消化不良症。"但是作为杰出的学者，基歇尔更以敏锐的眼光，看到茶叶贸易有利可图。他说道："被称作'茶'的植物不仅在中国有，也逐渐被引进到了欧洲。它在中国的许多地区，以及鞑靼地区都能见到。茶叶广为生产并且有着巨额的利润。"[3] 这也说明，基歇尔已经意识到此时有关中国茶的完整知识已经传入了欧洲，并且茶叶本身也传到了欧洲。

第五，基歇尔转引茶叶知识，已经关注到饮茶所具有的社交礼仪功能和超越解渴本身的文化意义。他说道："他们（中国人）常常不分昼夜地饮茶，并用来款待客人。"[4]

基歇尔还对一些其他可以吃的植物及果实有所记述。基歇尔说中国广西有一种"面粉树"，当地人会用它制作面包："广西省有一种被

1　［德］基歇尔:《中国图说》，张西平等译，第328页。

2　黄时鉴:《茶传入欧洲及其欧文称谓》，《黄时鉴文集》第2册，第10页。

3　［德］基歇尔:《中国图说》，张西平等译，第326页。

4　［德］基歇尔:《中国图说》，张西平等译，第328页。

The Cia or Tea Herb

图 4—22
基歇尔《中国图
说》中的茶

称作'Quanlang'的树，它有一种软绵绵类似面粉的东西，人们称它
为面粉树，当地人用它制作面包，说它有面包的味道，很好吃。"[1] 卫
匡国《中国新地图集》记述广西省梧州府时，指出"Quanglang"的
果实是桄榔子（Guanglang zi）。[2] 桄榔子为棕榈科植物桄榔的果实。
《广志》云："桄榔树大四五围，长五六丈，拱直，傍无枝条，其巅生
叶不过数十，似棕叶。破其木，肌坚难伤，入数寸，得面，赤黄密
致，可食。"[3]《南方草木状》云："桄榔树似栟榈。皮中有屑如面，多

1　［德］基歇尔：《中国图说》，张西平等译，第 324—325 页。

2　Martino Martini, "Novus Atlas Sinensis, a Cura di Giuliano Bertuccioli," *Opera Omnia*, Vol. III, edizione diretta da Franco Demarchi, pp. 772, 1059.

3　郭义恭：《广志·桄榔树》，引自方国瑜主编：《云南史料丛刊》，云南人民出版社，1990 年，第 367 页。

者至数斛。食之与常面无异。"[1] 唐代刘恂《岭表录异》亦载："桄榔树……与枣、槟榔等小异。……此树皮中有屑如面，可为饼食之。"[2] 基歇尔的记载与卫匡国的记载一致，且二人对桄榔子可作为面食的记载又与中国典籍的记载相吻合。基歇尔说："Quey 是一种生长在陕西的植物。吃了它可以去除忧愁，感到欢悦的植物。由于他们认为它有益于健康，我倾向于将它归入可令人兴奋类的植物。"[3] 根据卜弥格《中国植物志》中"桂皮树果子（Quey-pi-xu-ko-çu）"图像中的中文注音"桂 =Quey"，[4] 卫匡国在介绍广西省桂林府的时候，称桂树为 Quei。[5] 西文材料中，结尾元音 i 和 y 经常通用。故基歇尔这里指的是桂皮（Quey）。基歇尔所称 Pusu"被认为是永生的，已存活上千年。那些年老体衰的人用它的枝叶的稀释剂来恢复青春，可使他们的头发从灰白变黑色。谁不知道用各种饮料与药品可使头发变黑呢？我认为中药或任何其他药品都不会使人长生不老的，可是迷信的中国人却相信能办到，这是愚昧和不动脑筋的结果"。[6] 基歇尔在行文中指出 Pusu 的介绍来自卫匡国。卫匡国《中国新地图集》记述广西省柳州府时，介绍了不死草（Pusu）。[7] 不死草，又有麦门冬、麦冬和沿阶草等别名。明缪希雍在《神农本草经疏》中称麦冬可使得"血充脏安则华彩外发而颜色美矣"，他特别注疏称"断谷固著于《仙经》，却乃已疾之良药，故久服延年轻身，而不老不饥也"。[8] 明李时珍《本草纲目·草部·麦门冬》等本草典籍载其可"安五脏，令人肥健，美颜

1　江苏新医学院编：《中药大辞典》下册，上海科学技术出版社，1986 年，第 1778 页。

2　刘恂：《岭表录异校补》，商璧、潘博校补，广西民族出版社，1988 年，第 105 页。

3　〔德〕基歇尔：《中国图说》，张西平等译，第 328 页。

4　〔波〕卜弥格：《卜弥格文集》，张振辉、张西平译，第 334 页。

5　Martino Martini, "Novus Atlas Sinensis, a Cura di Giuliano Bertuccioli," *Opera Omnia*, Vol. III, edizione diretta da Franco Demarchi, p.765.

6　〔德〕基歇尔：《中国图说》，张西平等译，第 325 页。

7　Martino Martini, "Novus Atlas Sinensis, a Cura di Giuliano Bertuccioli," *Opera Omnia*, Vol. III, edizione diretta da Franco Demarchi, pp. 768, 1059.

8　缪希雍：《神农本草经疏》，夏魁周、赵瑗校注，中国中医药出版社，1997 年，第 91 页。

色"。[1] 基歇尔的不死草知识来源于中国传统本草认识。此外，基歇尔还参考了卫匡国对人参[2]和大黄的记述，在《中国图说》中加以介绍。

二、基歇尔援引中国饮食的知识来源

基歇尔在传递中国饮食相关知识的时候，因个人知识构成或误解致使很多信息发生了变异。基歇尔本人并未到过中国，根据他本人的记述以及前文的考察，主要引用了他的学生卜弥格和卫匡国的资料，此外还有很多信息是来自马可波罗时代的游记。基歇尔有关中国水果、植物以及饮料（茶）的图文资料多来自卜弥格，其次是来自卫匡国。我们再以基歇尔所记"野鸡"为例说明。

基歇尔所论中国人食野鸡的知识主要来自卜弥格。但卜弥格《中国植物志》中的野鸡实际上有三种，分别是野鸡（Ye-ki, Gallina sylvestris），又称之为多毛鸡，还有长尾鸡（Ciam-vi-ki）和驼鸡（To-ki）。[3] 卜弥格在《中国地图集》中亦准确绘有多毛鸡和长尾鸡。但在《中国图说》中，基歇尔却没能很好地区分不同种类的野鸡。他把这三种不同类型的鸡变成了同一种奇特的野鸡品种。基歇尔是如何杂糅了卜弥格的记述呢？我们对比双方的文本记载即可得知。卜弥格在《中国地图集》四川图中，绘有野鸡图，而在湖广图上，则绘画了雉鸡。[4] 从图像上判断，后者应该就是他所说的长尾鸡，也称之为长尾雉。这就解释了为何基歇尔会明确说道："四川省有另一种为人称道的鸡。它有像羊一样的毛。"[5]

1　刘衡如、刘山永校注:《〈本草纲目〉（中）新校注本》，第714页。

2　人参翻译为 Ginfeng（中国名）或 Nifi（日本名）皆为误译（张西平等译《中国图说》，第325、326页），应为 Genseng 和 Nisi，参见 Athanasius Kircher, *China Monumentis Illustrata*, p. 178.

3　Chiara Bocci, "The Animal Section in Boym's (1612-1659) *Flora Sinensis*," *Monumenta Serica*, Vol. 59, 2011, pp. 358-359.

4　［波］卜弥格:《中国地图集》,《卜弥格文集》，张振辉、张西平译，第226—227、222—223页。

5　［德］基歇尔:《中国图说》，张西平等译，第438页。

　　卫匡国《中国新地图集》在欧洲出版后，引起极大反响。基歇尔在引用该书或来自卫匡国本人的中国食物知识时候，会相对比较多地指出材料来源于卫匡国。但是引用来自卜弥格《中国地图集》或《中国植物志》等文著的知识时，基歇尔显然没有那么热情地标明这些知

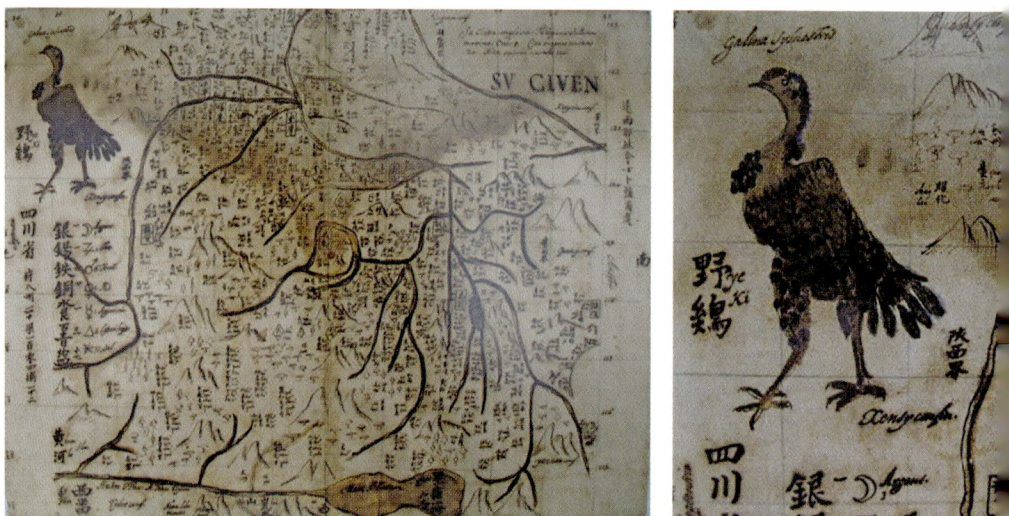

图4—23　卜弥格《中国地图集》四川图上所绘野鸡（多毛鸡）

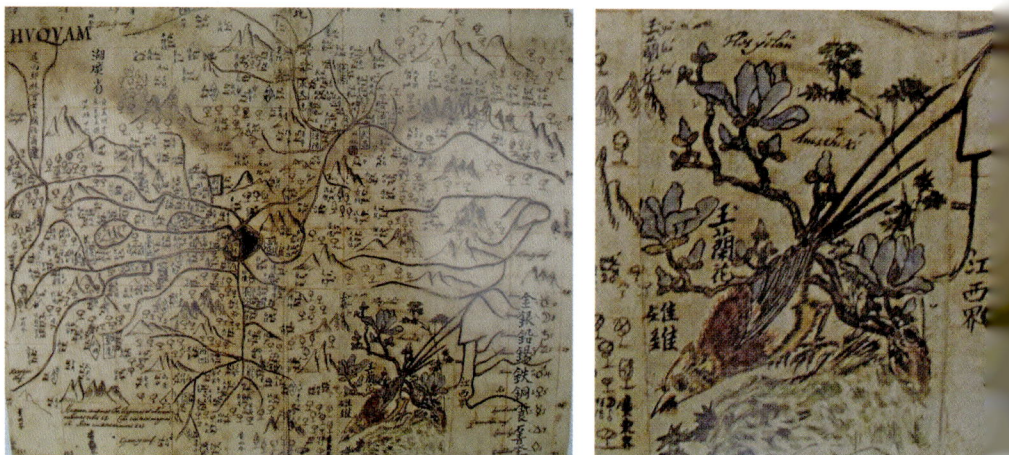

图4—24　卜弥格《中国地图集》湖广图上所绘雉鸡（长尾鸡）

图4—25　卜弥格《中国植物志》中的多毛鸡（左下）和驼鸡（右下）

识来自卜弥格。根据前文的考察，有关中国木瓜、槚如果（腰果）、反波萝蜜（菠萝）、胡椒的知识，基歇尔参考了卜弥格的《中国植物志》，尽管他没有明确说出这些图像和植物知识来自卜弥格。基歇尔传播来自卜弥格和卫匡国等人有关中国食物知识的时候，比较愿意提及相关材料来自卫匡国，比如不死草、人参、大黄和茶。对可以制作精美食品的面粉树果实，基歇尔声称是来自马可波罗的记载。[1] 有关天堂果的记述表明，基歇尔把芭蕉和西方基督教知识牵连在了一起。基歇尔有关天堂果的神奇传说，主要来自其所受西方基督教神学知识传统。杂糅拼凑而成的天堂果叙述是真实的中国水果知识和西方古代传统观知识的混合体。基歇尔的记述呈现出新旧知识的混合。

表4—4　卜弥格和基歇尔有关野鸡记述的文本比较

卜弥格	基歇尔
中国人把它叫做野鸡，它的羽毛很不一般，它的肉非常好吃，它的体型非常大	四川省有另一种为人称道的鸡。它有像羊一样的毛。……那些绒毛看上去仿佛是兽毛，因而它们被称为毛鸡
中国人还有一种长尾鸡，它的尾部毛茸茸的，很漂亮，有六个手掌长。这种鸟栖息在高丽，即朝鲜，以及中国的陕西和广西省	同样，野鸡被称作毛鸡，它们在中国好几个省的高山上都有，这些省是朝鲜、陕西和甘肃。野鸡很好看，羽毛色彩斑斓。它们作为食品时，肉也很好吃
还有一种鸡叫驼鸡，意思是驼鸟鸡，它身上有一种驼峰样的东西和一个白色的脑袋，它有十四个手掌那么长	它们（野鸡）的背部和胸部有点隆起，由此可以猜测野鸡是普通鸡退化后的品种

1　［德］基歇尔:《中国图说》，张西平等译，第324—325页。

第四节　知食分子：安文思对饮食名物制度的解读

　　入华耶稣会士安文思（Gabriel de Magaillans）1640 年就已经开始在浙江传教，在华传教三十多年。著有《中国十二绝》（*Doze excellencias da China*，又称之为《中国之十二优点》）。[1] 计翔翔先生认为这部著作是西方早期汉学第一阶段回顾和转入第二发展阶段前奏的象征，甚至认为它已经走出了传教士汉学的框架，反映的是全体在华耶稣会士对中国研究的共同成果。[2]

　　安文思的著作以及其他早期西文汉学著作是绝大多数没有到过中国、吃过中国食物、喝过中国饮料的西人了解中国社会饮食生活的重要途径。安文思的中国食物知识的来源一则是自己长时间在中国的耳闻目睹，还有一部分来自马可波罗、利玛窦、曾德昭和卫匡国等人。就安文思与中国食物知识的西传问题，管见所及，国内只有计翔翔有所论述，[3] 但对安文思《中国新史》中所载清宫廷膳食管理机构（光禄寺和精膳司）、节庆食品（九层塔和月饼）和天子籍田制度并未见到相关著述。本节拟在既有的研究成果基础上，对安文思所见中国饮食

1　Gabriel de Magaillans, *Nouvelle Relation de la Chine, Contenant la Description des Particularitez les plus Considerables de ce Grand Empire*, Paris: Chez Claude Barbin, 1668. 该书原为手稿，未刊印，大部分内容由安文思用葡萄牙文写成，随后他在 1669—1670 年花了大量时间和精力编写。中国副省区代理人柏应理将该手稿抄本交给罗马的红衣主教德斯特列，后者转交给克洛德·伯努（Abbe Claude Bernou）译为法文，于 1668 年在巴黎以法文出版。该法文版为现存最早版本。该法文版把安文思葡文原文重新分章，并加入同时代很多材料进行注释。法文本出版当年，即有英译者将法文本译为英文，由伦敦塞缨尔·霍尔福德出版社出版，书名为《中国新史》（*A New History of China, Containing a Description of the Most Considerable Particulars of that Vast Empire*, London: Thomas Newborough, 1688）。1689 年又有新英译本出版。1689 年新英译本与 1688 年英译本名称略有不同。孟德卫在《奇异的国度》一书中错误地认为 1688 年英译本是由约翰·奥格尔比（John Ogilby）翻译，实际上该书并没有英译者署名，参见赵欣：《汉学名著安文思〈中国新志〉英译者辩误》，《江南大学学报（人文社会科学版）》2009 年第 4 期。

2　计翔翔：《十七世纪中期汉学著作研究》，第 37 页。

3　计翔翔：《十七世纪中期汉学著作研究》，第 254—255 页。

进行进一步研究。

一、五谷、六畜和百果：中国物产之丰饶

安文思介绍了中国的禽畜、鱼类、水果及谷物等物产。他说道："至于肉、鱼、水果及其他食物，完全可以这样说，我们欧洲有的，他们都有，而且有许多是我们所没有的品种。"[1]安文思对中华物产丰饶持全面歌颂态度，与其他传教士态度基本一致，但还是略有差异。利玛窦认为中国和欧洲在物产资源上是各有所长："我甚至愿意冒昧地说，实际上凡在欧洲生长的一切都同样可以在中国找到。否则的话，所缺的东西也有大量其他为欧洲人闻所未闻的各种多样的产品来代替。"[2]曾德昭则谨慎很多，他说道："他们食用的水果，我们在欧洲大部分都有，但数量和质量比不上我们的。"[3]安文思为证明"物产之丰饶"为中国十二绝之一，[4]用五谷、六畜、百果等中国传统术语来概述中国物产：

中国语言本来非常简明，书写也一样，因此他们用六个字即音节表示这些物品。头两个是"五谷"（Ù co），其义是，五种主要的谷物：稻、黍、稷、麦、豆。另两个字是"六畜"（Lo Trio），意思是六种主要的家畜：马、牛、猪、狗、鸡、羊。最后两个字"百果"（Pe Quò）意思是百种水果，如梨、苹果、桃、葡萄、橘、胡桃、栗、石榴、香枸〔橼〕及其他几种我们欧洲也生产的水果，但有三种我们没有。这三种中第一种叫做柿子（Sū Sǔ），

---

1 ［葡］安文思：《中国新史》，何高济、李申译，第88页。
2 ［意］利玛窦、［比］金尼阁：《利玛窦中国札记》，何高济等译，第10页。
3 ［葡］曾德昭：《大中国志》，何高济译，第14页。
4 计翔翔：《十七世纪中期汉学著作研究》，第245页。

在澳门叫做中国无花果，并不因为它外形类似无花果，而是因为无花果的味道多少有些与其相似，它很好吃，可以称之为糖块。最大最好的有楒桴一般大小，但要扁些，看上去更像是压扁的，颜色深黄而鲜艳，真像金苹果。第二种叫荔枝（Li Chi），第三种龙眼（Lum Yen），在澳门称之为 Lichia 和 Longans。这两种水果，无论新采摘的还是干脯，味道都极佳。有人或许可以提出异议，我们有楒桴、山楂及花楸（Services）作为代替，这几种水果，在山西省（Xan Si）也有生产，但彼此的味道却大不相同。特别是后两种，只有在腐烂时才可食用。**1**

安文思以五谷、六畜、百果统称中国常见食品，体现出该时期欧洲人对中国饮食认知的系统与深化。尽管安文思跟利玛窦、曾德昭比起来，对饮食名物的研究（而不仅仅是记录）程度深了很多，但在知识传递的时候，安文思《中国新史》里有一部分中国食物信息被误解。

五谷通常指黍、稷、菽、麦、稻。安文思正确地用西文写出了稻（法语 Le Ris，英语 Rice）、麦（Le Bled，英语 Wheat）、菽（Les Pois et les Féves，英语 Pease and Beans），但是在黍和稷那里遇到了难题，他把其中之一译成了燕麦（L'avoine，英文 Oats），另一作 Le Mil（英文 Millet，泛指黍、稷、小米）。中译本简单地将安文思所指五谷译为稻、黍、稷、麦、豆，既没准确反映出安文思对中国食物知识的实际认识水平，也会让读者认为安文思在 17 世纪中晚期就已经准确向西方传递了中国的五谷知识。六畜英译本译为"Lo Trio"，似不

1［葡］安文思：《中国新史》，何高济、李申译，第 88 页。文段中的柿子应当指柿饼。花楸主要作观赏用，有的种类如大果花楸果实可作果酱、果糕或酿酒或入药。参见梁国鲁主编：《金佛山野生果树资源》，科学出版社，2010 年，第 112 页；徐晔春、崔晓东、李钱鱼编著：《园林树木鉴赏》，化学工业出版社，2012 年，第 320 页。

准确，法语本为"Lo Hio"[1]。传统意义上六畜指牛、马、羊、豕、鸡、
犬。畜泛指饲养的牲畜和家禽。大概安文思把畜仅理解作牲畜，觉得
把鸡列在其中不伦不类。于是就换上了骡（Le Mulet，英文 Mules）。[2]
百果原则上是泛指各种鲜干果，这里的数量词"百"并不是确指，而
是泛指。安文思认为中国除了三种水果外，其他的品种欧洲都有。

安文思在著作中评述了克鲁维林（Cluverius）《地理学入门》的
说法。他认为克鲁维林对山西太原府（Tainfu）盛产葡萄的记录是正
确的，但却错引马可波罗书中所记的 Tainfu 为一个国家，Tainfu 实际
上是山西的省会太原府。[3] 安文思还认为《马可波罗行纪》的内容是
真实可信的，并以宫廷中饮用的酒和燃烧用的煤作为证据来说明情
况。他说中国北方人就是在依靠这种煤供热的热炕上吃喝、学习和睡
眠。中国人喜欢喝热饮料，热炕有一个通向外面的小口，人们用它烧
饭、温酒和煮茶。[4]

安文思对中国物产的报道，还略述了中国的各种禽兽，其中多
数可作为中国人的盘中餐。安文思提及的食材有："熊掌、鹿、野猪、
羚羊、野兔、兔子、鹅、鸭、各种鸟、鹧鸪和各种鹌鹑。"[5] 安文思所
记"烧煮的熊掌在中国人的宴席上极受重视，颇受鞑靼人的青睐"对
于食物史研究非常有价值。也正如安文思自己所说，他是因为在宫廷
长时间居住，才有机会亲见清宫廷膳食的烧熊掌。其他数种禽兽，也
是身处在宫廷才得以见到，并非寻常百姓家所食之物。

1 Lo Hio, "c'est-a-dire, qu'il y a six sortes de chairs d'animaux domestiques," Gabriel de Magaillans, *Nouvelle Relation de la Chine, Contenant la Description des Particularitez les plus Considerables de ce Grand Empire*, p.176.

2 Gabriel de Magaillans, *Nouvelle Relation de la Chine, Contenant la Description des Particularitez les plus Considerables de ce Grand Empire*, p.176; Gabriel de Magaillans, *A New History of China, Containing a Description of the Most Considerable Particulars of that Vast Empire*, p.142.

3 ［葡］安文思：《中国新史·中文版序言》，何高济、李申译，第 3 页。

4 ［葡］安文思：《中国新史》，何高济、李申译，第 6—7 页。

5 ［葡］安文思：《中国新史》，何高济、李申译，第 88—89 页。

二、清宫食事管理机构

安文思对清政府各个机构有详细描述，尤其是对宫廷食事管理机构有所研究。安文思在介绍"负责管理典礼仪式、技术和学术"的礼部时，明确指出其职责中有负责管理宫廷重大宴事礼仪的内容。他说道："当皇帝为臣子或使臣设宴时，由他们安排筵席，接待并遣送皇帝的宾客及使臣。"[1] 他介绍礼部下属的四个衙门之一——精膳司，指出该部门的职责是"安排为皇帝设的宴席，或皇帝恩赐给人的膳食"。[2] 安文思还介绍了礼部的相关机构——光禄寺。"光禄寺是皇家宾馆，负责在皇帝的祭祀、宴会及以皇帝名义款待中外人士的活动中，供应酒水、牲畜和其他必需的东西。"[3]

安文思介绍上林苑时说道："上林苑负责管理花园、园林和公园，也饲养牛、羊、猪、野鸭、鸡及种种牲畜，供皇室献祭、宴飨及皇家馆舍使用。"[4]

安文思等外国人在清宫接受的赐宴主要是由礼部负责。安文思记载过一次这样的赐宴。1669 年 12 月 8 日，康熙命三位官员到汤若望墓地焚香礼敬，安文思、利类思和南怀仁等参加。史载："康熙八年十一月十六日，上遣礼部大员，捧御祭文一道，至汤若望墓所致祭。利类思、安文思、南怀仁等，供设香案跪迎，恭听宣读。"[5] 安文思还记述说，第二天康熙在宫中宴请大臣时，让他们三人也参加宴会，他们坐右面第三排的第一张桌子。前一天安文思等人刚刚随同礼部大员奉旨祭拜完汤若望，第二天又在礼部的安排下，参加康熙帝的赐宴并

1 ［葡］安文思：《中国新史》，何高济、李申译，第 99 页。

2 ［葡］安文思：《中国新史》，何高济、李申译，第 100 页。

3 ［葡］安文思：《中国新史》，何高济、李申译，第 112—113 页。

4 ［葡］安文思：《中国新史》，何高济、李申译，第 11 页。

5 黄伯禄：《正教奉褒》，引自《熙朝崇正集·熙朝定案（外三种）》，韩琦、吴旻校注，中华书局 2006 年，第 323 页。

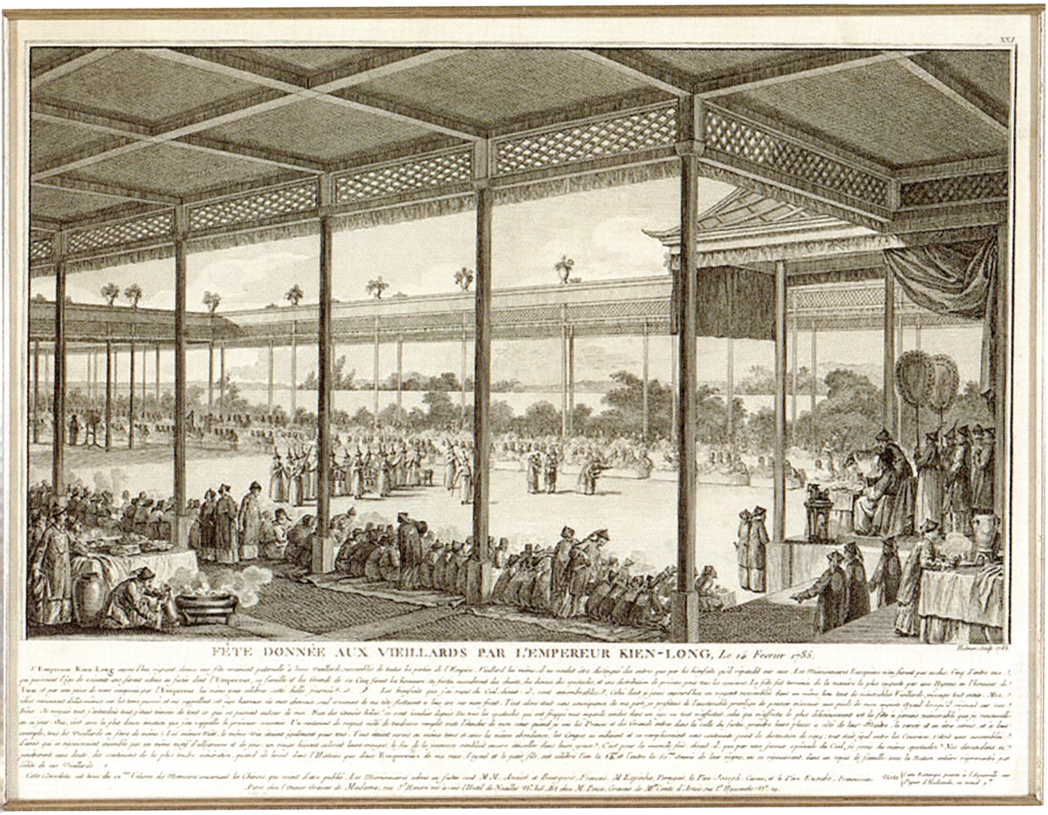

图 4—26　乾隆皇帝六十大寿宴群叟，可见清朝皇帝赐宴规模之宏大

在规定的座次入座。另，《正教奉褒》并未记载康熙八年十一月十七日，安文思等三人参加康熙帝的赐宴一事，这也可见安文思著作弥补了中文文献之缺，体现出中外文文献材料比较研究的重要性。

三、节庆名食、华风西渐：九层塔和月饼

安文思记载宫廷兴阳殿和清辉殿的时候，还介绍了与之相关的两种名食——九层塔和月饼：

兴阳殿即太阳升起的殿。就建筑来说真是富丽堂皇，有不同形状的九座高塔环绕。这九座塔表示阴历每月的头九天，这是中国人的大节，特别是第九天。他们在这些节日里操办婚嫁；而在节日的肴盘中，他们从不缺少一份表示九层塔的肴盘，每层相应于九天中的一天。因为他们说，九的数字本身包含的特性，比其余数字要好，表示吉祥、增寿、加官和增财。[1]

安文思介绍清辉殿的时候，认为该殿就是为了庆祝中秋佳节赏月而建，他说道：

第四座殿叫做清辉殿，即至清之殿，因下述原因而修造。阴历八月十五是中国人欢庆的盛大节日。从日落到月升，直到午夜，他们要和亲友到街上、广场、花园及高台上庆祝并观看月中出现之兔。为此，他们在节前几天相互赠送小面包（泛指中国面食）及甜饼，他们称之为月饼（Yue Pim），即月亮之饼。月饼是圆的，最大的直径约有两掌宽，表示满月，中央有一个用胡桃、杏仁、松子糊及其他原料制成的兔子。他们在月光下吃月饼，富人身旁还有美妙的音乐伴奏，而穷人则在用棍棒敲打锣鼓的噪声中过节。古代帝王修建这座宫殿，正是为了隆重庆祝这个节日，虽不很大，却非常讨人喜欢：尤其是因它位于一个人工堆积的山头，叫做兔山（Tulh Xan），即兔子的山。我们欧洲人或许会笑话中国人把月体中的阴影看成是兔，但在我们当中，百姓同样喜欢许多无根据的传说，也同样可笑。此外，我要告诉我们的欧洲人，当中国人发现我们的书里把太阳、月亮画成人脸时，也笑话我们。[2]

---

[1] ［葡］安文思：《中国新史》，何高济、李申译，第164页。
[2] ［葡］安文思：《中国新史》，何高济、李申译，第165页。

此外，安文思《中国新史》在论述中国双音节构词现象的时候，涉及一些饮食词汇，而这方面内容往往由于不同译本的翻译问题出现各种讹误：

表4—5 《中国新史》中的饮食词汇 [1]

1668 年法译本	1688 年英译本	计翔翔相关摘译	何高济中译本
Mo qua, signisie un coin, fruit qui se trouve dans la seule province de Xam si	Mo qua, signifies a Quince; a sort of fruit, which only grows in the province of Xansi. The Chinese never eat it, but make use of it in physic only	木瓜，一种水果，仅生长于山西，中国人不吃它，只作药用 [2]	木瓜，一种榠樝，一种只生长在山西省的果树，中国人从不吃它，仅作药用。
Mo quai, un baton	Mo quai, a batoon or cudgel	木筷，棍子 [3]	木棍，一种杖
Mo piao, une grande cuilier de bois		木瓢，一种大木匙	
Mo siam [4], une armoire		木箱	宫厨
Mo ul, Champignon		木耳	木耳，一种菌
Mo nu, espece de petites oranges		木奴 [5]	木奴，一种小柑橘

17 世纪以来，越来越多的中国信息被入华西人传回欧洲。伴随西人在华的实地调查和研究，他们对中国饮食的认识不断深化。同时，欧洲本土学者也根据来自中国的可靠资料，向欧洲社会介绍中

---

1 该表主要参考了计翔翔:《十七世纪中期汉学著作研究》，第308—309 页;［葡］安文思:《中国新史》，何高济、李申译，第47—48 页; Gabriel de Magaillans, *Nouvelle Relation de la Chine, Contenant la Description des Particularitez les plus Considerables de ce Grand Empire*, pp. 93-94; Gabriel Magailhans, *A New History of China*, *Containing a Description of the Most Considerable Particulars of that Vast Empire*, pp. 74-75。

2 计翔翔注明木瓜在中国的产地比安文思说的要广得多。树供观赏，果供食用，也入药。

3 计翔翔注明 "棍子" 这种释义对欧洲人来说很不清晰，应交代出中国人用以夹取食物的小棍，成双使用。

4 何高济等注明: Mo siam 对音不明，或为木膳，即御厨。

5 木奴或橘奴，是中国人对柑橘的一种戏称，多用于文学作品。参见金启华主编:《全宋词典故考释辞典》，吉林文史出版社，1991 年，第109 页;杨吉成:《中国饮食辞典》，台北常春树书坊，1989 年，第184 页;傅启芳:《"木奴" 的来历》，引自邱渭波:《沅澧旧事》，海南出版社，2006 年，第403—404 页。

国。卫匡国和卜弥格根据欧洲地图学传统，通过绘制中国省区分图，对中国食物原料和代表性食品进行介绍。随着地图的西传，中国饮食知识也传入到欧洲地理知识系统中。卜弥格甚至在《中国地图集》中附录了《中国宴会图》，以极其形象的方式传播了中国餐桌文化。卜弥格《中国植物志》是介绍中国植物的著作，其中涉及可食性植物及果实的内容很多。中国饮食传统本身就讲求食医合一、饮食养生，故卜弥格传入欧洲的部分中国药用植物知识，也是中国饮食知识的一部分。

基歇尔在《中国图说》中大量引用他的学生卜弥格和卫匡国的图文材料，说明了欧洲本土知识分子对传回西方的中国饮食知识的接收。这也是中国饮食文化影响西方文化和知识分子群体的历史证据。基歇尔又把马可波罗等人以及西方基督神学知识杂糅到有关中国的最新信息中，体现出"中食西传"后，新旧知识的碰撞与融合。

第五章

欧洲社会对中国饮食的
不同解读

　　15 世纪中后期以来，地理大发现使得葡萄牙和西班牙在海外殖民扩张中占尽了优势。随着 1498 年达·伽马首航印度成功，葡萄牙人率先成为亚洲的开拓先锋，将中国、印度、日本等广大的东方国家皆置于葡萄牙的保教权内。保教权是教皇授予葡萄牙、西班牙王室在新发现土地上的世俗和宗教垄断特权。来自西班牙的传教士、商人以及使节群体，他们获得中国食品贸易、食俗见闻信息的来源以及传回欧洲的路径与服务于葡萄牙王室的欧人群体有所不同。

　　16 世纪初，葡萄牙直接与中国产生贸易联系。1513 年，欧华利航行至中国，在广州屯门附近登陆，寻求通商贸易，标志着中葡直接贸易的开端。16 世纪 20 年代起，葡萄牙初步建立起以马六甲为中心、连通中国东南沿海的贸易网络，经营起中国与东南亚、欧洲之间的贸易。以青花葡萄牙王室徽章纹盘、碗，青花葡萄牙佩索托家族徽章纹执壶等为代表的早期欧洲定制瓷，就是这一时期中国饮食文化传入欧洲的明证。1554 年，广东允许葡商前来互市。1557 年，葡萄牙人入居澳门，获得了稳定的贸易与居留地。在前期经营的基础上，葡萄牙人发展出了"澳门—马六甲—果阿—里斯本""澳门—长崎""澳门—马尼拉—墨西哥（经由西班牙人转运）"以及澳门至东南亚的多条航线。现如今，葡萄牙桑托斯宫镶满中国瓷器的穹顶，印照着中葡

图5—1　葡萄牙里斯本桑托斯宫瓷厅穹顶，镶满德镇外销瓷盘

悠久的饮食文化交流历史。

　　17世纪，葡萄牙国力衰落，其严厉的宗教政策引起教廷乃至法、英、荷等其他强劲对手的反对。1619年，荷兰人侵入亚洲，在爪哇岛建立了巴达维亚城（Batavia，今雅加达），随后在爪哇建立荷兰东印度公司在东印度地区的总部；并以此为据点向日本、中国、暹罗等国渗透，突破了葡萄牙对东方的垄断。英国于1600年组建的东印度公司，开始对印度等主要是葡萄牙势力范围内的亚洲国家进行扩张。荷兰和英国的东印度公司在远东贸易过程中，向欧洲发回的中国食物报道，又与其他宗教团体以及伊比利亚人传回的内容多有不同。

第一节　修士之争：不同修会对中国饮食礼仪的争论

　　入华传教士群体中，耶稣会士是向西方传递中国消息的主力军，但并非唯一来源。17 世纪，来自不同修会的传教士尽管对中国饮食文化与礼仪有诸多不同的记录与介绍，但基本上来自自己亲眼所见或从其他有关中国的旅行日记、报告和综合类著作中获得。但是，基于对基督教教义的不同理解（特别是在节制饮食进而苦修，以及严格执行西方基督教教规方面），不同修会的修士之间少不了相互攻击和批评。西班牙多明我会传教士闵明我（Domingo Fernandez Navarrete）对在华耶稣会士的批评就非常典型。闵明我曾严厉批评耶稣会士在华饮食生活铺张。这种批评反映了多明我会对耶稣会士在华采用文化适应传教策略的反对，也是对耶稣会垄断在华传教事业的反对。闵明我曾在华传教 12 年多，其所著《中华帝国历史、政治、伦理及宗教概述》（以下简称《概述》）于 1676 年出版。[1]1704 年丘吉尔兄弟（Awnsham and John Churchill）将闵明我的《概述》英译版收录在他们编辑的"游记和旅行丛书"第一卷第一篇。何高济主要根据这个英译本，并参考库敏士的校订本和西班牙文本后，将其译成中文。库敏士校订本指的是其将《概述》第六部分"行纪"进行校订并单独出版的《多明戈·纳瓦雷特（1618—1686）修士行记和论战》一书，收录在剑桥大学 1962 年出版的"哈克鲁特学会丛书"中。

　　闵明我《概述》一书在欧洲影响巨大，传播广泛。闵明我既对他所认为更准确的中国饮食知识进行了报道，又不乏针对耶稣会士相关观点的反驳与批评。如果认识到这本书的出版是发生在多明我会、方济各会与耶稣会有关中国"礼仪之争"论战的背景下，就不

---

1 何高济：《译者的话》，〔西〕闵明我：《上帝许给的土地：闵明我行记和礼仪之争》，何高济、吴翊楣译，大象出版社，2009 年，第 3—4 页。

难理解多明我会等修会为何对耶稣会在华传教方式和观点持严厉批评的态度。

闵明我发回欧洲的中国食物知识新旧参半。中国人圈养的家禽、牲畜，培育种植物，燕窝贸易，鱼鹰捕鱼以及中国人用筷子吃饭等内容，早就被意大利人、葡萄牙人、西班牙人传回欧洲，属于旧知识。[1]但是闵明我对江浙地区特殊饮食记录，则为欧洲带去了有关中国饮食的新知识。

他不仅较早记录了金华火腿和米酒，[2]还特别记录了中国人善食豆腐。闵明我是首位详尽记录中国人食用豆腐的西方人，他记载：

> 中国常吃的最普通、最便宜的食品，全国所有的人，从皇帝到平民都食用它；不仅皇帝和大人物视之为美味，老百姓也把它当做必需的营养。它就是豆腐，即菜豆的浆。中国人从豆类中榨出浆汁，搅动它，制成像乳酪一样的大饼，五六指厚。整块白如雪，触之若大软木塞，再细嫩不过。它可以生吃，但一般与蔬菜、鱼及其他东西烧煮着吃。豆腐单吃没有味道，但如上所说烹调后味道好，在油里煎尤佳。他们也把豆腐水分收干，用烟熏，加以茴香，这是最好吃的。难以相信它在中国的消耗量是多么大，也很难估计在中国产多少豆类。中国人只要有豆腐、蔬菜和米饭吃，就不需要其他的食物。在中国，任何地方只用半个便士就能购买一磅（约合20盎司）豆腐。豆腐还有一个优点，即对人的身体来说，它在广大地区不同的环境和气候中都同样适用，因此，各个省份的人都食用它。豆腐是中国最了不起的食品，很多人宁愿吃豆腐也不吃鸡。如果我没有弄错，马尼拉的中国人只

---

[1]　［西］闵明我：《上帝许给的土地：闵明我行记和礼仪之争》，何高济、吴翊楣译，第52—53、127—128、140页。

[2]　［西］闵明我：《上帝许给的土地：闵明我行记和礼仪之争》，何高济、吴翊楣译，第127页。

用阿重觉利（Ajonjoli）油炸豆腐块，这是那里的中国人制作的欧洲人没有享受过的上等食品；欧洲人不吃它，多半因为他们不曾品尝过它的美味。**1**

作为多明我会"苦行僧"来说，闵明我盛赞豆腐的物美价廉。作为平民美食，豆腐可以油炸、可以烟熏，烹饪方法多样。闵明我也许还是第一个认为应该在欧洲推广筷子的西方人，因为他觉得这样更加干净卫生，还十分节约。他说道"欧洲可以节省桌布和餐巾，面渣汤水也不会到处洒"。

虽然闵明我对中国食物大加赞誉，但是对耶稣会在中国的饮食习惯却多有批评。如卫匡国说京城的人不喝冷饮料，闵明我根据自己亲眼所见反驳到：

> 我们在京城看到一样极有用的东西，那就是大量的冰，消耗量非常大。……这种饮料在该国是有益的，因为天气炎热。在中国没有像我们欧洲一样的冰桶，但令人高兴的是每条街都有售卖冰的车。尽管传教士都知道这个事实，卫匡国神父仍在他的《中国地图集》内厚着脸皮说京城的中国人不喝冷饮料：他自己的会友对这点及他的许多说法加以嘲笑。读者读这位作者的书要小心。**2**

作为强调苦修的多明我会修士，闵明我在饮食方面的教义规范更加保守与严苛。他自己在异域传教，也严格按照基督教教义节制饮食

---

1 ［西］闵明我：《上帝许给的土地：闵明我行记和礼仪之争》，何高济、吴翊楣译，第125页。另，中译者所译"菜豆"（菜豆主要指芸豆、四季豆等）不妥。中国用于制作豆腐原料一般是大豆类，如黄豆等。

2 ［西］闵明我：《上帝许给的土地：闵明我行记和礼仪之争》，何高济、吴翊楣译，第141页。

并在斋戒期间接受饥饿的考验。比如他途经福建省城福州的时候，记述道："我们经过两个院子，发现一张桌子上摆满了种种佳肴。然后，对我来说不幸的是，那天是斋日，圣西蒙和犹大的守夜节（10月28日），不过我心里真希望我可以毫无顾忌地大吃一顿。"[1]当闵明我觉得在华耶稣会修士的日常饮食生活好过多明我会及其他修会修士的时候，便挖苦道："行乞修道士吃的要像耶稣会士的仆人们吃的一样就很好了。"他觉得在华耶稣会修士生活过于安逸享乐，比如他们会跟中国权贵阶层一般吃燕窝。这样的奢侈品消费，不符合基督宗教的教义。他认为："那些献身神职事业的人不适宜享用燕窝（因为燕窝被认为有助于提升性欲，适合已婚男人）。"[2]当葡萄牙耶稣会士何大化批评西班牙对圣餐礼不热诚的时候，闵明我气愤地说道："这个老家伙实在是令人难以容忍。"[3]故他对卫匡国、何大化等人都有所批评，甚至有时候觉得难以忍受他们。

李明在《中国近事报道》中曾为耶稣会士辩解过："他们睡在硬地板或很薄的垫子上，也没有床单。他们的伙食是如此的粗茶淡饭，所以他们连戒律规定严格节制饮食的欧洲修道士都比不上。有些传教士常年靠米饭、蔬菜和水度日。"[4]

当代比利时学者高士华据清初入华耶稣会士鲁日满常熟账本的研究证明"耶稣会士在食物方面，至少在平时是相当节俭的"。[5]高士华指出17世纪末那些认为在华耶稣会士吃得很好的看法，其实是由带有某种成见的观察者如闵明我提出来的。[6]这个"成见"，自然就是在中国"礼仪之争"问题上，耶稣会与其他修会之间的争执。

---

1 ［西］闵明我：《上帝许给的土地：闵明我行记和礼仪之争》，何高济、吴翊楣译，第90页。

2 ［西］闵明我：《上帝许给的土地：闵明我行记和礼仪之争》，何高济、吴翊楣译，第53页。

3 ［西］闵明我：《上帝许给的土地：闵明我行记和礼仪之争》，何高济、吴翊楣译，第158页。

4 ［法］李明：《中国近事报道（1687—1692）》，郭强、龙云、李伟译，第310页。

5 ［比］高士华：《清初耶稣会士鲁日满常熟账本及灵修笔记研究》，赵殿红译，大象出版社，2007年，第428页。

6 ［比］高士华：《清初耶稣会士鲁日满常熟账本及灵修笔记研究》，赵殿红译，第412页。

礼仪之争的出现源于耶稣会和多明我会及方济各会在传教方式上的差异。同闵明我一起在华开展过传教工作过的多明我会传教士黎玉范（Juan Bautista Morales）于 1643 年返回罗马后，向罗马教廷传信部控诉耶稣会在中国包容儒家礼仪的种种做法，并成功说服教皇英诺森十世（Inocencio X）颁布敕令，禁止耶稣会的中国教徒继续祭祖敬孔。1645 年，罗马教廷经教皇英诺森十世批准，发布通谕禁止天主教徒参加祭祖祀孔。但到了 1651 年，入华耶稣会教士卫匡国回到罗马并向教皇申辩，1656 年教皇亚历山大七世决定准许耶稣会士按照由范礼安和利玛窦大约在一个世纪前确定的"规矩"在华传教，并参照在华耶稣会修士们的理解，允许中国天主教徒参加祭孔等活动，只要不妨碍教徒的根本信仰。这两道相互矛盾的教令反映出罗马教廷对这一争论并没有结论。这也预示着耶稣会与多明我会、方济各会等不同修会在华传教方式上争论的进一步升级。如此，我们就不难理解为何多明我会传教士闵明我不仅在传教问题上批判耶稣会会士，而且就是在世俗层面的知识和见解方面也是不停地反对和批判卫匡国、何大华等耶稣会士的言论，甚至直指斥这些在华耶稣会士饮食生活铺张浪费，也不节制。

17 世纪，来自不同修会的传教士对中国饮食文化与礼仪有诸多不同的记录与简介，基本上是根据自己亲眼所见或其他有关中国的旅行日记、报告和综合类著作所写。但是，基于对基督教教义的不同理解（特别是在节制饮食进而苦修以及严格执行西方基督教教规方面），不同的修会互相攻击和批评，多明我会传教士闵明我批评耶稣会士就非常典型。闵明我对入华耶稣会士在华饮食生活的批评只是其中一个方面，这种批评体现的是闵明我对利玛窦以来入华耶稣会士传教方式采用文化适应策略的反对。

第二节　商人之利：东印度公司
与中西茶叶贸易

　　17 世纪，为进一步获取印度和马来群岛等地的商贸利益，欧洲先后有 8 个国家组建了专门从事东方贸易的东印度公司，分别是：英国、荷兰、法国、丹麦、奥地利、西班牙、瑞典和葡萄牙。其中 1600 年成立的英国东印度公司（British East India Company，1600—1874，下称"英印公司"）和 1602 年成立的荷兰东印度公司（Vereenigde Oostindische Compagnie，1602—1799，下称"荷印公司"）最为著名，他们与中国的商贸大宗货品就是茶叶和瓷器。

　　整个近代早期的中荷茶叶贸易，基本上由荷兰东印度公司垄断。[1]1610 年左右，荷兰人首次将茶叶从中国和日本引入欧洲。[2]茶叶在欧洲长期以来被作为奢侈品和药品，而不是常见的饮料。17 世纪初，荷印公司对华贸易进口的主要商品不是茶叶，而是丝织品、瓷器和黄金等。同时，与荷兰王室大量进口胡椒、肉豆蔻、肉桂和丁香等香料相比，茶

1　刘勇：《荷兰东印度公司中国委员会与中荷茶叶贸易》，《厦门大学学报（哲学社会科学版）》2013 年第 4 期。

2　William H. Ukers, *All about Tea*, Vol. 1, New York: The Tea and Coffee Trade Journal Company, 1935, p. 28.

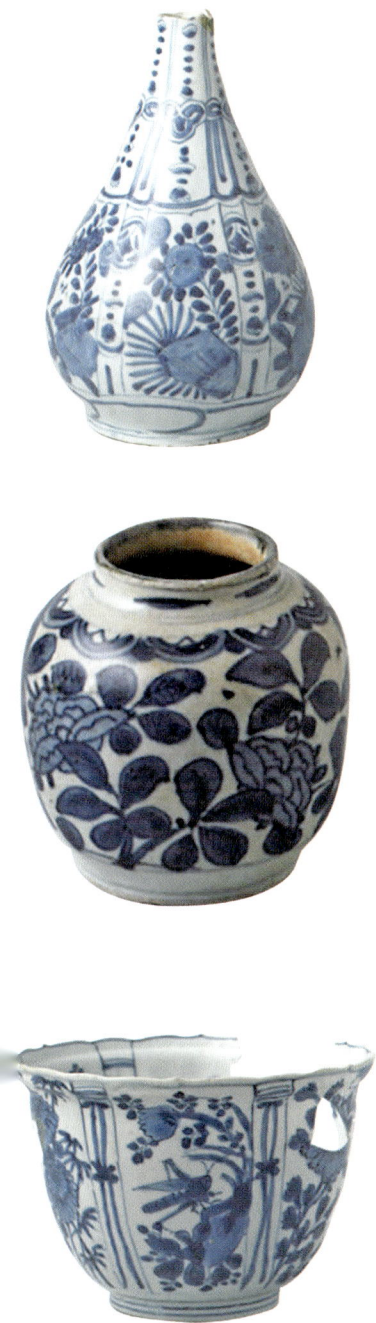

叶的进口量其实也相对较少的。1613 年，荷兰东印度公司"白狮号"（Witte Leeuw）在返程途中被葡萄牙船舰攻击，随后在大西洋圣赫勒拿岛海域沉没，直到 1976 年才被发现。随后几年，船上的许多货物被打捞起来，其中就有大量的青花、彩绘碗碟等。这一发现很好地说明了 1613 年东印度公司运往荷兰的瓷器种类。现在的荷兰国立博物馆里就展示着诸多从这艘沉船打捞上来的中国瓷器（图 5—2）。这些专门从中国进口的欧洲定制外销瓷，被称为"克拉克瓷"。

这些外销瓷中有许多大汤盘、碗、杯、罐等生活类瓷器，可以用于喝茶、盛放熟食或者鲜干果。跟中国茶在欧洲的普及流行一样，随着 17 世纪中荷、中英等中西方海贸规模的扩大，中国瓷从奢侈品、艺术收藏品变成日常下午茶的主角或者欧洲家庭餐桌上的日用餐具。17 世纪欧洲绘画中大量出现中国青花瓷，来自中国的茶具、茶叶，可以非常直观地展现欧洲人日常饮食生活中的中国影响。

积极开展对华贸易是荷印公司亚洲航海贸易计划的重要组成部分。为达此目的，荷兰人同时采取了武力与和平两种手段。不管是通过暴力侵占对华贸易据点，还是以非暴力进行外交访问，客观上都促成了中国茶叶和瓷器销往荷兰并转卖至欧洲各国。凭

图 5—2 荷兰东印度公司"白狮号"沉船出水瓷器

图 5—3 西方静物画中的中式青花大盘与执壶

图 5—4　西方画
作《茶会》。这是
最早描绘喝茶的画
之一，画中的中
国茶具包括茶碗、
杯托、紫砂壶。

借舰炮，荷兰舰队封锁马尼拉，攻打澳门，强占澎湖，直至最终占据台湾。和平途径，则是由巴达维亚荷印殖民政府（巴城政府）于 1655—1656 年、1666—1667 年、1685—1687 年先后三次派遣外交使团前往北京直接向中国皇帝争取自由贸易。

　　荷印公司对华直航贸易始自 1729 年，止于 1794 年。直航之前，荷兰商人更多是在巴达维亚城购入中国帆船输入的茶叶，而荷兰商船出口到广州的热带商品主要来自巴达维亚城，主要有燕窝、糖等食品，胡椒等各种香料，以及锡、铜、苏木、檀香、珍珠粉等其他商品。直到 1755 年，荷印公司最高管理层"十七绅士"（Heren Zeventien）成立了荷印公司中国委员会，荷兰与中国贸易的管理才系统起来。在荷兰驻广州商馆档案中，留下许多有关中荷贸易的珍贵资料。但荷兰东印度公司对华贸易的相关档案尚未得到学界全面系统深入的研究。[1]荷兰商船从广州直航或经由巴达维亚城中转带回欧洲的中国商品中，有哪些种类的食品，具体数量如何，这些中国茶叶以及各种食品在荷兰的拍卖和销售情况如何，还有待进一步的研究。可资参考的信息是：1757 年 7 月 31 日荷兰商船"斯劳滕"（Slooten）从巴达维亚城抵达广州。1758 年 1 月 21 日，该船满载茶叶、丝织品、南京布、生丝、土茯苓、生姜、大黄、姜黄、西米、藤黄、锌和大量瓷器返航，同年 9 月 6 日抵达荷兰。此次航运为随后来华商船的航行建立了固定模式。荷兰商船从中国输入欧洲的饮食原料一直是以茶叶为主，此外还有西米、生姜、姜黄等，以及可以入药服食的土茯苓、大黄和藤黄。

直至 1799 年解散，荷兰东印度公司一直垄断着东西方海上陶瓷贸易。康熙时期远销欧洲的瓷器，绝大多数是通过荷兰东印度公司完成的。

1655 年，荷兰东印度公司派出的贸易使团从巴达维亚出发，前往北京拜见中国皇帝。随行管事和画家约翰·纽霍夫（John Nieuhof）通过笔记和素描记录了他从澳门到广州的一路见闻。1665 年，阿姆斯特丹梅尔斯出版社出版了荷文版纽霍夫《荷兰东印度公司使华记》。[2]当时荷兰已经是欧洲出版业中心，纽霍夫著作一经出版就因其真实性和可读性风靡一时。法文版、英文版、德文版也相继出版。纽霍夫的著作被认为是整个启蒙时代有关中国奇特形象的起源之一。[3]

《荷兰东印度公司使华记》中有 150 余幅插图，涉及中国重要的物产、食材和宴饮。如甘蔗、胡椒、肉桂、姜、茶叶、飞鱼，还有鸬

---

1 刘勇：《荷兰东印度公司对华直航贸易档案探析》，《海交史研究》2020 年第 2 期。

2 ［荷］包乐史、庄国土：《〈荷使初访中国记〉研究》，第 23 页。

3 ［荷］包乐史、庄国土：《〈荷使初访中国记〉研究》，第 4 页。

图 5—5 1655 年广州藩王宴请荷兰使团

鹈捕鱼以及 1655 年 10 月 15 日广州藩王的宴请图等。[1]

  纽霍夫作为使团随行人员，通过插图表现出来的旅途经历，其真实性和趣味性非其他人所能及。17 世纪中后期，欧洲的图书出版更为便利，大大加快了荷兰作家介绍中国食物知识著作的传播与流通。在流通过程中，插图所反映的中国饮食知识也因印刷发生了一些变异。如 1669 年《荷兰东印度公司使华记》英译本中的插图则是荷语版的镜像复制品。对比 1666 年在阿姆斯特丹出版的《荷兰东印度

---

1 Johannes Nieuhof, *Die Gesantschaft der Ost-Indischen Geselschaft in den Vereinigten Niederländern an den Tartarischen Cham und Nunmehr auch Sinischen Keiser*, Amsterdam: Gedruckt und Verlegt durch Jacob Mörs, 1666, p.56.

图5—6 《荷兰东印度公司使华记》荷文版（左）与英文版（右）中的鸬鹚、飞鱼、中国茶树、中国农耕插图

公司使华记》相关插图（图5—6），即可发现该问题。对于没有亲眼见过插图内容的欧洲人，定会认为这些有关中国的信息是奇特而吸引人的。

至于英国什么时候第一次进口茶叶，目前尚未有定论。一般认为，1662 年，葡萄牙公主凯瑟琳嫁给英国国王查理二世，把遥远的东方茶叶和饮茶风气从葡萄牙带到英国伦敦，是英国饮茶历史的开端。[1] 当英国东印度公司希望向新王后凯瑟琳赠送茶叶时，他们还不得不从竞争对手荷兰东印度公司那里购买这种稀有商品。这也表明此时英国外贸进口中几乎没有茶叶。而 17 世纪 60—70 年代，英国宫廷已然开始流行冲泡并品尝这种奢侈而又神秘的东方树叶。1669年，英国禁止从荷兰购茶，而是转向爪哇岛的中国商船和葡萄牙，或者直接去中国购买。1662 年，英国与葡萄牙的联姻也是为了与海外竞争者荷兰对抗。1688 年光荣革命后，威廉三世从荷兰来到英国，他的妻子玛丽二世将她在荷兰居住时养成的品茶习惯在英国宫廷以及上流贵妇阶层推广开来。根据英国东印度公司对华贸易的相关记载，17 世纪后期，喝茶在以宫廷为中心的英国上流阶层已经较为流行。

英国东印度公司，有时也被称为约翰公司（John Company），于1600 年 12 月 31 日获得英格兰女王伊丽莎白一世授予的皇家许可状，给予它在印度贸易的特权，从而获得法人地位。

根据《东印度公司对华贸易编年史》记载，1637 年 12 月 20 日，威得尔船长（John Weddell）率领"凯瑟琳号"驶回英国，装运了从广州和澳门购买的适宜长途航运的货物。购得的中国货物品目和数量如下："糖，12086 担；冰糖，500 担；青干姜，800 担；生干姜，100

1　［日］浅田实：《东印度公司：巨额商业资本之兴衰》，顾珊珊译，社会科学文献出版社，2016 年，第133 页。

担；丁香，88 箱；散装黄金，30 又 1/2（?）；织物（丝和缎），24 盒；苏木（墨西哥产），9600 块；瓷器，53 桶；金链，14 条"。**1** 可见 17 世纪英印公司在华进口的食品以糖为大宗，另对青干姜、生干姜、丁香等调味品或可用于烹调及药用的香料货物较为重视。据《东印度公司对华贸易编年史》记载，1637 年英国的"科腾商团"曾到达广州采购茶叶 112 磅，但无证据表明这批数量并不太多的茶运回了英国，极有可能在爪哇就被销售或被当地英国人消费掉。而在 1687 年，从孟买开往厦门的"伦敦号"（London）和"武斯特号"（Worcester）严格按照公司规定，以公司名义购买了以下商品："特优茶叶 150 担，半数罐装，半数壶装，全部用箱装，每壶盛茶叶 1—4 斤，运回英伦。樟脑 300 桶。生姜，3000 磅重。胶绸（丝织品），1000 匹。"**2** 英国和荷兰人对茶叶的音译用的是厦门土话 Te 或 Tay，因为他们最早是从厦门获悉关于"茶"的发音，而 16 世纪以来葡萄牙人对茶的音译是 cha，源自广州土话。现在学界比较普遍的看法也是认为 17 世纪中期是中英茶叶贸易的开始，而其中起关键作用的商人群体则是来自英印公司。

关于 17 世纪英印公司在华购入的主要商品，我们还可以提供很多类似例证：

1697 年 7 月，"那索号"（Nassau）从伦敦出发前往厦门，命令规定回程投资的货单项目有：茶叶 600 桶，生丝 30 吨，丝织品 108000 匹，优质丝绒 600 匹；

1697 年 10 月，"特林鲍尔号"（Trumball）前往厦门，它的投资包括：茶叶 500 桶，丝织品 41000 匹，丝绒 150 匹；

1698 年 11 月，"舰队号"（Fleet）从伦敦前往厦门，回程投

1　［美］马士：《东印度公司对华贸易编年史（1635—1834）》第 1、2 卷，区宗华译，中山大学出版社，1991 年，第 27 页。

2　［美］马士：《东印度公司对华贸易编年史（1635—1834）》第 1、2 卷，区宗华译，第 62 页。

资包括：茶叶 300 桶，生丝 20 吨，丝织品 65000 匹，丝绒 1300 匹，麝香 3000 盎司。

1699 年，"麦士里菲尔德号"大班道格拉斯在广州，回程投资采购有最优等松萝茶 160 担。……1700 年 7 月 18 日该船离开广州，带着货物包括茶桌，镶贝珠，300 套，每套 6 件。1701 年 7 月 1 日，返抵朴茨茅斯（Portsmouth），装有丰富和满载的货物。[1]

自 17 世纪末开始，荷兰、葡萄牙、英国、法国、瑞典等多国商人开始大量购买中国茶叶，交易甚是频繁，交易量巨大。因此，海上丝绸之路也被有的学者称之为"海上茶瓷之路"。[2]1685 年以前，中国海上茶叶对外贸易主要为荷兰、葡萄牙所垄断。他们自中国购入茶叶，运至欧洲大陆，再转运至英国伦敦等城市售卖。直到 1685 年粤海关成立，英国才得以在广州建立商馆，广州的中英茶叶贸易就此开始。1697 年，英国船舶停靠在厦门海岸，这一年中国茶叶被首次直接运往英国。1706 年，川宁在伦敦斯特兰德街 216 号（216 Strand）开设第一家茶店，至今仍然在营业。[3]饮茶在英国社会大众之间流行开来，已然不可阻挡。

17 世纪末，英国商人大量地从中国厦门进口武夷茶（Bohea tea）[4]。这与英国国王查理二世王后葡萄牙公主凯瑟琳奢爱中国红茶，把遥远的东方茶叶和饮茶风气带到英国有关。在英国，Bohea 逐渐变成专指中国武夷产的最好的红茶。1663 年，凯瑟琳 25 岁生日时，英国诗人埃德蒙·沃尔特甚至作了一首赞美诗《饮茶皇后之歌》献给

---

1 ［美］马士：《东印度公司对华贸易编年史（1635—1834）》第 1、2 卷，区宗华译，第 85、89—97 页。

2 黄凤娜：《莲花峰石刻与泉州茶》，《福建文博》2013 年第 3 期。

3 1675 年，川宁品牌在英国的格洛斯特郡诞生，创始人为托马斯·川宁（Thomas Twining）。

4 Bohea 一般指闽南语对武夷的发音。在中英茶叶贸易早期，这个词有可能是绿茶、乌龙茶和红茶的统称。因为英国最早从中国进口的是绿茶，除了 Bohea，英国进口的茶叶有 Bing（瓜片），Singlo（松萝），Imperial（御茶）等。

图 5—7
川宁在伦敦斯特兰
德街 216 号开设的
第一家茶店

她，以表祝贺：

> 花神宠秋色，嫦娥矜月桂。
>
> 月桂与秋色，难与茶比美。
>
> 一为后中英，一为群芳最。
>
> 物阜称东土，携来感勇士。
>
> 助我清明思，湛然祛烦累。
>
> 欣逢后诞辰，祝寿介以此。[1]

　　自 1717 年起，英国东印度公司定期从广东装载中国茶叶，茶叶便成为英国东印度公司在华贸易的核心产品，其中武夷茶是大宗。此后，茶叶在英国从小范围的贵族奢侈饮品，逐渐成为英国一般家庭皆可享受到的杯中之物。

1　徐海荣主编：《中国饮食史》卷 5，第 160 页。

图 5—8　英国凯
瑟琳皇后像

图 5—9　正在喝
的英国家庭，他
手上的青花瓷茶
杯清晰可见

图 5—10　西方油画中的茶具静物

　　1757 年，清政府规定广州"一口通商"，此后明文规定福建、安徽、浙江等省所产茶叶须先运至广州，方能销往海外。各省茶商纷纷汇聚广州，开设茶庄，并通过十三行的行商与外国商人进行茶叶贸易。清代的外销画中，就有不少中国茶商根据外国茶商需求在广州加工茶叶的场景。

　　有关中国茶文化在西方的传播研究有很多。16—17 世纪，饮茶习惯最初都是在葡萄牙、荷兰、英国、法国等欧洲宫廷和上流阶层进行。随着进口茶叶数量的增加和饮茶风气的普及，饮茶逐渐成为欧洲普通家庭的一种生活方式，并分为早茶、下午茶、晚茶等。该时期的荷兰人甚至会像拉达传回欧洲的中国南方"迎客茶"一般接待来访的客人。每逢客至，家庭主妇即烹茶待客，与客人品茶聊天，直至送别。18 世纪以后，更多的欧洲国家喜欢上中国茶及中国茶具。瑞士画家让·埃蒂安·利奥塔尔（Jean-Etienne Liotard）茶具静物画中的中国茶壶、茶杯上清代中国人的绘画图形清晰可见（图5—10）。此外，凡尔赛宫、意大利都灵王宫、意大利瓷器博物馆等场馆收藏的中国茶具等各类生活用瓷，不胜枚举。

第三节　学者之辨："国王数学家"的中国饮食考察

如果稍加留心，我们就会发现中国饮食文化在西方的传承与接续，并没有随着时间的流逝而消散。1700 年为庆祝新世纪的到来，路易十四在凡尔赛宫金碧辉煌的大厅举办"中国之王"舞会。他身着中式服装、坐着八抬大轿隆重出场，引发欧洲皇室的疯狂追捧。这场世纪之交的"中国之王"舞会让法国宫廷贵族们对"Chinoiserie"（中国情调）充满热情，标志着 18 世纪欧洲"中国热"将会越演越烈。路易十四时期，法国博韦皇家手工工厂 1697—1705 年制作的一批具有典型的巴洛克风格的中国皇帝系列壁毯画，[1] 其中，皇帝宴饮画（图5—11）与 15 世纪欧洲人依据《马可波罗行纪》想象的蒙古宫廷宴饮画有异曲同工之处——他们都对中国皇帝的宫廷生活感兴趣，尤其是饮食宴饮。

一、法国政府重视中国农业知识

1661 年，法国国王路易十四亲政，他对中国的兴趣从心理上的

---

[1] 17 世纪末，法国博韦皇家手工工厂顺应"中国风"热潮，做了一批有关中国皇帝的壁毯画。这些画以康熙帝为主人公，围绕着奢华的宫廷生活展开。法国凡尔赛宫收藏有多件壁毯画，主题分别有皇帝宴饮、皇后茶饮、采菠萝、天文学家、皇帝出行和狩猎归来等。

图 5—11 《皇帝宴饮》壁毯画

图 5—12　《皇后饮茶》壁毯画（局部）

好奇落实到了实际行动中。1666 年，在财政大臣柯尔贝（Jean Baptiste Colbert）的建议下，路易十四成立了皇家科学院。科学院不仅在欧洲、美洲和非洲进行科学考察，还选派杰出人士去远东考察。法国把前往中国等远东国家进行科学考察的任务交给了在华具有传教优势的耶稣会士。

路易十四为避免和葡萄牙、西班牙在远东的保教权起正面冲突，采取了一个曲线的办法。他予洪若翰、塔夏尔、白晋、张诚、刘应、李明 6 位传教士"国王数学家"头衔，以学者身份前往东方进行科学考察。就这样，法国从宗教上突破了葡萄牙在远东的保教权。1687 年，经过长途跋涉，除塔夏尔外的其他 5 位"国王的数学家"终于抵华。这批身兼科学考察和传教的使命的法国耶稣会士来到中国，并以科学考察的态度在中国收集相关情报。客观上，这次派遣也打破了葡萄牙的保教权并宣扬了法国"太阳王"的威望。他们的调查研究活动取得很多成果，其中涉及对中国饮食的认知，尤其是有关中国动植物方面的新知识。从大的分类来说，这些考察细目都符合洪若翰在 1687 年 11 月致巴黎科学院书信中提及的考察计划：1. 天文学和地理学；2. 中国年代学；3. 文学研究；4. 自然科学和医学；5. 中国的政治、经济和社会现状。

17 世纪法国重农派学者吸收了传教士传回的许多中国农业思想和农业生产经验。该时期法国政府的高层也十分重视来自中国的农业政策，不断研究入华耶稣会士们传回的中国农业报道，倡导引进中国农作物以及耕作方法等。法国路易十四时期的财政大臣柯尔贝不仅倡导重商主义经济政策，更是路易十四东方政策的制定者与积极推行者之一。路易十四派出"国王数学家"前往中国科学考察，柯尔贝在其中起到重要作用。他十分强调学习和了解中国农业政策和农耕思想，以推动法国工农业创新发展。法国政府资助的耶稣会士不断发回法国政府感兴趣的中国农业情报，包括中国的农作物种植、农业生产工具等，柯尔贝也提倡从中国引进农作物、农具和耕作方法。

柯尔贝继任者是财务大臣卢瓦（Louvois）。1684 年，他曾要求法国皇家科学院起草一份有关中国的调查提纲。其中就涉及中国的食物摄取量和动植物等问题。[1]亨利·贝尔坦（Henri Bertin）曾先后任法国财务总稽核、国务部长等职。他是路易十五时期法国"中国热"的推动者之一，也是重农派学者们的挚友。贝尔坦长期与入华耶稣会士们保持着通讯联系，他希望将中国一切有利于国计民生的东西引入法国。

安文思向欧洲传回了中国皇帝扶犁籍田的制度。他说道："（皇

1　［法］彼埃·于阿尔、明翁：《法国入华耶稣会士对中国科技的调查》，引自［法］谢和耐、戴密微等：《明清间耶稣会士入华与中西汇通》，耿昇译，第 477 页。

帝）穿上耕夫的服饰，用两头其角镀金的牛及一把漆成红色、间以金色条纹的犁，亲自在这座庙内耕一小块地。当他忙于劳作时，皇后和她的宫女则在另一处为他做一顿简单的家常饭，然后皇帝和皇后一起就餐。"[1]

1756 年，在法国重农主义代表人物魁奈的建议下，法国国王路易十五模仿中国皇帝亲自扶犁籍田。1768 年春天，法国王太子（后来的路易十六）仿效中国皇帝的亲耕礼而亲自扶犁。1774 年，路易十六即位后不久，杜尔阁出任财务总监。魁奈的重农理论受到杜尔阁的热烈响应。法国及欧洲其他国家统治者模仿中国籍田制度，反映了中国农事制度对西方社会的影响。正如安文思的描述，农耕总跟饮食宴饮相关联。皇帝籍田旧制，也是在提醒帝王不要忘记饮食节约，减少铺张浪费。此外，还有很多法国人设法引入中国的果蔬。[2] 继魁奈之后，克莱尔克出版的《大禹和孔子》（1769）是一部有关中国的重农主义的著作。克莱尔克也像魁奈一样，号召欧洲人学习并效仿中国。

二、李明对中国饮食的科学考察

在法国国王路易十四的支持下，"国王数学家"李明（Louis le Comte）于 1687—1692 年访华。1696 年在巴黎出版的《中国近事报道》[3] 是他来华期间写给国内要人的通信汇编。该书共收录 14 封书信，

---

1 ［葡］安文思：《中国新史》，何高济、李申译，第 172—173 页；Gabriel de Magaillans, *Nouvelle Relation de la Chine, Contenant la Description des Particularitez les plus Considerables de ce Grand Empire*, pp. 358-359。

2 有关法国引进中国农作物的研究，参见许明龙：《欧洲十八世纪中国热》，外语教学与研究出版社，2007 年，第 138—139 页。

3 Louis Le Comte, *Nouveaux Mémoires sur l'état présent de la Chine*, Paris: Chez Jean Anisson directeur de l'Imprimerie Royale, 1696.

有英文、意大利文、德文和中文诸多译本，影响巨大。[1] 现代欧美学者甚至认为李明是"那个时代欧洲中国形象的缔造者"。[2]

（一）特色水果

李明等"国王数学家"是受到法国政府支持才能前往中国进行科学考察。他们来中国的目的之一就是要传回中国作物生产以及农业知识。故李明对中国蔬菜、水果、茶叶、调味品留下了大量的报道。他认为中国蔬菜和块根、块茎类菜是中国老百姓最为基础的活命食物。他把在中国考察期间见到的荸荠、葱头都写入报告中。李明提及的水果有很多，如柿子、荔枝、龙眼、中国橙、柠檬、柚子、凤梨、番石榴、椰子等等。李明主要对柿子、荔枝、龙眼和中国橙进行了较多论述。

1. 柿子

柿子是早期传教士向欧洲人极力介绍的一种中国水果。葡萄牙人认为中国柿子很像无花果，而把它称为"中国无花果"。从目前我们能够看到的西文材料判断，克路士是第一位向西方人介绍这种水果的人，但是他没有提到该水果的中文名字——柿子，而是直接将它称为"无花果"。利玛窦介绍柿子"还有一种水果叫做中国无花果，很甜很好吃，葡萄牙人叫它 Sucusina"。光看入华西人的文字报道很难想象柿子到底是怎么样的，且克路士、利玛窦对柿子的介绍都很简单。卜弥格弥补了这一缺陷，他在《中国植物志》中用图文来介绍柿子。他使人们对柿子有了直接的感性认识。他称："柿子的果实呈黄色或紫色，比香橙大些。它的果瓤稀软。呈红色，有果仁。""这种果子干燥后就像无花果一样，可以存放多年，在中医中可以做药用。"[3]

---

1 可参考 Lewis Le Comte, *A Compleat History of the Empire of China*, London: James Hodges, 1697；［法］李明《中国近事报道（1687—1692）》，郭强、龙云、李伟译。

2 Colin Mackerras, *Western Images of China,* Oxford University Press, 2002, p. 32.

3 ［波］爱德华·卡伊丹斯基：《中国的使臣：卜弥格》，张振辉译，第208—209页。

根据不同产地，李明对中国柿子的种植和贮藏方式留下了考察报告。

中国另有一特有的水果柿子几乎产于各省；如苹果一样，种类繁多。南方土地孕育的柿子味甜，可溶于水。山西、陕西产的柿子，果实更大，更饱满，更易于保存。南方柿子果皮娇嫩，平滑透明，红得鲜艳，尤其当果实熟透了的时候。有的品种像鸡蛋，呈椭圆形，但一般较大；有黑色扁平的籽核，果肉黏而透明，汁多，以至从一端吸吮，便可将整个果肉吸入口内，人们正是用这种方式食用它。经过晾晒，就会像我们的无花果一样，富含淀粉，表面渐渐覆盖一层糖皮，使之具有极好的口味。[1]

李明更多是从农作物生产种植角度记录，故比克路士、利玛窦、曾德昭等人对柿子的认识都要全面。他不仅比较了中国南北不同地区所产柿子的差异，还对柿饼这种可长期保存和外销的商品进行了考察。李明不仅喜爱南方的柿子，也喜好南方人晾晒鲜柿后制成的柿饼，认为口味极佳。而关于这一点，在卜弥格、杜赫德等人的著作中都有记载。"（柿子）经过晾晒，就会像我们的无花果一样，富含淀粉，表面渐渐覆盖一层糖皮，使之具有极好的口味。"李明还提及柿子的储存加工技术，这是柿饼的制法，属于中国传统农业生产和加工知识。"在未熟时采摘以便使其在稻草中成熟，或浸于水中片刻，以便除去在树上几乎总是留存的涩味和怪味。中国人并不花费多大的劳力种植柿树，因为柿树可自生自长，适应各种土质。所以，如果将技艺与自然结合，精心嫁接，我确信果实将更为鲜美。"[2] 李明强调中国人种植柿子树也并不太费力，如果掌握好嫁接技术，引入法国生产，

---

1 ［法］李明：《中国近事报道（1687—1692）》，郭强、龙云、李伟译，第 103 页。
2 ［法］李明：《中国近事报道（1687—1692）》，郭强、龙云、李伟译，第 103—104 页。

也不是不可能。

2. 荔枝

李明对荔枝的植物形态、加工储藏和食用方法进行了介绍。他不仅认为广东的荔枝最为鲜美，同时也指出鲜荔枝不宜多食。"如果食用过多，会感觉身体不适。荔枝性热，会使人长疖子。中国人使之连皮晾干，果肉就会变黑发皱，像我们的李子干一样。这样就可备全年食用。"[1]这里其实是干荔枝的做法，这有助于长时间保存和运输荔枝。

> 除去我们欧洲熟知的水果外，中国尚出产许多我们没有的水果。味道最美的当数荔枝，产于广东省。果大如核桃，核长圆，外及一层柔软的果肉，果汁丰富，味道甚佳；我不知道欧洲有什么水果与之相似。果肉包裹在轫华革样的果皮内，果皮极薄，一端呈尖形，如鸡蛋般。如果食用过多，会感觉身体不适。荔枝性热，会使人长疖子。中国人使之连皮晾干，果肉就会变黑发皱，像我们的李子干一样。这样就可备全年食用。一般放在茶中使之略带酸甜味，人们认为其味道比食糖的甜味更佳。[2]

李明对荔枝的介绍内容丰富而准确。他对荔枝的外形、果肉、储藏、食用方法进行介绍，纠正了"多食荔枝无害"的说法。茶中加入荔枝之类的水果，使得茶带有酸甜味。茶内添加水果干或其他物品的做法越发少见，因为在李明所处的时代，中国已经开始流行清茶饮法。前文已经指出过，明中叶以后，茶风大变，中国普遍开始流行清茶饮法，不再流行混入水果、牛奶等添加物。但是茶俗的改变是极其缓慢的，添加混合物的传统吃茶法在广东、福建等东南沿海地区还较为广泛地存在着。李明作为入华的西方传教士，在中国进行科学考察

1　［法］李明：《中国近事报道（1687—1692）》，郭强、龙云、李伟译，第 103 页。
2　［法］李明：《中国近事报道（1687—1692）》，郭强、龙云、李伟译，第 103 页。

的时候，真实地记录下了当时中国广东等沿海地区的饮茶习惯，把中国茶文化的历史演变过程动态地展示在了我们面前。

3. 龙眼

李明对广东龙眼的性状进行了介绍。他指出这个水果的别名含义就是龙的眼睛。"在广东省及福建省还可吃到另一种个头小的果品，当地人称之为龙眼，即龙的眼睛。其树高如核桃树，果实外形正圆，外皮平滑呈灰色，底部近乎黄色。但是快成熟时，呈淡黄色。果肉为白色，微酸，果汁丰富，适于为无食欲者开胃，而不适于在饥肠辘辘时用以果腹；性清凉，对人身体有益无害。"[1]李明眼中的龙眼跟前人的记载几乎无异。他也是认为这个水果得名是因为长得像"龙的眼睛"，而龙就是中国的象征。他指出龙眼可开胃，有利健康。

4. 中国橙

李明对中国橙子的植物性状以及南方食橙方法进行了记录。他认为广东的橙子最佳。

在东印度群岛，人们最看重，并作为稀罕物馈赠的橙子大不过一个台球；其果皮为近似红色的黄色，细腻、平滑，特别好闻；然而我却认为大个的更好些。尤以广东产的为佳，其味甘美，对身体非常有益。通常把这种橙子给病人吃，并注意必须事先置于火上或放于热炭火灰中烘软；然后，将橙切开，填满白糖，糖渐渐与果汁混合，形成一种很甜、非常有益健康的汁液，没有比它对肺部更好的水果了。我不知怎样和我们普鲁旺斯的、原本来自葡萄牙的橙子相区别；中国橙比较实在，果皮与果肉不易分离，果肉本身又不像我们的橙子分成小瓣，除此以外，外表看上去，实无多大区别。可以说各个品种的橙子都是极好的。而

---

[1]　[法]李明：《中国近事报道（1687—1692）》，郭强、龙云、李伟译，第103页。

我认为一般说来，最近吃到的（中国）橙子，在我们看来总是最好的。**1**

李明尤其关注中国橙子有清肺等健康功能，糖橙这道具有食疗功能的药膳也被李明记录在案。李明不愧是"国王数学家"，他对中国的关注，更多是科学性的考察，而不是走马观花式的旅行游记。李明也对柠檬、柚子等有所记录。他发现柠檬在亚洲不如在欧洲受欢迎。他写道："柠檬以及东印度群岛人称之为柚子的水果在这里也很普遍，因此柚子大不如在欧洲那么受重视；但人们却精心种植一种特别的柠檬树，其果实大如核桃，圆圆的，青青的，酸酸的，用作各种调味品都极好，常被置于栽培箱中，用以装饰庭院及厅堂。"**2**也许正是因为欧洲已经足够了解柠檬，李明对这个水果也没有更多的介绍。

（二）蔬菜和调味品

李明调查中国的园艺后发现，中国蔬菜和块根、块茎类菜几乎是中国老百姓唯一的食物。这一看法是非常正确的。中国普通民众长时间在温饱问题上挣扎，肉食消费实际上是极少的。中国好的蔬菜品种太多，李明认为叙述起来会没完没了，这也是李明提及的有关蔬菜的具体饮食名物并不多的原因。既然如此，李明为何仍要提一下蔬菜种植呢？这或是由于蔬菜种植是农业生产中的一个重要内容，法国农业发展需要向新技术学习；法国重农主义盛行，李明认为中国人在蔬菜上面的技艺和法国人在园艺方面一样出色，值得向法国人介绍。

李明对中国的一种葱留下了特别印象，并报告给了西方社会。他说道："尽管这件事本身很一般，不值得您注意，也几乎提供不了特别稀罕的东西，我还是情不自禁向您介绍一种我见过的葱头。它完全不

---

1 ［法］李明：《中国近事报道（1687—1692）》，郭强、龙云、李伟译，第104页。
2 酸橙树，又称小中国人树。中译本注，见［法］李明：《中国近事报道（1687—1692）》，郭强、龙云、李伟译，第104页。

像欧洲的葱头是种子长成的，而是生长到一定季节后，在顶端或叶茎上长出小小的丝状体，在其中央形成一个白色的葱头，像在土里发芽长出的那个一样。随着时间的发展，这个小葱头又长出一些叶子，就像托着它的一样，这些叶子本身顶端又托着第三个葱头，这些葱头的大小和高低随其距离地面而递减。由于不同层次排列有序和比例谐调，使这小小的植物看似一件艺术作品，或是大自然想告诉我们，在轻轻松松的嬉戏中，她也会比最精巧的、最匀称的艺术品更为完美。"**1**

此外，李明对"荸荠化铜"的说法进行了验证："荸荠榨出的汁清凉甘美，并不具有任何可腐蚀金属的特性，这就使可以软化铜的说法令人感到诧异。杭州盛产荸荠，所以一到那儿，我们就好奇地急于作软化铜的实验。我们取中国的双份铸铜，极易酸腐又极脆的铜和一块荸荠，我们当中牙齿最利的一位把铜咬碎成几块；其他人担心会不舒服，不肯用力，未能达到目的。"**2**荸荠，俗名地栗、马蹄、乌芋、红慈姑，一种常年水生植物的块茎，盛产于我国江苏、安徽、浙江等地。荸荠性寒、味甘、多汁，有清热、明目、利咽、化痰、开胃、消食、益气等功效，是人们十分喜欢的一种水果、蔬菜。但是，让卫匡国等不少传教士对荸荠感兴趣的不是它的这些功效，而是"荸荠化铜"的神奇性。在没有实地考察的情况下，这类关于中国食物知识的错误信息通过书籍等载体，传播到了更远的地方。而李明经过自己的认真考察，结合其他信息源的记载，对"荸荠化铜"的真实性进行了实验，反驳了卫匡国等"荸荠化铜"的观点。

（三）李明辨析中国茶益害

茶叶是东西方贸易的重要物资，正因为如此，李明十分详细地报告了中国茶树栽种、茶树高度、茶花、茶种，以及茶叶采摘等情况，

1　［法］李明：《中国近事报道（1687—1692）》，郭强、龙云、李伟译，第 106 页。

2　［法］李明：《中国近事报道（1687—1692）》，郭强、龙云、李伟译，第 106—107 页。

以便法国人能够获取更为全面的茶叶知识。**1**

李明将茶叶作为一种特殊的药材予以研究和介绍。**2** 他指出欧洲人"对茶的功效众说纷纭。有的肯定其优点，有益于身体；另一些人则认为这纯属那些总是看重新鲜事物，对自己不了解的一切东西都评价甚高的欧洲人的想象，是他们自己醉心于此"。**3** 所以，李明认为还是折中一点好。

他列举说，中国人不易患痛风、结石和坐骨神经痛，有人认为经常饮用茶水使他们避免得这些疾病。鞑靼人因食生肉而常患病，他们如不喝茶，就患消化不良症。在法国，不少人觉得喝茶对肾结石、消化不良、头疼有好处；而且，一些人认为茶已经神奇般地治好了自己的结石病。接着，李明又找到一些补充证据：也有一些人喝过茶以后睡得更好，这证明茶并不适合提神和消除酒意；有的人消化功能紊乱，并且在长时间里，在吃过生冷食物后，感觉胃胀满，饭后饮茶总是感觉不舒服；另一些人则感觉不论是结石还是坐骨神经痛都未减轻。很多人还说茶可以利尿，可以使人消瘦，可以使人变得苗条，并且说如果茶有某些益处，大部分树叶几乎会有同样效果。**4**

据此李明得出一个他认为正确的结论："所有这一切说明这只是一些人对茶的迷恋，（茶）并非什么神奇的东西。茶叶的功能也并非是人们想象的那样包治百病。"我们发现，李明是在把茶作为一种特殊药物的前提下得出以上结论的，也就是说他是在论述茶的医用价值（中国诸多本草类典籍也的确有讲述茶的药效）。但是，绝大多数中国

---

1 周燕：《法国耶稣会士兼"国王数学家"李明及其〈中国近事报道〉研究》，浙江大学博士论文，2008年，第69页。

2 周燕：《法国耶稣会士兼"国王数学家"李明及其〈中国近事报道〉研究》，浙江大学博士论文，2008年，第69—71页

3 ［法］李明：《中国近事报道（1687—1692）》，郭强、龙云、李伟译，第198页。

4 ［法］李明：《中国近事报道（1687—1692）》，郭强、龙云、李伟译，第198—199页。

人实际上把茶作为一种日常饮料，把饮茶作为一种饮食习惯和社交礼仪。茶之礼作为中国人的日常交往中的礼仪，具有重要的文化意义。在中国社会，茶之文化意义远远大于茶之药用意义。这一点，在李明自己的著作中也有提及——"（中国）老百姓在一天中随时可以饮用，是最普通的饮料"。

但是，从李明论述茶的药用价值这个论点上来说，饮茶应适度的说法是正确的，可以接受的。中国人自己就对茶之益与茶之害多有讨论。茶具有侵蚀性，把茶放在肉中同煮，可使硬肉变软，因此，它有助于消化。审慎地饮用茶，有利于消食和身体健康，尽管它并不是那么有效，也并不包治百病。

李明又提出一个反面的证据来证明为何茶有时候医疗效果不明显。他说"某些人的体质因为病痛已经受损到非常严重的程度，这就使得像茶这样的特殊药物功效不能及时发挥，或甚使其功能变得毫无用途"。纵观李明对茶的评价，他的确在字里行间明确提出会"谈喝茶的坏处"，但实际上李明从未说茶的坏处，而是尽力地告诉读者茶饮的益处。作为一个西方人，他对异国饮料的批评还远不如中国人。李时珍在讨论茶之害处时说："若虚寒及血弱之人饮之既久，则脾胃恶寒，元气暗损……成黄瘦，种种内伤，此茶之害也。"比较李明和李时珍有关茶之言论，则可分明感受到李明所论茶之害处，实际上是削弱对茶之弊端的论证。

李明阐述中国茶因为产地、加工方法不同导致质量不同，价格也相差很大，他还详细记录了茶叶栽种、采摘、制作，茶树高度，茶花，茶的种子等信息，使得欧洲人对茶的知识有了更为全面的了解。[1]这实际上也是李明对之前西方人的中国茶知识进行全面总结。

1　周燕：《法国耶稣会士兼"国王数学家"李明及其〈中国近事报道〉研究》，浙江大学博士学位论文，2008年，第69页。

图 5—13 《中国制茶图》

　　关于茶叶采摘和制作，李明论述到："一般说，要想茶的质量好就要早摘，当叶子还小，还嫩，充满汁液的时候就要采摘。根据节气的早晚，通常在三四月份开始采集。然后，把茶叶摊开，用沸腾的水蒸气熏蒸使树叶变软；待树叶被熏透后，再挪放到驾在火上的铜板上，使叶子慢慢干燥直到叶片烘成黄色，并卷缩成我们所见到的茶叶那样。"[1]

　　关于茶树栽种，李明论述到："茶树通常生长在山谷和山脚下。最优质的茶来自多石的山上。种在疏松的泥土地里的茶树产的茶是二

─────────────────

[1]　［法］李明：《中国近事报道（1687—1692）》，郭强、龙云、李伟译，第 200 页。

流的。茶树中最差的是长在黄土地里的；但是，不论种在什么地里，都要注意向南栽种。有的茶树苗壮些，从播种到出叶只需三年。它的根像桃树的根，而花则像白色的野玫瑰。茶树有各种高度，从两尺到一百尺；也有很粗壮的，两人合抱都会觉得困难。这就是《中国植物志》有关茶的记载。也是我所见到的有关叙述。"[1]

李明还从植物学角度考察了茶花、茶树种子和嫁接等问题。这部分内容也是李明对中国茶植物学方面的科学研究成果。

葡萄牙人克路士、西班牙人拉达以及早期入华耶稣会士利玛窦、曾德昭等人，均对中国茶及茶礼有所记载。而李明从科学调查角度去分析茶树种植、茶叶的健康和药用问题，但对饮茶礼仪和文化等内容并不那么感兴趣。这也许是因为前人已经有很多相关见闻和知识，也或者是因为作为"国王数学家"，他更偏好科学研究而非人文观察。

三、中国宴会礼仪与"饮食适应"之辩

多明我会传教士闵明我等批评在华耶稣会士饮食堕落时，李明通过实地观察予以辩解。"他们睡在硬地板或很薄的垫子上，也没有床单。他们的伙食是如此的粗茶淡饭，所以他们连戒律规定严格节制饮食的欧洲修道士都比不上。有些传教士常年靠米饭、蔬菜和水度日。"[2] 李明不仅观察在华耶稣会教友的日常饮食，也对中国宴会知识进行详细记录，并传回欧洲。他记载正式宴会之前的迎客茶礼："会客期间，一般要进两三次茶。至于端茶杯、饮茶，以及将茶杯递还给仆人，又有形形色色的礼节要遵守。"为表达对远道而来的客人的尊重，吃饭前需要先敬酒。"人们同时向客人敬上一小瓷杯或银杯的酒，客人必须双手接住。客人将杯举起，几乎与脑袋平行。"为表示谦逊

---

1 ［法］李明：《中国近事报道（1687—1692）》，郭强、龙云、李伟译，第200—201页。
2 ［法］李明《中国近事报道（1687—1692）》，郭强、龙云、李伟译，第310页。

和礼让，总是要先请其他人饮酒。停箸行酒的间歇，也是暗示仆人上菜。所以李明会体验到一会儿上菜一会儿饮酒这样交叉进行的宴饮程序。根据李明的统计，"直至上满 20 或 24 道菜，饮过 24 巡酒"后，才开始上饭菜。[1]这时候上来的米饭和面食，以及清汤、肉汤和龟汤，才是让人吃饱肚子的食物。而在此之前的菜肴，都是"劝酒菜"。

同时捡起类似于我们的叉子的小筷子，又同时放回原处。每人有自己的桌子，没有桌布、餐巾，没有刀叉、汤匙，菜都是切好了的，用一双银筷子就可以夹起来，这是他们统一的餐具，用起来十分灵巧。吃饭总是从饮酒开始，人们同时向客人敬上一小瓷杯或银杯的酒，客人必须双手接住。客人将杯举起，几乎与脑袋平行，默默地你谦我让，将酒杯举到嘴边，以动作敬请别人先饮酒。

第一道程序结束之后，每张桌上则端上一大碗炖肉。

过一会儿又要添酒，然后按先前的套路饮酒。接着再上第二道菜，吃菜的方式也与第一道菜相仿，宴席总是一块肉一杯酒地交叉进行，直至上满 20 或 24 道菜，饮过 24 巡酒。

随后就开始上米饭和面食了。

另外还上一些清汤、肉汤和龟汤，可以伴着米饭吃。

这些繁文缛节既井然有序，又令人不胜尴尬，人们自始至终都得规规矩矩，吃起来极不自在，只有起身离席的时候才觉得有点胃口。

但是，这种场合绝不能嘲笑挪揄，只能称赞中国这个礼仪之邦和她千年因循相传的神圣礼节，人们说这是祖先们创立的，子

1　［法］李明《中国近事报道（1687—1692）》，郭强、龙云、李伟译，第 235—236 页。

孙们都得奉行不悖。[1]

中国正式晚宴是非常体现中国社会礼仪与传统习俗的场合。而西方人在中国的礼仪接受问题上，又一直有较大分歧。李明所处的时代正是"礼仪之争"发展到非常激烈的时候。多明我会的闵明我攻击在华耶稣会士抛弃苦行清修的教规，生活在繁荣与富贵之中。基督宗教作弥撒的食品必须是面包和葡萄酒。有的传教士认为可以用中国的饼和中国产葡萄酒或其他酒类替代（也是一种文化适应的表现），但是有的传教士则坚持用西方的面包和来自西方的或上帝葡萄园里（教堂里一般有一小块葡萄种植园）的葡萄酿造的葡萄酒。

李明面对耶稣会外部对耶稣会士的批评风潮时，在面对其他人攻击在华耶稣会士生活腐化堕落，富有且衣食光鲜时，也曾为此辩解过。他指出入华耶稣会士多数都是粗茶淡饭，节衣缩食。我们相信，不仅服装适应策略是其他修会批评耶稣会的一个方面，食物适应策略也是如此。

而这些传教士来到中国的时候，中国又是处于怎样的一个社会环境中呢？17世纪中后期，明清易代已经基本完成，清政府基本完成了全国统一。1661年，康熙皇帝爱新觉罗·玄烨登基，14岁亲政，在位61年。康熙时期，清宫廷起用西方传教士为朝廷服务，重用以南怀仁为代表的耶稣会士。而法国耶稣会士在南怀仁的积极招募和推荐下进入朝廷，为清宫廷服务。入华的法国传教士不仅获得了中国上层的支持，还与其他受教会派遣的传教士有非常不同的地方。那就是，这一时期的法国入华传教士明确肩负着对中国进行科学考察的任务，而不仅仅是传播上帝的福音。[2]正是在这样的大背景下，该时期

1　［法］李明：《中国近事报道（1687—1692）》，郭强、龙云、李伟译，第235—236页。
2　许明龙：《欧洲十八世纪中国热》，第13页。

欧洲人获取的中国食物知识不再是零碎的信息或报道，而是围绕科考任务，通过深入中国不同区域的实地考察，得到更加有针对性、更加系统完整的信息。

总之，李明在华的见闻和记录，始终具有明显的政府海外调查报告特色，这跟他"国王数学家"身份有关系。所以，在他的中国饮食认知中，科学考察的色彩浓郁一些，而很少有传教色彩。同时，他对中国的礼仪、宗教禁忌和本土饮食文化传统的关注也相对较少。

第六章

———❦———

欧洲饮食知识系统中的
"中国热"

　　从古希腊罗马时代一直到中世纪后期，欧洲人对中国这个"想象的异邦"不断进行深入描写，而有关中国饮食生活的记述整体上还是以传说与想象的成分居多，混杂着各种"旧知识"。马可波罗时代的游记文学不仅影响了欧洲文艺复兴时期的艺术创作，甚至在16—18世纪依然是欧洲人头脑中有关中国的重要信息来源。大航海时代以后前往中国的利玛窦、曾德昭、卜弥格、卫匡国、李明等传教士，不断在著作中考证或补充马可波罗等人描述的中国饮食知识。伴随着陆路和海路通道的不断开拓，东西方文化交流日益频繁，西方人眼中的中国饮食内容变得更加丰富，记述更加具体，审视也越发深刻。16—18世纪是大航海时代以来西方人利用情报资料以及亲身观察，不断地重构中国饮食文化知识的重要阶段。西方有关中国饮食的"旧知识"，在频次更高、范围更广、程度更深的中西文化交流过程中，迎来了"新解"的可能。中国饮食文化在西方的传播迎来新的历史阶段。

　　本书以16—18世纪中国饮食文化在西方的传播为研究对象，深入考察克路士《中国志》，拉达《记大明的中国事情》，门多萨《中华大帝国史》，利玛窦《利玛窦中国札记》，卜弥格《中国植物志》、《中国地图集》（手稿），卫匡国《中国新地图集》，基歇尔《中国图说》等西文文献，勾勒出西方人如何认识、吸收和传递中国饮食文化知识。在此基础上，揭示大航海时代到来后，欧洲"中国热"高潮到来前，中国饮食文化在西方传播的历史轨迹和变化。

第一节　传承接续：大航海时代掀开西方中国饮食认知新篇章

　　大航海时代以来，伴随着西方人地理探索范围的扩大，西方有关中国饮食的信息总量超越既往时代。伊比利亚半岛上的葡萄牙人、西班牙人从中国南部沿海地区，东南亚的马六甲、马尼拉等商贸中转站不断发回有关中国的饮食信息。16世纪初期，完整的中国船宴食单经由葡萄牙人传至伊比利亚半岛。此时"中国有而西方无"的饮食名物多借由葡萄牙语的对音传递到欧洲其他地区。西班牙人门多萨编汇的《中华大帝国史》在欧洲出版以后，在更大范围内传播了西班牙人拉达、葡萄牙人克路士和伯来拉等人记录的中国饮食知识。门多萨塑造了一个"地大物博、美丽富饶、物产丰富"的"中华大帝国"形象并成为后世西人参考的标准。

　　大航海时代之初，葡萄牙、西班牙成为中国饮食知识传播的"欧洲中转站"。葡萄牙人、西班牙人近距离实地观察和搜集而来的中国食物名称、宴饮方式及礼仪等"新知识"，通过葡萄牙语和西班牙语文学著作在欧洲流行开来，由此欧洲人的中国饮食"旧知识"首次迎来了"新解"，而这些中国饮食文化知识的"新解"带有浓郁的伊比利亚风格。

　　文艺复兴时期欧洲文化中的中国饮食认知并非由几位著名的入华耶稣会士创造，而是许多未曾亲历中国的欧洲学者一起共同努力的结果。欧洲知识群体根据自身的知识结构对传入的中国饮食知识进行理解、掌握与应用，中西饮食思想、饮食方法在会通中相互影响，从而实现中国饮食文化的西传与进一步发展。在大航海时代之后的很长时间内，西方人的中国饮食认知是古典时期、蒙元时期以及大航海时期三个阶段中国饮食知识时空交错的产物，呈现着上述各阶段烙印的三层叠加状态。

早期入华耶稣会士是中国饮食文化西传的重要群体。他们在华传教遵循文化适应政策。他们积极学习中国语言，长时间在中国生活，深入了解中国，对中国饮食文化的认识大大超过16世纪那些仅在中国东南沿海活动的葡萄牙人和西班牙人。他们制度化地向欧洲发回传教报告、书信和著作等资料。这些文本材料较为准确与真实地传递了他们视野中的中国饮食以及他们对待中国传统饮食知识的态度。以利玛窦为代表的入华耶稣会士注重对中国饮食生活和食物生产状况的搜集，特别是记录具有代表性的物产、饮食偏好和宴饮礼仪。《利玛窦中国札记》对中国饮食内容、类型和功能的记录，基本上界定了后来西方知识群体在综合性著作中对中国饮食的讨论范围。利玛窦、金尼阁、曾德昭等入华耶稣会士全面深化了大航海时代以来西方对中国饮食生活和食品流通等方面的认识，更有甚者还对中国不同地域饮食进行科学考察和深入分析。早期入华耶稣会士对中国饮食文化的西传做出了重要贡献。

与入华耶稣会士不同的是，因保教权以及商贸竞争等原因，一批在日本、马六甲和菲律宾的西方人通过在地华商的转述以及短暂访问中国东南沿海的机会，间接地向西方传回中国饮食物产以及食品商贸方面的信息。西班牙耶稣会士科尔特斯就是不同于经由葡萄牙前往中国的早期耶稣会士的典型。他的中国饮食知识的传递则是经由菲律宾、墨西哥传回西班牙。这是一条完全不同于利玛窦等经由马六甲、印度将中国饮食知识传回葡萄牙或意大利的西传路径。而科尔特斯笔下的中菲、中日之间的饮食贸易情况，是"利玛窦传教系统"中缺少的内容，也是中国饮食文化经由周边国家和地区传至西方的重要证据。

17世纪以来，西方人探索中国内陆呈现出从南到北，从东向西的整体趋势。随着地理知识的扩增，西方人眼中的中国饮食也呈现出区域性特征。曾德昭系统论述了中国南北宴饮礼仪的巨大差异。号称"西方中国地理学之父"的卫匡国在《中国新地图集》中，更是"分省论食"——根据中国不同省份生产的土特产来描述中国的物产信息。17世纪中后期，西方人还通过大量的图画资料向西方传递中国饮食形象，实为"中食西传"深化的又一表现。卜弥格《中国植物志》《中国地图集》等一系列手稿和著作就能说明此问题。欧洲本土学者基歇尔在《中国图说》中大量引用卫匡国和卜弥格的图文资料，其中就涉及中国饮食。通过基歇尔的杂糅拼凑，中国饮食内容融入西方既有的传统知识体系，通过书籍的转载与印刷，扩散到欧洲不同国家的读者手中。那些曾经到过中国的传教士、商人、旅行家和使节以及类似基歇尔等未曾入华的西方知识分子，他们将包括饮食在内的中国文化传至欧洲社会，逐渐地影响大航海时代以后欧洲人的日常餐饮生活。西方传统饮食知识系统中的中国影响以及其他国家的异域风情，不应该被忽视。

第二节　"中国之王"：1700年凡尔赛宫舞会标志
"中国热"风潮到来

17世纪西方知识系统中包含有独特的中国饮食艺术与生活方式。中国茶、丝绸、瓷器等物质成为当时西方上流社会优雅生活与奢华品味的象征物。中华风物的西传为18世纪欧洲"中国热"的到来营造了良好的文化氛围，奠定了西方上流阶层模仿中国生活方式的知识基础。在 17 世纪以近代地理科学为代表的欧洲知识体系中，中国的地理位置以及中国人的生活方式等情报信息越发清楚。西方人积极学习和了解传统中国知识，又不断地通过实地探索，向欧洲传回更为准确和及时的中国新知识。这其中，西方社会中国饮食文化知识的总量在不断增加。蒙古人作为蒙元时代中国北方游牧民族的代表，其形象从 13 世纪欧洲人闻风丧胆的"食人恶魔"，转变成一个"食肉饮酪"的游牧民族。入华的西方人也实地观察到中国南方的汉人惯用筷子取食，就餐食材丰富，菜品多样且注重宴饮礼仪。15 世纪欧洲艺术中还有凭借马可波罗有关蒙古忽必烈汗宫廷的记载而创作的多幅"忽必烈汗宫廷宴饮"绘画。门多萨、利玛窦、曾德昭、卫匡国、卜弥格、基歇尔等人的中国调查报道，不断利用《鲁布鲁克东行纪》《马可波罗行纪》和《曼德维尔游记》的内容进行资料汇编，创造着一个他们所认可的更为真实的中国形象。他们尤其热衷于反复印证马可波罗所描绘的富饶中国是否真实。1502 年葡文版《马可波罗行纪》前言中说："想往东方的全部愿望，都是来自想要前去中国。航向遥远的印度洋，鼓动对那片叫做 Syne Serica（中国）的未知世界的向往，那就是要寻访 Catayo（契丹，古欧洲人对中国的称呼）。"由此可知，13—14 世纪欧洲游记文学作品中的中国形象对后世欧洲文学艺术的影响是多么深刻。

　　一种风尚或热潮的形成，往往跟当时流行的文化式样分不开，人们获得这种风尚或热潮最有效和成本最低的方式，莫过于文本知识。17 中后期至 18 世纪末，欧洲印刷业获得巨大发展，有关中国的著作大量得以出版和流通。阅读卫匡国、基歇尔、安文思、李明、纽霍夫等人的著述，是西方人了解中国的主要渠道。18 世纪以来，欧洲先后出现的《耶稣会士中国书简集》《中华大帝国志》《中华杂纂》三种中国知识汇编出版物，专门收集、整理并发表在华耶稣会士的通信和著作。**1** 这些汇编著作中对中国的实录成为当时欧洲人了解中国的第一手文献。伴随着这些重要著作的出版，中国饮食信息也被传至欧洲各地，让欧洲知识系统中的饮食内容烙印着独具异域风情的中国影响。

随着越来越多的中国商品以及文化信息传入欧洲，西方文化系统中的中国知识也在不断地发生文化变异。大航海以来，越来越多的中国茶、丝绸、瓷器和家具等商品输入欧洲，欧洲因好慕中国而出现一股"中国热"。这一现象大概从 17 世纪开始预热，到 18 世纪上半叶达到高潮，一直延续到 18 世纪末。在这股风潮中，西方社会对中国饮食方式、饮食器具乃至与中国饮食相关的装饰物皆兴趣大增，多有模仿。

欧洲"中国热"的高潮出现在路易十四统治后期的 18 世纪初。法国几乎无人不对中国怀有强烈的兴趣，在华传教士们的出版物成了热门读物，来自中国的商品受到热烈欢迎，有关中国的消息和知识不胫而走。作为欧洲"中国热"的一方面，法国的"中国食物热"体现得尤其充分。

中国人如何使用"两根小棍（筷子）"吃饭？这个问题一直是欧洲人心中久久不能得以诠释的疑问。从没到过中国或者只是听闻过中国人独特的进食方式的人，一直对筷子十分好奇。1684 年 9 月 26 日，柏应理带着中国人沈福宗访问法国时，**2** 路易十四要沈福宗演示中国人如何使用中国餐具进餐。这是欧洲上流社会正式亲历中国餐桌礼仪的标志

---

1 《耶稣会士中国书简集》是欧洲旅居中国和东印度传教士们的书信和报告集，从 1702—1776 年共出版了 34 卷。郭弼恩编了第 1—8 卷（1702—1708），杜赫德编了第 9—26 卷（1709—1743），巴杜耶编了第 27—34 卷（1749—1776）。《中华大帝国志》被认为是 18 世纪上半叶有关欧洲中国知识的汇总。《中华杂纂》全称为《北京传教士关于中国历史、科学、艺术、风俗、习惯的论文集（1776—1814）》，共出 16 册，搜集了各家各派对中国的论述和观点，堪称一部以学术性论文为主的大型"论文丛书"。

2 有关沈福宗个人生平信息，参见潘吉星：《沈福宗在 17 世纪欧洲的学术活动》，《北京教育学院学报（自然科学版）》2007 年第 3 期。

性事件。1684 年 9 月的《风流信使》(*Mercure Galant*) 杂志记录了 9 月 25 日的一次报道：

> 本月 15 日，白晋和沈福宗到凡尔赛宫，获蒙国王召见，在河上游玩。次日又蒙赐宴。……皇帝在听完他用中文所诵念的祷告文后，并嘱他在餐桌上表演一尺长的象牙筷的姿势，他用右手，夹在两指中间。[1]

法国人将筷子称为 Batonnets，意为"小棍棍"。该杂志对沈福宗正确的执筷方式还是没有办法准确传神地表达出来。"他用右手，(把筷子)夹在两指中间"的描述非但没能准确解释清楚该怎样执筷，反倒让人更加好奇了。从这以后，法国宫廷和上层社会便将用中国筷子进餐当作时尚。[2]沈福宗在法国路易十四面前以中国方式进餐事件不仅在当时的杂志上得到报道，法国画家还在为其所绘肖像画上特别记录了此事（**图6—1**）。[3]

---

1 方豪：《中国天主教史人物传》，天主教上海教区光启社，2003 年，第 375 页。

2 潘吉星：《筷子的传播史》，《文史知识》2009 年第 10 期；《沈福宗在 17 世纪欧洲的学术活动》，《北京教育学院学报（自然科学版）》2007 年第 3 期。

3 现藏巴黎国家图书馆（Bibliatheque Nationale Paris）版画部（Department des Estampes），编号 OE48，小对开本，参见［法］荣振华等：《16—20 世纪入华天主教传教士列传》，耿昇译，广西师范大学出版社，2010 年，第 49 页。

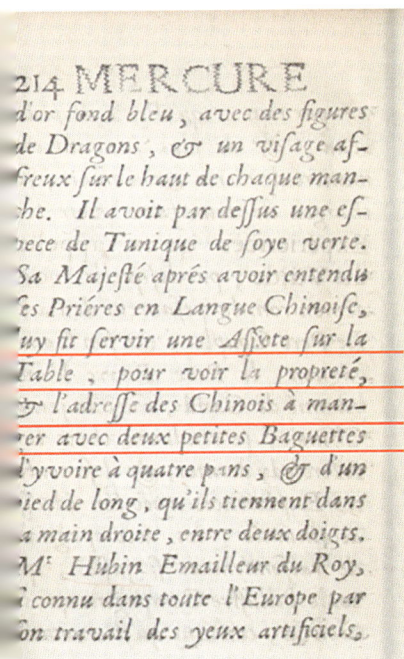

图 6—1 沈福宗画像（上）以及《风流信使》的报道（下）

1685 年沈福宗从法国来到英国，英国王詹姆士二世同样邀请沈福宗出席宫廷宴会，英国宫廷画师克内勒为他画像。沈福宗在欧洲亲身演示，直接传递了来自中国的进餐方式。可以说，此时欧洲上层社会已经可以通过中国人沈福宗直接体验中国的餐桌礼仪与文化，而不仅仅停留在使用中国餐具等器物层面。路易十四乐于模仿中式进餐方式更加刺激了欧洲"中国热"的盛行。此外，在欧洲各种宫廷宴事场合，沈福宗不仅结识了如法兰西学院东方学家埃贝洛、英国东方学家托马斯·海德等社会名流，还回答了他们对中国物产、资源和风俗习惯等诸多方面的疑问。沈福宗在欧洲传播中国知识的时候，也传递了中国的语言，一些常见的中国饮食用语也在其中。在大英博物馆馆藏一张小纸片上，就有沈福宗向托马斯·海德介绍中国早饭、中饭、晚饭、点心、宴、酒等餐食用语，并且是汉文与拉丁文对照（图6—2）。

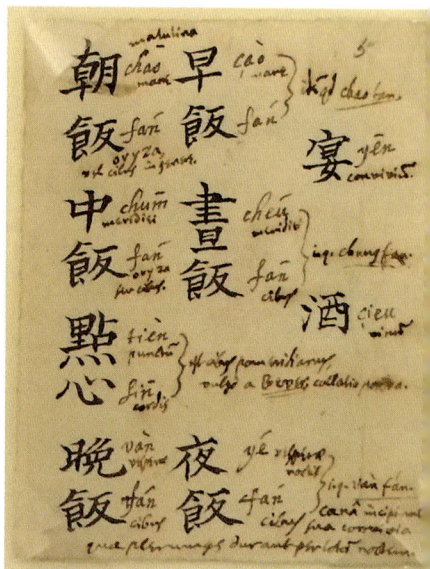

图6—2　沈福宗所撰汉文与拉丁文对照的餐食用语

第三节　茶与瓷器：在欧洲人日常生活中发现中国饮食史诗

来自中国的茶叶、瓷器、餐桌椅等皆成为欧洲人好慕的对象。[1] 而在瓷器传入西方以前，西方人的餐桌上主要使用金属或木制餐具。

---

[1] 该时期有关西方的中国餐饮瓷器研究，可参见詹佳：《15—18 世纪景瓷对欧洲饮食文化的影响》，引自赵荣光、邵田田主编：《健康与文明：第三届亚洲食学论坛（2013 绍兴）论文集》，浙江古籍出版社，2014 年，第 351—360 页。

"在十四世纪的上等社会里，汤是在粗陶碗盛的——两位客人共一碗。设若全是家里人，更不用这样麻烦，就拿煮汤的锅子端上来，给大家喝。面包（泛指中国面食）是每人一厚片。肉由一人切片，用铜盘盛着，讲究些使用银盘，各自在自己的木碟里吃，可是只能使三根指头。"[1] 在 16、17 世纪，传入欧洲的瓷器还不够多。但在 16 世纪荷兰静物画中，已经有中国瓷器的身影。西方宴会餐桌上的瓷器是身份和地位的象征，具有炫耀的功能，荷兰人能在如此之早就使用中国瓷器，也说明该时期荷兰在东方海上贸易竞争中极为成功。

　　18 世纪后，来自中国的瓷杯、瓷盘、瓷瓶、瓷碗、瓷壶源源不断传入欧洲，逐渐平民化，加之饮茶风俗的流行，欧洲对成套的瓷产生巨大需求。美国历史学家 S. A. M. 阿谢德说："18 世纪耶稣会士带回更多的中国技术资料被采用，欧洲才生产出真正的瓷器。"[2] 正是随着中国瓷器的大量传入以及欧洲本地瓷器仿制技术的进步，欧洲艺术家开始在瓷器上进行创作与想象，而题材多与饮食场景有关。如荷兰画家奥西亚斯·贝尔特的《盛在中国碗里的草莓和樱桃等静物》、彼得·勃吕盖尔的《婚礼的聚餐》、西班牙画家委拉斯凯兹的《煎鸡蛋的妇女》，等等。[3] 中国瓷器改变了欧洲社会生活方式，欧洲人的餐桌、厨房餐具，贮藏器具品种得以丰富，用餐方式也随之改变。此外，因瓷器而衍生出的一大批反映西方文化与艺术的作品，便是瓷器文化对欧洲文化产生影响的明证。这也说明，中国瓷器提高了近代欧洲人物质和精神文化生活的质量。

　　17 世纪初，荷兰商人开始将茶叶输入欧洲。18 世纪欧洲社会饮茶风尚发展过程中，英国后来居上，茶在英国的流行程度超过荷兰等

---

1 ［美］罗伯特·路威：《文明与野蛮》，吕叔湘译，生活·读书·新知三联书店，1984 年，第 48 页。

2 ［美］S. A. M. 阿谢德：《中国在世界历史之中》，任菁等译，河北教育出版社，1993 年，第 301—304 页。

3 孙锦泉：《华瓷西传对欧洲的影响》，《四川大学学报（哲学社会科学版）》2001 年第 3 期。

图 6-3　德国夏胫
堡宫瓷厅局部（纟
1700 年），镶满景
德镇外销瓷器

西欧国家。[1] 在英国，围绕茶形成的礼仪与文化使得女性地位得以提升，也丰富了男性的"绅士风度"。[2] 从改变生活方式来说，饮茶成为以英国为代表的西方各国饮食生活的一部分，也是当时西方社交礼仪的组成部分。[3] 尤其在英国，还形成了风格鲜明的茶俗。英国人早晨起床要喝一杯茶，称为床茶；上午饮一次，称为晨茶；午后饮一次，称为下午茶；晚餐后再饮一次，称为晚茶。茶已经融入英国一日三餐的饮食结构之中。

1　［美］马士：《东印度公司对华贸易编年史（1635—1834 年）》，区宗华译，1991 年，第 3 页。

2　对中英茶文化交流的研究，可参见贾雯：《英国茶文化及其影响》，南京师范大学硕士学位论文，2008 年；马晓俐：《茶的多维魅力——英国茶文化研究》，浙江大学博士学位论文，2008 年。

3　刘朴兵：《略论英国茶文化的演变》，《农业考古》2010 年第 5 期。

　　经过 16—17 世纪西方知识分子对中国饮食文化和思想的进一步探索，西方的建筑装饰、文学艺术乃至重农思想中都有学习和借鉴中国知识。同时也为 18 世纪欧洲"中国热"的兴起奠定了基础。1700 年左右，腓特烈一世建成的夏洛滕堡宫中，意大利巴洛克式建筑风格中融入独特的中国风物——从地板一直到天花板的檐壁都错落有致地排布着中国瓷器，形成一个瓷厅（**图6—3**）。

　　1755—1764 年，普鲁士腓特烈大帝命人在波茨坦的无忧宫花园内修建中国茶亭以及中国厨房（**图6—4**）。这种洛可可式建筑与中式建筑的混搭风格，更是进一步掀起当时欧洲社会对中式华丽风格模仿借鉴的艺术热潮。18 世纪西方社会（尤其是上流阶层）的厨房瓷器、壁纸家具、茶室、园林、室内装饰乃至文学艺术中，总能发现中国风格的影子。

　　17 世纪中后期，西方对中国的调查呈现出鲜明的科学研究趋势。以李明为代表的法国"国王数学家"尤其注重对中国农产品、果蔬等作物进行考察。由于具备坚实的知识底蕴，李明的中国饮食报告，包含了更多科学考察的特征。该时期入华西方人对中国重农政策以及先进的渔猎养殖技术的报道，引起了法国政府和西方思想家的重视。该

图6—4　德国波茨坦无忧宫花园里中国茶亭（左）和中国厨房（右）

时期的中国茶叶、瓷器、丝绸等，不断地被荷兰东印度公司运回欧洲，转卖各国。欧洲宫廷等上流阶层对中国风物的热情不断升温，预示着18世纪欧洲"中国热"即将到来。中国茶、饮食器具、壁毯、壁画和西方绘画中的中式奢华宴饮情景、中式桌椅家具甚至中式厨房和茶亭，成为18世纪西方贵族生活中品味异国情调的重要组成部分。一些极具中国饮食风情的内容被欧洲艺术家们融入符合欧洲审美趣味的洛可可艺术创作之中。此时欧洲人的餐桌上，欧洲人的饮食生产政策中，乃至欧洲人的艺术中，都有不可磨灭的中国影响。

第四节　命运共同：饮食是中西文明交流互鉴的永恒话题

中国饮食文化在西方传播历史悠久，内容丰富多彩。其传播路径和形式多种多样，与不同历史背景、地理探险、商贸往来以及文化交流紧密相关。

早在西汉时期，丝绸之路的开通就为东西方之间的文化交流提供了便利，中华民族的一些饮食也随之传到了中亚、南亚以及欧洲。15世纪以前有关中国饮食的传奇故事散见于欧洲文学作品之中，或荒诞，或有趣，或言之凿凿……这些悠久的西方中国饮食认知真实与想象杂糅，夸张与好奇并存。

随着伊比利亚人的东方探险，越来越多的中国饮食报道被带回了欧洲。中国人用筷子吃饭、喜欢喝热茶、京杭大运河上中国食品贸易发达……越来越多的中国饮食知识传入欧洲社会，激发了欧洲人对中国的好奇与探索。从马六甲、伊比利亚再到整个欧洲，一个越发真实而且充满食趣的中国饮食形象在欧洲树立起来。中国人的宴饮与特色食物成为伊比利亚文学作品中的重要组成部分。

随着耶稣会士以及"国王数学家"等越来越多的欧洲知识群体亲历中国，品鉴华味，中国饮食文化在西方的传播范围、深度乃至影响力进一步扩大。利玛窦笔下明代中国宴饮礼仪，曾德昭笔下中国"北麦南稻"的主粮种植区域特征，卫匡国地图上的中国土特产分布，卜弥格绘制的精美中国植物图，安文思笔下的清宫饮食，李明对中国饮食进行的科学考察……西方传教士、商人、使节持续涌入中国，将西方文化带到中国，同时也将中国文化带回了欧洲。这一时期，中国饮食文化旧知识与新解不断会通、融合乃至发生变异。许多欧洲人对中国美食产生了浓厚的兴趣，未曾到过中国的大学者基歇尔甚至出版了流行欧洲的《中国图说》，其中许多新奇有趣的中国饮食认知，或来自他人的转述，或源自他本人天马行空的裁剪与再造。总之，越是能够提供奇异而有趣的中国故事，越是能满足西方人对中国社会生活各个方面的好奇心。

1700年凡尔赛宫"中国之王"舞会标志着"中国热"风潮到来。宴饮、品茶、餐饮用瓷、挂毯壁画、亭楼桌椅乃至舞会主题都以中国风为流行趋势，中国饮食文化在西方的传播更加广泛。沈福宗向法国太阳王路易十四等宫廷贵族们展示了中国人如何用筷子吃饭，并向托马斯·海德介绍中国早饭、中饭、晚饭、点心、宴、酒等餐食用语。17世纪初荷兰商人开始将茶叶输入欧洲。至今，德国波茨坦的无忧宫花园里还保存着18世纪中期普鲁士腓特烈大帝命人建造的中国茶亭和中国厨房。古代欧洲知识系统中的中国饮食文化基因，为中国饮食文化在西方的传播奠定了坚实基础，是中西文明交流互鉴的重要组成部分。

新中国成立后，一部分精英知识分子和富商移民英、美等西方国家，他们对饮食生活品质的讲究，逐渐打破了以唐人街为核心的华人聚居生活方式。他们和当地人同住一个社区，也加深了与当地人的文化交流，无形中将中国传统饮食文化以更加彻底、全面、直接的形式向外传播。

在海外，中国饮食文化不仅满足了海外华人的思乡之情，更成为当地文化的一部分，与当地的饮食文化相互融合、相互借鉴。如今，海外中餐馆随华人社区散点分布在全球各地，中国饮食文化的传播已成为一种全球性的现象。

中国饮食文化在西方的传播历史是一部内容丰富、过程充满传奇色彩的史诗。漂洋过海的中式风物见证了中华民族与世界各国各民族之间悠久的文化交流历史。日常生活中发现的史诗，更为立体地揭示了东西方食物的全球流通历程，更为生动地展示了中国饮食文化的独特魅力，更为真实地呈现了中外文明交流互鉴过程中的中国影响。

参考文献

一、中文古籍

范咸等：乾隆《重修台湾府志》，中华书局，1985 年

贾思勰著、缪启愉校释：《齐民要术校释》，农业出版社，1982 年

蒋毓英等：《台湾府志三种》，中华书局，1985 年

刘衡如、刘山永校注：《〈本草纲目〉新校注本》，华夏出版社，2008 年

刘若愚：《酌中志》，北京古籍出版社，1994 年

陆羽：《茶经译注》，宋一明译注，上海古籍出版社，2009 年

彭大雅：《黑鞑事略》，引自《王国维遗书》第 13 册，上海古籍书店，1983 年

丘濬：《大学衍义补》上册，京华出版社，1999 年

申时行：《明会典》卷七二《宴礼》，中华书局，1989 年

沈德符：《万历野获编》，中华书局，1959 年

宋应星：《天工开物》，上海古籍出版社，1993 年

王圻、王思义：《三才图会》，上海古籍出版社，1988 年

吴其濬：《植物名实图考》，商务印书馆，1957 年

徐光启：《农政全书》，引自《四库全书》，上海古籍出版社，1987 年

张廷玉等：《明史》，中华书局，1974 年

二、史料汇编

北京遣使会：《北堂图书馆藏西文善本目录》，国家图书馆出版社，2009 年

［比］钟鸣旦、杜鼎克编：《耶稣会罗马档案馆明清天主教文献》，台北利氏学社，
　　2002 年

［比］钟鸣旦等编：《徐家汇藏书楼明清天主教文献》第 1 册，台北辅仁大学神学
　　院，1996 年

丁世良、赵放主编：《中国地方志民俗资料汇编》，北京图书馆出版社，1991 年

［法］费赖之：《在华耶稣会士列传及书目》，冯承钧译，中华书局，1995 年

［法］荣振华：《在华耶稣会士列传及书目补编》，耿昇译，广西师范大学出版社，
　　2010 年

［法］荣振华等：《16—20 世纪入华天主教传教士列传》，耿昇译，广西师范大学
　　出版社，2010 年

黄时鉴主编：《解说插图中西关系史年表》，浙江人民出版社，1994 年

上海图书馆编：《上海图书馆西文珍本书目》，上海社会科学院出版社，1992 年

徐宗泽编著：《明清间耶稣会士译著提要》，中华书局，1989 年。

［英］伟烈亚力：《1867 年以前来华基督教传教士列传及著作目录》，广西师范大
　　学出版社，2011 年

张红扬主编：《北京大学图书馆藏西文汉学珍本提要》，广西师范大学出版社，
　　2009 年

张星烺编注：《中西交通史料汇编》，中华书局，1977 年

三、中文著作

澳门《文化杂志》编：《十六和十七世纪伊比利亚文学视野里的中国景观》，大象
　　出版社，2003 年

曹增寿：《传教士与中国科学》，宗教文化出版社，1999 年

杜莉等：《丝路上的华夏饮食文明对外传播》，人民出版社，2019 年

杜文凯：《清代西人闻见录》，中国人民大学出版社，1985 年

樊洪业：《西学东渐：科学在中国的传播》，湖南科学技术出版社，2000 年

樊洪业：《耶稣会士与中国科学》，中国人民大学出版社，1992 年

方豪：《方豪六十自定稿》，台北台湾学生书局，1969 年

冯新泉主编：《酱缸流淌出的文化》，中国社会科学出版社，2008 年

复旦大学文史研究院编：《西文文献中的中国》，中华书局，2012 年

龚缨晏：《欧洲与杭州：相识之路》，杭州出版社，2004 年

龚缨晏：《西方人东来之后——地理大发现后的中西关系史专题研究》，浙江大学
　　出版社，2006 年

关剑平：《茶与中国文化》，人民出版社，2001 年

关剑平：《文化传播视野下的茶文化研究》，中国农业出版社，2009 年

韩琦：《中国科学技术的西传及其影响》，河北人民出版社，1999 年

[荷] 包乐史、庄国土：《〈荷使初访中国记〉研究》，厦门大学出版社，1989 年

黄时鉴：《东西交流史论稿》，上海古籍出版社，1998 年

黄时鉴：《黄时鉴文集》，中西书局，2011 年

黄时鉴主编：《东西交流论谭》第 2 集，上海文艺出版社，2001 年

计翔翔：《十七世纪中期汉学著作研究——以曾德昭〈大中国志〉和安文思〈中国
　　新志〉为中心》，上海古籍出版社，2002 年

季羡林：《文化交流的轨迹——中华蔗糖史》，经济日报出版社，1997 年

姜智芹：《西镜东像》，中央编译出版社，2014 年

李璠：《中国栽培植物发展史》，科学出版社，1984 年

李庆新：《濒海之地：南海贸易与中外关系史研究》，中华书局，2010 年

李庆新：《海上丝绸之路》，五洲传播出版社，2006 年

李士靖：《中华食苑》第 8 集，中国社会科学出版社，1996 年

李长年主编：《中国农学遗产选集·麻类作物》，农业出版社，1962 年

梁家勉：《中国农业学技术史稿》，农业出版社，1992 年

林金水：《利玛窦与中国》，中国社会科学出版社，1996 年

刘志琴：《近代中国社会文化变迁录》，浙江人民出版社，1998 年

罗光主编：《纪念利玛窦来华四百周年中西文化交流国际学术会议论文集》，台北
　　光启出版社，2010 年

[美] 李士风：《晚清华洋录》，上海人民出版社，2004 年

莫东寅：《汉学发达史》，大象出版社，2006 年

戚印平：《日本早期耶稣会史研究》，商务印书馆，2003 年

苏生文、赵爽：《西风东渐：衣食住行的近代变迁》，中华书局，2010 年

孙尚扬、[比] 钟鸣旦：《一八四〇年前的中国基督教》，学苑出版社，2004 年

孙文：《建国方略》，辽宁人民出版社，1994 年

台北辅仁大学神学院编：《神学论集》，台北光启出版社，1983 年

唐启宇编著：《中国作物栽培史稿》，农业出版社，1986 年

佟屏亚：《农作物史话》，中国青年出版社，1979 年

万明：《明代中外关系史论稿》，中国社会科学出版社，2011 年

汪前进：《西学东传第一师——利玛窦》，科技出版社，2000 年

王建中主编：《东北地区食生活史》，黑龙江人民出版社，2004 年

王利华：《中古华北饮食文化的变迁》，中国社会科学出版社，2000 年

王仁湘：《往古的滋味：中国饮食的历史与文化》，山东画报出版社，2006 年

吴文希主编：《中华历史文化与餐旅初论：海峡两岸餐旅学术研讨会论文集》，花
　　莲台湾观光经营管理专科学校，2002 年

熊月之等：《上海通史·晚清文化》，上海人民出版社，1999 年

徐海荣主编：《中国饮食史》，杭州出版社，2014 年

徐旺生：《中国养猪史》，中国农业出版社，2009 年

徐兴海主编：《中国食品文化论稿》，贵州人民出版社，2005 年

许嘉璐：《中国古代的衣食住行》，北京出版社，2005 年

许明龙：《欧洲十八世纪中国热》，外语教学与研究出版社，2007 年

阎宗临：《中西交通史》，广西师范大学出版社，2007 年

游修龄、曾雄生：《中国稻作文化史》，上海人民出版社，2010 年

余太山：《早期丝绸之路文献研究》，商务印书馆，2013 年

俞为洁：《中国食料史》，上海古籍出版社，2011 年

张国刚：《明清传教士与欧洲汉学》，中国社会科学出版社，2001 年

张箭：《航海、航路与地理发现研究论稿》，人民出版社，2018 年

张西平、[意]马西尼等主编：《把中国介绍给世界：卫匡国研究》，华东师范大
　　学出版社，2011 年

张西平编：《欧美汉学研究的历史与现状》，大象出版社，2006 年

张西平主编：《国际汉学》第 18 辑，大象出版社，2009 年

张玉欣主编：《第六届中国饮食文化学术研讨会论文集》，台北财团法人中国饮食
　　文化基金会，2000 年

赵荣光：《赵荣光食文化论集》，黑龙江人民出版社，1995 年

赵荣光：《中国饮食文化史》，上海人民出版社，2006 年

赵荣光等主编：《留住祖先餐桌的记忆：2011'杭州亚洲食学论坛学术论文集》，
　　云南人民出版社，2011 年

郑伊看：《来者是谁：13—14世纪欧洲艺术中的东方人形象》，江苏凤凰美术出版社，2023年

中国植物学会编：《中国植物学史》，科学出版社，2010年

中山大学西学东渐文献馆主编：《西学东渐研究》第3辑，商务印书馆，2010年

周燕：《传教士与中外文化交流：李明〈中国近事报道〉研究》，浙江大学出版社，2012年

朱杰勤：《中外关系史》，广西师范大学出版社，2011年

朱维铮编：《利玛窦中文著译集》，复旦大学出版社，2001年

卓新平主编：《相遇与对话——明末清初中西文化交流国际学术研讨会文集》，宗教文化出版社，2003年

邹振环：《影响中国近代社会的一百种译作》，中国对外翻译出版公司，2008年

四、外文译著

[阿拉伯] 苏莱曼：《中国印度见闻录》，穆根来等译，中华书局，1983年

[波] 爱德华·卡伊丹斯基：《中国的使臣：卜弥格》，张振辉译，大象出版社，2001年

[波] 卜弥格：《卜弥格文集》，张振辉、张西平译，华东师范大学出版社，2013年

[德] 基歇尔：《中国图说》，张西平等译，大象出版社，2010年

[德] 利齐温：《十八世纪中国与欧洲文化的接触》，朱杰勤译，商务印书馆，1962年

[法] 艾田蒲：《中国之欧洲》，许钧、钱林森译，河南人民出版社，1992年

[法] 布罗代尔：《15—18世纪的物质文明、经济和资本主义》第一卷《日常生活的结构：可能与不可能》，顾良、施康强译，生活·读书·新知三联书店，2002年

[法] 杜赫德编：《耶稣会士中国书简集：中国回忆录》，郑德弟、吕一民、沈坚等译，大象出版社，2001—2005年

[法] 戈岱司编：《希腊拉丁作家远东古文献辑录》，耿昇译，中华书局，1987年

[法] 克洛德·列维—斯特劳斯：《神话学：餐桌礼仪的起源》，周昌忠译，中国人民大学出版社，2007年

［法］李明：《中国近事报道》，郭强、龙云、李伟译，大象出版社，2004 年

［法］鲁布鲁克：《鲁布鲁克东行纪》，耿昇、何高济译，中华书局，1985 年

［法］裴化行：《天主教十六世纪在华传教志》，肖濬华译，商务印书馆，1936 年

［法］佩雷菲特：《停滞的帝国：两个世界的撞击》，王国卿等译，生活·读书·新知三联书店，2007 年

［法］谢和耐、戴密微：《明清间耶稣会士与中西汇通》，耿昇译，东方出版社，2011 年

［法］约瑟夫·布列东：《遗失在西方的中国史：中国服饰与艺术》，张冰纨、柴少康译，中国画报出版社，2020 年

［法］张诚：《张诚日记》，陈霞飞译，商务印书馆，1973 年

［罗］尼·斯·米列斯库：《中国漫记》，蒋本良、柳凤运译，中华书局，1989 年

［美］菲利普·费尔南德斯·阿莫斯图：《食物的历史》，何舒平译，中信出版社，2005 年

［美］莱斯特·怀特：《文化的科学》，曹锦清等译，山东人民出版社，1998 年

［美］劳费尔：《中国伊朗编》，林筠因译，商务印书馆，2001 年

［美］罗伯特·N. 斯宾格勒三世：《沙漠与餐桌：食物在丝绸之路上的起源》，陈阳译，社会科学文献出版社，2021 年

［美］孟德卫：《奇异的国度：耶稣会适应政策及汉学的起源》，陈怡译，大象出版社，2010 年

［美］欧文·拉铁摩尔、埃莉诺·拉铁摩尔：《丝绸、香料与帝国：亚洲的“发现”》，方笑天、袁剑译，上海人民出版社，2020 年

［美］唐纳德·F. 拉赫：《欧洲形成中的亚洲》，周宁总校译，人民出版社，2013 年

［美］卫三畏：《中国总论》，陈俱译，上海古籍出版社，2005 年

［美］谢弗：《唐代的外来文明》，吴玉贵译，陕西师范大学出版社，2005 年

［美］尤金·N. 安德森：《中国食物》，马孆、刘东译，江苏人民出版社，2003 年

［葡］安文思：《中国新史》，何高济、李申译，大象出版社，2004 年

［葡］曾德昭：《大中国志》，何高济译，商务印书馆，2012 年

［葡］费尔南·门德斯·平托：《葡萄牙人在华见闻录——十六世纪手稿》，王锁英译，海南出版社、三环出版社，1998 年

［日］浅田实：《东印度公司：巨额商业资本之兴衰》，顾珊珊译，社会科学文献

出版社，2016 年

［日］青木正儿：《中华名物考》，范建明译，中华书局，2005 年

［日］中山时子主编：《中国饮食文化》，徐建新译，中国社会科学出版社，1992 年

［西］门多萨：《中华大帝国史》，孙家堃译，中央编译出版社，2009 年

［西］闵明我：《上帝许给的土地：闵明我行记和礼仪之争》，何高济、吴翊楣译，
　　　大象出版社，2009 年

［意］白佐良、马西尼：《意大利与中国》，萧晓玲等译，商务印书馆，2002 年

［意］柏朗嘉宾：《柏朗嘉宾蒙古行纪》，耿昇、何高济译，中华书局，1985 年

［意］利玛窦、［比］金尼阁：《利玛窦中国札记》，何高济等译，中华书局，
　　　2010 年

［意］利玛窦：《利玛窦全集》，刘俊余、王玉川译，台北光启出版社、辅仁大学
　　　出版社，1986 年

［意］利玛窦：《耶稣会与天主教进入中国史》，文铮译，［意］梅欧金校，商务印
　　　书馆，2014 年

［意］马可波罗：《马可波罗行纪》，冯承钧译，上海书店出版社，2001 年

［意］卫匡国：《卫匡国全集》摘录本，《第十省浙江》《第十五省云南》，摘自第
　　　三卷《中国新地图集》，王蕾蕾译、白玉昆校，特伦托大学，2005 年

［英］C. R. 博克舍编著：《十六世纪中国南部行纪》，何高济译，中华书局，1990 年

［英］M. D. 马森：《西方的中华帝国观》，杨静山等译，时事出版社，1999 年

［英］艾兹赫德：《世界历史中的中国》，姜智芹译，上海人民出版社，2009 年

［英］爱尼斯·安德逊：《英使访华录》，费振东译，商务印书馆，1963 年

［英］道森：《出使蒙古记》，吕浦译、周良霄注，中国社会科学出版社，1983 年

［英］赫德逊：《欧洲与中国》，王遵仲译，中华书局，1995 年

［英］李约瑟：《中国科学技术史》，科学技术出版社，1976—1978 年

［英］罗伯茨：《东食西渐：西方人眼中的中国饮食文化》，杨东平译，当代中国
　　　出版社，2008 年

［英］斯当东：《英使谒见乾隆纪实》，叶笃义译，商务印书馆，1963 年

［英］约翰·弗朗西斯·戴维斯：《崩溃前的大清帝国》，易强译，光明日报出版
　　　社，2013 年

［英］约翰·曼德维尔：《曼德维尔游记》，郭泽民、葛桂录译，上海书店出版社，
　　　2010 年

五、论文

曹树基：《玉米和番薯传入中国路线新探》，《中国社会经济史研究》1988 年第 4 期

陈国威：《鸦片战争前寓华西人饮食考》，《寻根》2008 年第 1 期

陈树平：《玉米和番薯在中国传播情况研究》，《中国社会科学》1980 年第 3 期

陈伟明：《20 世纪以前的南洋华侨在中外饮食文化交流中的作用》，《东南亚研究》
　　2006 年第 1 期

翟乾祥：《16—19 世纪马铃薯在中国的传播》，《中国科技史料》2004 年第 1 期

杜石然、韩琦：《17、18 世纪法国耶稣会士对中国科学的贡献》，《科学对社会的
　　影响》1993 年第 3 期

费赓龙：《〈中国杂纂〉是一部什么样的书》，《图书馆杂志》1986 年第 1 期

冯尔康：《从〈论语〉、〈孟子〉饮食规范说到中华饮食文化》，《史学集刊》2004
　　年第 2 期

冯天瑜：《利玛窦等耶稣会士的在华学术活动》，《江汉论坛》1979 年第 4 期

葛桂录：《欧洲中世纪一部最流行的非宗教类作品——〈曼德维尔游记〉的文本生
　　成、版本流传及中国形象综论》，《福建师范大学学报（哲学社会科学版）》
　　2006 年第 4 期

郭于华：《关于"吃"的文化人类学思考》，《民间文化论坛》2006 年第 5 期

黄时鉴：《关于茶在北亚和西域的早期传播——兼说马可波罗未有记茶》，《历史
　　研究》1993 年第 1 期

计翔翔：《明末来华耶稣会士曾德昭与西方中国地理学的发展》，引自阙维民主
　　编：《史地新论：浙江大学（国际）历史地理学术研讨会论文集》，浙江大学
　　出版社，2002 年

计翔翔：《西方早期汉学试析》，《浙江大学学报（人文社会科学版）》2002 年
　　第 1 期

计翔翔：《耶稣会士汉学家安文思及其〈中国新志〉》，任继愈主编：《国际汉学》
　　第 9 辑，大象出版社，2003 年

李毓中：《西班牙、菲律宾、墨西哥及葡萄牙所藏早期台湾史料概况》，任继愈主
　　编：《国际汉学》第 14 辑，大象出版社，2006 年

廖琳达、廖奔：《17—19 世纪西方绘画中国风》，《美术观察》2022 年第 10 期

林金水：《利玛窦在中国的活动与影响》，《历史研究》1983 年第 1 期

刘迪南：《13世纪至14世纪欧洲人游记中的蒙古人形象》，《西北民族大学学报（哲学社会科学版）》2011年第5期

[美]保罗·D.布尔勒：《13—14世纪蒙古宫廷饮食方式的变化》，陈一鸣译，《蒙古学信息》1995年第1期

[美]拉塞尔·伍德：《五个世纪的交流与变化：葡萄牙人在全球范围内进行的植物传播》，黄邦和等主编：《通向现代世界的500年：哥伦布以来东西两半球汇合的世界影响》，北京大学出版社，1994年

欧阳哲生：《十七世纪西方耶稣会士眼中的北京——以利玛窦、安文思、李明为中心的讨论》，《历史研究》2011年第3期

潘吉星：《筷子的传播史》，《文史知识》2009年第10期

潘吉星：《沈福宗在17世纪欧洲的学术活动》，《北京教育学院学报（自然科学版）》2007年第3期

戚印平、何先月：《再论利玛窦的易服与范礼安的"文化适应政策"》，《浙江大学学报（人文社会科学版）》2013年第3期

水莲：《古代蒙古族消费伦理观研究》，内蒙古师范大学硕士学位论文，2015年

苏生文：《明清来华西人吃什么?》，《文史知识》2006年第7期

谭世宝：《利玛窦〈中国传教史〉译本的几个问题》，《世界宗教研究》1999年第4期

王永杰：《卜弥格〈中国地图册〉研究》，浙江大学博士学位论文，2014年

夏晓虹：《晚清的西餐食谱及其文化意涵》，《学术研究》2008年第1期

徐海松、张玲蓉：《元代欧洲旅行家笔下的杭州及其影响——杭州在西方人眼中的最初印象》，《杭州师范学院学报》2000年第5期

徐明德：《论意籍汉学家卫匡国的历史功绩》，《世界宗教研究》1995年第2期

许敏：《明清之际耶稣会传教士与中国社会生活的西传：西方人眼里中国人的衣食住行》，《史学集刊》1992年第1期

严建强：《欧洲"中国热"中的英国社会》，《浙江社会科学》2001年第5期

杨伯达：《〈万树园赐宴图〉考析》，《故宫博物院院刊》1982年第4期

杨志玖：《百年来我国对〈马可波罗游记〉的介绍与研究》，《天津社会科学》1996年第1期

姚伟钧、王玲：《汉唐时期北方胡汉饮食原料之交流》，《南宁职业技术学院学报》2004年第3期

游修龄：《玉米传入中国和亚洲的时间途径及其起源问题》，《古今农业》1989 年第 2 期

詹嘉：《15—18 世纪景德镇陶瓷对欧洲饮食文化的影响》，《江西社会科学》2013 年第 1 期

张西平：《基歇尔笔下的中国形象——兼论形象学对欧洲早期汉学研究的方法论意义》，《中国文化研究》2003 年第 3 期

张振辉：《卜弥格与明清之际中学的西传》，《中国史研究》2011 年第 3 期

赵璞珊：《西洋医学在中国的传播》，《历史研究》1980 年第 3 期

周鸿承：《中食西传：十六至十八世纪西方人眼中的中国饮食》，浙江大学博士学位论文，2014 年

朱耀廷：《〈马可波罗行纪〉中的元大都——农业文化与草原文化结合的产物》，《北京联合大学学报（人文社会科学版）》2009 年第 2 期

邹振环：《西餐引入与近代上海城市文化空间的开拓》，《史林》2007 年第 4 期

六、西文史料

Aeneas Anderson, *A Narrative of the British Embassy to China, in the Years 1792, 1793 and 1794*, London: Printed for J. Debrett, Opposite Burlington-House, Piccadilly, 1795

Athanasius Kircher, *China Monumentis Illustrata,* Amstelodami, 1667.

Bjorn Lowendahl, *Sino-western Relations, Conceptions of China, Cultural Influences and the Development of Sinology: Disclosed in Western Printed Books, 1477-1877,* Hua Hin: Elephant Press, 2008

F. Alvarez Semedo, *The History of that Great and Renowned Monarchy of China*, London: E. Tyler for Iohn Crook, 1655

Gabriel de Magaillans, *A New History of China*, *Containing a Description of the Most Considerable Particulars of that Vast Empire*, London: Thomas Newborough, 1688

Gabriel de Magaillans, *Nouvelle Relation de la Chine, Contenant la Description des Particularitez les plus Considérables de ce Grand Empire*, Paris: Chez Claude Barbin, 1668

Giovanni Battista Ramusio, *Navigazioni e Viaggi*, Vol.2, Venetia: Nella Stamperia de Giunti, 1559, No. Folio IC5 R1499 550r 1565, University of Pennsylvania

J. B. Du Halde, *The General History of China*, Vol. 1 and Vol. 2, trans., Richard Brooks, London: John Watts, 1741.

J. Bostock, H. T. Riley eds., *The Natural History of Pliny*, London: Bibliolife LLC., 1890

Johannes Nieuhof, *Die Gesantschaft der Ost-Indischen Geselschaft in den Vereinigten Niederländern an den Tartarischen Cham und Nunmehr auch Sinischen Keiser*, Amsterdam: Gedruckt und Verlegt durch Jacob Mörs, 1666

John Barrow, *Travels in China*, London: printed by A. Strahan, Printers-Street, for T. Cadell and W. Davies, in the Strand, 1804

John Lust, *Western Books on China Published up to 1850*, London: Bamboo Publishing Ltd., 1987

Juan Gonzales de Mendoza, *The History of the Great and Mighty Kingdom of China*, trans., R. Parke, London, 1853

Louis Le Comte, *Nouveaux Mémoires sur l'état présent de la Chine*, Paris: Chez Jean Anisson directeur de l'Imprimerie Royale, 1696

Marco Polo, *Li Livres du Graunt Caam*, 15th Century Manuscript, MS. Bodl. 264, fol. 239r, Bodleian Library at Oxford University

Martino Matini, "Novus Altas Sinensis, a Cura di Giuliano Bertuccioli," *Opera Omnia*, Vol. III, edizione diretta da Franco Demarchi, Trento: Università degli Studi di Trento, 2002

Mathew Paris, *Chronica Majora*, Vol. IV, ed., Henry Richards Luard, London: Longman, 1877

Michael Boym, *Flora Sinensis*, Erlangen: Harald Fischer Verlag, 2002

The Great Khan's feast, from Marshal Boucicaut（fl.1390-1430）, Livre des Merveilles du Monde, c.1410-1412, FR.2810, fol.136v, Bibliotheque Nationale

William Alexander, *The Costume of China*, London: W. Miller, 1804

七、西文专著

A.C. Moule, Paul Pelliot, *Marco Polo: the Description of the World,* London: George Routledge & Sons Limited, 1938

C. Raymond Beazley ed., *The Texts and Versions of John de Plano Carpini and William de Rubruquis*, London: Printed for the Hakluyt Society, 1903

Charles Ralph Boxer, *South China in the Sixteenth Century*, London: Hakluyt Society, 1953

D.E. Mungello, *Curious Land: Jesuit Accommodation and the Origins of Sinology,* Hawaii: University of Hawaii Press, 1989

Donald F. Lach and Edvin J. Kley, *Asia in the Making of Europe,* Chicago, London: University of Chicago Press, 1965

Felipe Fernandez Armesto, *Near a Thousand Tables: A History of Food*, New York: Free Press, 2004

Francis Wood, *Did Marco Polo Go to China?* Boulder: West View Press, 1996

Frederick J. Simoons, *Food in China: A Cultural and Historical Inquiry*, Boca Raton: CRC Press Inc., 1990

George Staunton, *An Authentic Account of an Embassy from King of Great Britain to the Emperor of China*, London: G. Nicol, 1797

Hafiz Abru, *A Persian Embassy to China: Being an Extract from Zubdatu' t Tawarikh of Hafiz Abru*, trans., K. M. Maitra, New York: Paragon Book Reprint Corp., 1970

Henry Yule and Henri Cordier trans. and ed., *Cathay and the Way Thither: Being a Collection of Medieval Notices of China*, London: Hakluyt Society, 1915

J.A.G. Roberts, *China to Chinatown: Chinese Food in the West*, London: Reaktion Books, 2002

John Andrew Boyle, *The Mongol World Empire, 1206-1370,* London: Variorum Reprints, 1977

Joseph Needham, *Science and Civilization in China,* Vol.1. Cambridge University Press, 1945

K. C. Chang, *Food in Chinese Culture: Anthropological and Historical Perspectives,* New Haven: Yale University Press, 1977

Kakuzo Okakura, *The Book of Tea*, Vermont: Tuttle Publishing, 1989

Kenneth F. Kiple, Kriemhild Conee Ornelas eds., *The Cambridge World History of Food,* Cambridge University Press, 2000

Komroff Manuel ed., *Contemporries of Marco Polo*, New York: Horace Liveright, 1928

Marco Polo, *The Travels of Marco Polo,* New York: the Limited Editions Club Inc., 1934

Martin Jones, *Feast: Why Humans Share Food,* New York: Oxford University Press, 2007

Matteo Ricci, *The China That Was,* trans., Louis Joseph Gallagher, New York: The Bruce Publishing Company, 1942, reprinted in 1953

Pasquale d' Elia ed., *Fonti Ricciane*, Vol.1-3, Rome: La Libreria dello Stato, 1942-1949

Richard Wrangham, *Catching Fire: How Cooking Made Us Human*, London: Profile Books Ltd., 2009

Suzanne Lewis, *The Art of Matthew Paris in the Chronica Majora,* Berkeley: University of California Press, 1987

W. W. Rockhill trans., *The Journey of William of Rubruck to the Eastern Parts of the World, 1253-1255*, London: Hakluyt Society, 1900

八、西文论文

Alexander Carlos Wolfe, *In the Belly of the Tartar Beast: The Mongols and the Medieval English Culinary Imagination,* Ph. D diss., the University of Chicago, 2009

Boleslaw Szczesniak, "The Atlas and Geographic Description of China: A Manuscript of Michael Boym," *Journal of American Orient Society*, Vol.73, 1953

Chan Ing Lim, "A Brief Introduction to Anthropological Perspectives on Diet: Insights into the Study of Overseas Chinese," *Asian Culture and History*, Vol.3, 2011

Charles Feldman, *Ancient Roman Dining: Food Transformation, Status, and Performance*, Ph. D diss., New York University, 2003

Chen Yong, "A Journey to the West: Chinese Food in the Western Countries,"

Gastronomica: The Journal of Food and Culture, Vol.4 (1), 2004

Chiara Bocci, "The Animal Section in Boym's (1612-1659) *Flora Sinensis*," *Monumenta Sercia*, Vol.59, 2011

Fuchs Walter, "A Note on Father M. Boym's Atlas of China," *Imago Mundi*, Vol.9, 1952

Jacqueline M. Newman, "Chinese Food: Perceptions and Publications in the United States," *Chinese Studies in History*, Vol.3, 2001

Jennifer Downs, "Survival Strategies in Ming Dynasty China: Planting Techniques and Famine Foods," *Food and Foodways*, Vol.8 (4), 2000

Larry V. Clark, "The Turkic and Mongol Words in William of Rubruck's Journey (1253-1255)," *Journal of the American Oriental Society*, Vol.93, 1973

Robert, Launay "Tasting the World Food in Early European Travel Narratives," *Food and Foodways*, Vol.11(1), 2003

Mandy Adele Batke, *No Food no Purge no Life: Effluvial Miracles and the Significance of Food to Medieval Patients*, Master diss., Queen's University, 2003

Nicolas Trepanier, *Food as a Window into Daily Life in Fourteenth Century Central Anatolia*, Ph. D diss., Harvard University, 2008

R. Christine Johnson, "Buying Stories: Ancient Tales, Renaissance Travelers, and the Market for the Marvelous," *Journal of Early Modern History*, Vol.11 (6), 2007

Rachel Stauffer, "Food Culture in Russia and Central Asia," *Slavic and East European Journal*, Vol.51 (2), 2007

Richard C.Tayor, "East and West: Islam in the Transmission of Knowledge from East to West," *Encyclopaedia of the History of Science, Technology, and Medicine in non-Western Cultures,* ed, Helaine Selin, Dordrecht, Boston, London: Kluwer Academic Publisher, 1997

Samuel Wells Williams, "Diet of the Chinese," *The Chinese Repository*, Vol.3 (10), 1835

图片目录

图片来源：14 世纪拉施特《史集》插图，德国国立柏林图书馆东方部藏

图 1—10　《蒙古大汗登基庆典图》之一

图片来源：14 世纪拉施特《史集》插图，德国国立柏林图书馆东方部藏

图 1—11　《伊尔汗宫廷盛宴图》

图片来源：14 世纪拉施特《史集》插图，德国国立柏林图书馆东方部藏

图 1—12　《旭烈兀与他的妻子脱忽思哈敦》

图片来源：14 世纪拉施特《史集》插图，德国国立柏林图书馆东方部藏

图 1—13　《歌革与玛各》

图片来源：《亚历山大传奇》插图，1240—1250 年，英国剑桥大学三一学院藏，编号：
MS. O.9.34, fol. 23v

图 1—14　《鞑靼食人宴》

图片来源：马修·帕里斯《历史编年纪》第 2 卷，英国剑桥大学帕克图书馆藏，编
号：MS 16, fol. 167r

图 1—15　《鞑靼暴食图》

图片来源：大英博物馆藏，编号：Ms. Additional 27695, fol. 13R

图 1—16　《蒙哥汗万安宫储酒器"银树喷泉"图》

图片来源：Mathieu Richard Auguste Henrion, *Histoire générale des missions catholiques
depuis le XIIIe siècle*, Vol. 1, 1846

图 1—17　《蒙古宫廷宴饮准备图》

图片来源：14 世纪拉施特《史集》中的插图，德国国立柏林图书馆东方部藏

图 1—18　《蒙古大汗登基庆典图》之二

图片来源：14 世纪拉施特《史集》中的插图，德国国立柏林图书馆东方部藏

图 1—19　蒙古包结构示意图

图片来源：赵迪：《蒙古包营造技艺》，安徽科学技术出版社，2013 年，第 14 页

图 1—20　《中国皇帝宴请》壁毯画，法国博韦皇家手工工厂制作，1742 年

图片来源：法国贝桑松美术和考古学博物馆藏

图 1—21　《1375 年加泰罗尼亚地图》东亚部分

图片来源：法国国家图书馆藏

图 1—22　《1375 年加泰罗尼亚地图》中马可波罗商队前往中国的场景

图片来源：法国国家图书馆藏

图 1—23　黄河两岸有许多从事贸易的商人，东方香料正在被运往西方

第二章

图 2—2　在印度生活的葡萄牙贵族及其仆从

　　图片来源：16 世纪葡萄牙佚名手抄本《卡萨纳特法典》，罗马卡萨纳塔图书馆藏

图 2—3　迪亚哥·洛佩斯个人画像

　　图片来源：法国国家图书馆藏

图 2—4　青花葡萄牙王室徽章纹盘

　　图片来源：上海博物馆藏

图 2—5　青花葡萄牙王室徽章纹碗

　　图片来源：葡萄牙梅德罗·阿尔梅达博物馆藏

图 2—6　1569 年葡文版《中国志》封面，该书被认为是 "第一部在欧洲出版的中国学著作"

　　图片来源：克路士：《中国志》，1569 年

图 2—7　平托画像

　　图片来源：F. Pastor, *Almada Antiga e Moderna: II*, Freguesia de Cacilhas

图 2—8　平托致澳门果阿耶稣会会长 Baltasar Dias 神父的信件副本

　　图片来源：里斯本阿尤达图书馆藏

图 2—9　《航海与旅行记》中提及 "中国茶"

　　图片来源：美国宾夕法尼亚大学图书馆藏，编号：Folio IC5 R1499 550r 1565

第三章

图 3—1　早期葡萄牙人眼中的明代中国人形象

　　图片来源：16 世纪葡萄牙佚名手抄本《卡萨纳特斯法典》，罗马卡萨纳塔图书馆藏

图 3—2　1610 年绘利玛窦画像

　　图片来源：罗马耶稣会总部 Chiesa di Gesu 大教堂藏

图 3—3　《拜客训示》书影

　　图片来源：西班牙耶稣会托雷多教区历史档案馆所藏，编号：Lg.1042.14

图 3—4　利玛窦书中明代宴会请帖样式

　　图片来源：赵荣光：《中国饮食文化史》，上海人民出版社，2006 年

图 3—5　《清俗纪闻》所见中式请帖样式

　　图片来源：[日] 中川忠英：《清俗纪闻》，方克、孙玄龄译，中华书局，2006 年

图4—8　基歇尔《中国图说》中的湖广图图名装饰画

图片来源：基歇尔：《中国图说》，大象出版社，2010年

图4—9　基歇尔《中国图说》中的播种插图

图片来源：基歇尔：《中国图说》，大象出版社，2010年

图4—10　卜弥格《中国地图集》所附《中国宴会图》（局部放大）

图片来源：梵蒂冈图书馆藏

图4—11　《卜弥格文集》所收爱德华·卡伊丹斯基临摹的《中国宴会图》

图片来源：卜弥格：《卜弥格文集》，华东师范大学出版社，2013年

图4—12　基歇尔个人画像，

图片来源：纽伦堡德意志国家博物馆藏

图4—13　基歇尔《中国图说》中的菠萝蜜和反椰树

图片来源：Kircher Athanasius, *China Illustrata*, trans., Charles D. Van Tuyl, Bloomington: Indiana University Press, 1987

图4—14　卜弥格《中国植物志》中的菠萝蜜树和反椰树

图片来源：Michael Boym, *Flora Sinensis,* Harald Fischer Verlag, 2002

图4—15　基歇尔《中国图说》中的天堂果树

图片来源：基歇尔：《中国图说》，大象出版社，2010年

图4—16　卜弥格《中国植物志》中的芭蕉树

图片来源：Michael Boym, *Flora Sinensis,* Harald Fischer Verlag, 2002

图4—17　标有赛里斯的T–O地图

龚缨晏、邬银兰：《T-O地图中的东方》，《地图》2003年第3期

图4—18　基歇尔《中国图说》中的反菠萝蜜树

图片来源：基歇尔：《中国图说》，大象出版社，2010年

图4—19　卜弥格《中国植物志》中的反菠萝蜜树

图片来源：Michael Boym, *Flora Sinensis,* Harald Fischer Verlag, 2002

图4—20　基歇尔《中国图说》中的胡椒树和无名植物

图片来源：基歇尔：《中国图说》，大象出版社，2010年

图4—21　卜弥格《中国植物志》中的胡椒和无名果树

图片来源：卜弥格：《卜弥格文集》，华东师范大学出版社，2013年

图4—22　基歇尔《中国图说》中的茶

图片来源：Kircher Athanasius，*China Illustrata*，trans.，Charles D. Van Tuyl，p. 176

图4—23 卜弥格《中国地图集》四川图上所绘野鸡（多毛鸡）

图片来源：卜弥格：《卜弥格文集》，华东师范大学出版社，2013年

图4—24 卜弥格《中国地图集》湖广图上所绘雉鸡（长尾鸡）

图片来源：卜弥格：《卜弥格文集》，华东师范大学出版社，2013年

图4—25 卜弥格《中国植物志》中的多毛鸡（左下）和驼鸡（右下）

图片来源：卜弥格：《卜弥格文集》，华东师范大学出版社，2013年

图4—26 乾隆皇帝六十大寿宴群叟，可见清朝皇帝赐宴规模之宏大

图片来源：I.S. 赫尔曼绘，1788年刊印

第五章

图5—1 葡萄牙里斯本桑托斯宫的瓷厅穹顶，镶满景德镇外销瓷盘

图片来源：葡萄牙里斯本桑托斯宫藏

图5—2 荷兰东印度公司"白狮号"沉船出水瓷器

图片来源：荷兰国立博物馆藏

图5—3 西方静物画中的中式青花大盘与执壶

图片来源：威廉·卡尔夫绘，17世纪

图5—4 西方画作《茶会》。这是最早描绘喝茶的画作之一，画中的中国茶具包括茶碗、杯托、紫砂壶。

图片来源：荷兰画家 Nicolaes Verkolje 绘，维多利亚与艾尔伯特博物馆藏

图5—5 1655年广州藩王宴请荷兰使团

图片来源：[荷] 包乐史、庄国土：《〈荷使初访中国记〉研究》，厦门大学出版社，1989年

图5—6 《荷兰东印度公司使华记》荷文版（左）与英文版（右）中的鸬鹚、飞鱼、中国茶树、中国农耕插图

图片来源：左列4幅见 Johannes Nieuhof, *Die Gesantschaft der Ost-Indischen Geselschaft in den Vereinigten Niederländern an den Tartarischen Cham und Nunmehr auch Sinischen Keiser,* pp.148, 227, 347, 290。右列4幅图见 John Nieuhof, *An Embassy from the East-India Company of the United Provinces, to the Grand Tartar Cham, Emperour of China,* London: Printed by John Macock for the author, 1669, pp. 99, 145, 248, 211

图5—7 川宁在伦敦斯特兰德街216号开设的第一家茶店

图片来源：（川宁茶叶公司）Twinings Tea, London courtesy of Stephen Twining

图 5—8　英国凯瑟琳皇后像

图片来源：英国皇室收藏，编号：401214

图 5—9　正在喝茶的英国家庭，他们手上的青花瓷茶杯清晰可见

图片来源：约瑟夫·范·阿肯绘

图 5—10　西方油画中的茶具静物

图片来源：瑞士画家让·埃蒂安·利奥塔尔绘

图 5—11　《皇帝宴饮》壁毯画

图片来源：法国凡尔赛宫藏

图 5—12　《皇后饮茶》壁毯画（局部）

图片来源：法国凡尔赛宫藏

图 5—13　《中国制茶图》

图片来源：Thomas Allom, *China: In a Series of Views, Displaying the Scenery, Architecture, and Social Habits, of that Ancient Empire*, Vol. 1, p. 26

第六章

图 6—1　沈福宗画像（上）以及《风流信使》的报道（下）

图片来源：上：英国皇室收藏，编号：405666；下：《风流信使》，1684 年 9 月 25 日

图 6—2　沈福宗所撰汉文与拉丁文对照的餐食用语

图片来源：大英博物馆藏 "The Hyde-Shen Working Papers"，编号：Sloane Or 853a, F.5

图 6-3　德国夏腾堡宫瓷厅局部（约 1700 年），镶满景德镇外销瓷器

图片来源：德国夏腾堡宫瓷厅

图 6—4　德国波茨坦无忧宫花园里中国茶亭（左）和中国厨房（右）

图片来源：德国波茨坦无忧宫花园